BOMBS AWAY

Militarization, Conservation, and Ecological Restoration

무기가 사라진 DMZ

탈군사의 흔적 그리고 생태복원

데이비드 하블릭 지음

박수철 옮김

이상준 · 박종길 감수

북스힐

BOMBS AWAY: Militarization, Conservation, and Ecological Restoration
by David G. Havlick

Licensed by The University of Chicago Press, Chicago, Illinois, U.S.A.
through Icarias Agency, Seoul

• • •

매리언에게

차례

01

군사적 자연

빅 오크스 국립야생동물보호지구Big Oaks NWR를 처음 찾아간 12월의 어느 날 아침, 인디애나주 남부에 자리 잡은 그곳의 대지는 단단히 굳어가는 눈으로 덮여있었다. 이미 사슴과 칠면조 사냥철이 지났기 때문에 나는 그날의 유일한 방문객이었다. 보호지구 사무실의 차고에 홀로 앉아 30분짜리 영상물을 봤다. 그것은 디스커버리 채널Discovery Channel의 추리물이 아니었다. 영상물은 안내소에서 흔히 틀어주는 작품 특유의 훌륭한 경치나 매력적인 야생동물이 아니라 녹슨 폭탄 외피와 탄착점 관측용 폭발물의 모습이 담겨있었고, 덕분에 나는 불발탄을 알아볼 수 있었다.[1] 영상물은 그곳이 국립야생동물보호지구NWR, National Wildlife Refuge로 지정되기 전까지 수십 년간 진행된 군수품 시험에 대한 간략한 설명도 곁들여져 있었다.

그날은 고요했지만, 빅 오크스 국립야생동물보호지구는 여러 해 동안 박격포 소리에 시달렸다. 1942년부터 1992년까지 그곳은 미 육군 제퍼슨 병기시험장Jefferson Proving Ground이었다. 지금은 야생동물보호지구로 변신한 그 군수품 시험시설에는 수백만 발의 불발탄, 1만 1천 킬로그램의 열화우라늄, 그리고 놀랍게도, 미국 중서부 어디서나 눈에 띄는 멋진 명금류鳴禽類, 수달, 스라소니, 인디애나박쥐 같은 동물의 서식지가 뒤섞여있다. 점점 늘어나는 미국의 야생동물보호지구와 세계 곳곳의 여러 군사화 지형과 마찬가지로, 빅 오크스 보호지구에서도 군사 활동과 환경보호의 미심쩍은 수렴 현상이 일어나고 있다. 군사 활동과 환경보호의 관계는 기회와 위험을 동반하는 복잡성을 띠고 있다. 지금 빅 오크스 보호지구에서 폭탄은 대체로 숨죽이고 있지만, 여전히 생태적 회복과 인간적 영향의 절묘한 결합을 통해 새로운 지형을 빚어내고 있다.

1980년대 후반부터 미국에서 일어난, 무척 놀랍고도 폭넓은 토지 용도상의 변화 중 하나는 군용지가 국립야생동물보호지구로 전환된 점이다. 야생동물보호에 집중하기 위해 그때부터 지금까지 대략 24개소의 군용 부지가 폐쇄되거나 "재편"되었다. 주로 폭력성이나 군사화로 유명했던 세계 곳곳의 현장에서도 공식적, 비공식적 변화가 비슷하게 많이 일어나고 있다. 일례로 중앙유럽의 철의 장막 국경지대는 "유럽의 그린벨트Green Belt of Europe"로서 거창한 속죄의 이야기를 쓰고 있다. 그리고 한반도의 엄연히 무장화된 "비무장지대DMZ, Demilitarized Zone"는 오래된 긴장관계를 둘러싼 역사적 관심의 현장으로서, 또 "궁극의 평온함"을 지닌 야생동물들의 새로운 성역으로서 관광객들에게 손짓하고 있다.[2]

이들 사례를 통해 우리는 국방 활동과 환경보호의 관계를 검토하는데 필요한 특이하면서도 소중한 장소를 확보할 수 있다. 여러 측면에서 군사화적, 자연적 성격을 함께 지닌 장소로 평가할 수 있는 탈脫군사적 야생동물보호지구화의 현장은, 단순한 자연적 공간이나 사회적 공간이 아니라 자연적, 사회적, 기술적 요소가 혼재된 복합적 성격의 현장으로 떠오르고 있다.[3] 나는 이와 같은 장소들이 지금 어떤 상태이고, 또 어떤 식으로 표현되고 있는지 이 책의 전반에 걸쳐 서술하려고 한다. 이 책은 군사화 지형을 둘러싼 세계여행기가 아니다. 미국, 유럽, 아시아, 오스트레일리아, 태평양 등지의 사례들을 통해 군사화 지형이 각양각색의 맥락과 조건 속에 존재한다는 중요한 시사점을 확인한다. 이 점을 염두에 두면서, 정치적 서사와 과학적 서사가 맞물리는 과정을 통해, 그리고 단순한 "자연"의 응전 수준을 넘어 지형 전체를 재형성하는 가시적인 인간의 행동이 뒤엉키는 과정을 통해 이들 장소가 어떻게 탄생하게 되었으며, 또 어떻게 현재 상태에 이르렀는가를 이해하는 것이 매우 중요하다.

여기에서 제시하는 사례들은 지형을 흥미롭게 묘사하는 설명 수준을 넘어, 탈군사적 야생동물보호지구화가 표명하는 국방, 안보, 환경보호 차원의 근원적 가치를 조명한다. 그 장소들이 군사적 모호성(또는 군사적 오명)을 벗고 야생동물의 성역이라는 공적인 지위로 더 나아가는 과정에서 다양한 난제가 대두된다. 가령 야생동물 및 수렵 동물 관리법을 배우는 보호지구 직원들은 새로운 보호지구에서 불발탄이나 방사선, 또는 화학무기로 오염될지도 모르는 상황에 어떻게 대처해야 할까? 일반 방문객을 받아들이기 너무 위험한 곳이라면 우리는 그곳을 "공유지"나 야생동물의 안식처쯤으로만 여겨야 할까? 좀 더 넓게 본다면, 군사적 영향과 환경보호라는 특징이 공존하는 탈군사적 야생동물보호지구화 현장이 과연 어떤 식으로 우리의 새로운 자연관과 사회관에 스며들 수 있을까?

미리 몇 가지 유의사항과 설명을 덧붙인다. 인간과 환경의 관계를 비판적으로 고찰하는 현재의 지리학과 그 밖의 학문 분야에서, 연구자들은 종종 자연이라는 용어를 매우 신중하게 사용하거나 회피한다. 지난 몇십 년에 걸쳐, 여러 책과 논문의 저자들은 우리가 "자연의 끝"에 이르렀다고, 혹은 현재 우리가 인간의 영향이 지배하는 세계에, 인간과 별개인 자연 영역이 사라진 탈脫자연postnatural의 세계에 살고 있다고 선언했다.[4] 물론 인간도 동물이므로 별개의 "자연"을 상정하면 인간과 자연의 관계를 둘러싼 필연적인 질문이 제기된다. 앞서 소개한 비판적 시선에 대해 알지 못하거나 공감하지 않아서가 아니라 많은 사람에게 자연이라는 단어가 여전히 유의미한 무언가 — 의 드넓은 황무지 같은 여러 형태를 통해 진가를 인정하는 영역 — 를 대변하기 때문이다. 아울러 이 같은 사실에 힘입어 "자연"이 일정한 범위의 조건을 대변한다는 관념이 강조되기도 한다. 어떤 조건은 인간의 통제권에서 멀리 벗어난 듯싶고, 또 어떤 조건은 인간의 통제권 속에서 꼼짝하지 못한다. 이 책에서 조명하는 군사적 자연은 고도로 복합적인 성격의 장소이다. 군사적 자연에서는 전통적인 "자연"이나 "황야" 개념에 적합한 현장조차 인간 행동이라는 중대한 요소에 의해 형성되어 왔고, 지금도 그런 요소를 포함하고 있다. 즉, 군사적 자연은 자연과 문화가 변형을 통해 통합되는 혼종적 성격의 장소이다.

2001년 나는 처음으로 탈군사적 야생동물보호지구화 문제와 대면했다. 당시 공유지의 화재 관리 문제를 연구하던 아내가 인디애나주의 어느 폐쇄된 군용부지 계획안을 발견했다. 그 부지를 새로 맡은 연방정부

관리자들은 명금류가 좋아하는 초지를 보전하려고 명금류 서식지의 일부 구역을 불태우는 방안을 내놓았다. 물론 나의 관심을 단번에 사로잡은 것은 한때 육군 병기시험장이었던 그곳에 약 200제곱킬로미터에 이르는 희귀한 새나 박쥐, 스라소니 등의 서식지뿐 아니라 열화우라늄 사격장과 수백만 발의 불발탄도 존재한다는 역설적인 상황이었다. 나는 옛 폭격훈련장 터에 불을 질러 야생동물들의 서식지를 복구하려는 발상에 불안감과 호기심을 동시에 느꼈다. 그런 방안을 내놓은 이유는 과연 무엇 때문이었을까?

알다시피 탈군사적 야생동물보호지구화를 위한 이치에 맞는 방안으로 여길 만한 근거는 많다. 확실히 이 점은 앞서 언급한 토지 용도상의 변화가 전 세계의 다양한 현장에서 감지되고 있는 이유를 설명하는 데 보탬이 된다. 약 20년 동안 나는 그런 몇몇 현장을 직접 살펴보기 위해 미국의 곳곳과 카리브해, 그리고 유럽과 아시아의 일부 지역을 방문했다. 최근 몇십 년 동안 공식적으로 보전하는 쪽으로 결정된 미국 본토 국방부 산하의 여러 현장 중 내가 찾아가지 않은 곳은 단 한 곳밖에 없다. 그곳은 불발탄의 폭발 위험을 억제할 수 없다는 이유로 외부인의 방문이 금지된 곳이다. 한편 나는 탈군사적 야생동물보호지구화의 몇몇 현장들은 늘 우리 가까이에 있었다는 사실을 깨달았다. 로키산 군수공장 Rocky Mountain Arsenal과 로키 플래츠Rocky Flats 핵무기공장은 어릴 적 우리 집에서 보이는 곳에 있었다. 여기서 우리는 두 번째 중요한 시사점을 확인할 수 있다. 처음에는 잘 알아차리지 못할지라도 군사화 지형이 우리에게 매우 개인적인 성격을 띠는 장소일 때가 많다는 것이다. 세계 곳곳을 돌아다니면서 그런 장소와 개인적인 연관성을 밝히려는 사람들이 무척 많다는 사실에 나는 종종 깜짝 놀라고는 했다. 어떤 사람들은 내 경우처럼 무기 생산 및 시험시설 근처에서 자랐으며, 또 어떤 사람들은 거기서 직접 일했거나 그들의 부모나 조부모, 배우자, 숙모, 고모, 이모, 삼촌, 외삼촌 등 가족이나 친인척들이 일을 했다. 최근에는 수십 년간 군사화의 지대한 영향을 받으며 형성되었지만 지금은 야생동물 감상에 적격인 "자연" 관광지나 "태고의" 해변과 해양 환경으로 유명한 곳에서 휴가를 보낸 사람들 — 이를테면 푸에르토리코의 비에케스섬Vieques에서 신혼여행을 즐긴 내 동료 — 의 소식이 내 귀에 점점 많이 들려오고 있다.

이 책에서 말하는 군사화 지형이란 군사 활동이나 국방 활동에 상당한 영향을 받아온 장소를 가리킨다. 예를 들면 훈련장, 기지, 방어시설, 병기시험장, 그리고 군사력을 바탕으로 강화되거나 보강된 보안구역이나 국경지대 등이다. 군사 활동으로 인해 오염된 지하수나 토양도 군사화 지형에 속한다. 군사시설에서 생산되거나 폐기되는 화학물질이 군사적 통제권의 명시적 경계 밖에 있는 지역까지 이동하여 영향을 미치기 때문이다. 교전지대도 군사화 지형에 포함되지만, 대부분의 교전지대는 이 책의 범위를 뛰어넘는다. 군사화 지형을 조사하는 과정에서 나는 광범위한 지정학적, 국방지리학적 변화가 군사화 지형의 다양한 용도 변화로 이어졌다는 사실을 깨닫게 되었다. 이후 여러 군사화 지형은 보전하는 쪽으로 결정되었다. 이러한 변화는 흔히 환경보호와 생태복원 측면에서 정당한 이득을 의미하지만, 심각한 위험을 수반하기도 한다. 현장에 남아있는 군수품이나 화학물질의 물리적 요인에 따른 위험도 있고, 전쟁과 군사화로 인한 문화적 영향을 없애고 토지용도를 둘러싼 중요한 역사를 지워버림으로써 초래되는 위험도 있다.

이 책에서 견지하는 관점의 핵심은 지리학이다. 나는 군사화 지형에 대한 새로운 시각을 촉발하면서, 동시에 문화적, 생태적 이익에 주목하는 태도가 가능하고 또 매우 중요하다고 생각한다. 이와 같은 접근법에서는 자연과 문화를 존중해야 한다. 두 가지 속성이 별개의 실체가 아니라 연결된 영역으로서 서로 대화할 수 있도록 이끌기 위해서다. 탈군사적 야생동물보호지구화의 현장 — 더 상세히 말하자면 과거의 폭격훈련장, 무기 공장, 일반 훈련장, 무장 국경지대 — 을 한층 면밀히 살펴보면서 나는 이러한 극적인 변화가 어떻게, 왜 일어나는지, 그리고 이들 현장에서 나타나는 군사화, 보전, 생태복원이라는 세 가지 요소의 새로운 결합이 뜻하는 바가 무엇인지를 숙고한다. 결국 우리는 보전과 군사화 사이, 훨씬 더 넓게 보자면, 자연과 정치 사이의 중요한 연결점에 더 주목할 필요가 있다.

앞서 열거한 요소들은 얼핏 서로 어색한 조화를 이루고 있는 것처럼 보이지만, 이 책에서 제시하는 여러 사례에는 군사 활동, 보전 목표, 생태복원 등이 적절히 맞물려 새로운 종류의 장소와 장소에 대한 새로운 개념을 만들어내는 과정이 생생하게 펼쳐져 있다. 그러나 몇몇 측면에서는 실제적으로나 개념적으로나 아직 갈등을 겪고 있다. 더 깊이 있는 이해를 돕는 차원에서 말하자면, 군사화, 보전, 생태복원 등이 뒤섞인 이 조합은 이미 새로운 지형을 만들어가고 있다. 여기서 새로운 지형이란 서로 밀접하게 연관된 사회적, 자연적 요소로 구성된 새로운 풍경이다.

변화하는 군사화 지형

지난 몇십 년 동안 탈군사적 야생동물보호지구화는 미국에서만 4천 제곱킬로미터 이상의 토지와 수십만 제곱킬로미터 이상의 영해에 영향을 끼쳐왔다.[5] 이들 토지와 영해는 미국에서 가장 오염이 심하면서도 가장 적절히 보존된 몇몇 독특한 서식지도 포함한다. 쓸모없어진 군사시설을 청소하고 관리하는 작업의 복잡성과 난해성에 힘입어 우리는 과학과 정치, 생태복원을 둘러싼 대중적 인식, 질이 떨어졌거나 훼손된 현장이 감당해야 하는 다양한 관행에 관한 중요한 통찰을 얻을 수 있다. 군용 부지를 폐쇄한 뒤 야생동물 보호의 목적에 부합하는 명시적 전환 과정을 통해 우리는 군사화의 성격이 바뀔 수도 있음을 엿볼 수 있다. 결국 이런 변화를 어떻게 설명하고 표현하는가에 따라 국가적 우선사항과 가치 기준의 질적 향상이 가능하다. 군사기지의 용도 전환을 계기로, 그동안 공개되지 않았던 장소가 새로운 종류의 대중적 관심에 노출된다.[6] 물론 야생동물 관리자들과 그 밖의 연방 공무원들은 새로운 유형의 도전과제를 떠맡게 되지만 말이다. 재구성된 토지에 힘입어 새로운 보전 기회(예를 들어 서식지 보호)가 생기지만, 동시에 군사주의와 환경주의의 관계를 둘러싼 중요한 질문이 제기되기도 한다.

미국 이외 지역의 현장에서 보이는 탈군사적 야생동물보호지구화의 정치학은 지역별로 큰 차이가 있을 뿐 아니라 미국의 경우와도 뚜렷하게 다르다. 지금 일어나고 있는 변화는 여전히 군대와 환경의 관계에 대한 비판적인 검토가 필요하다. 일례로 과거 유럽에 드리웠던 철의 장막을 둘러싼 녹화사업은 냉전에 따른 유럽의 분열 이전에 형성된 독특한 일련의 조건에서 비롯되었다. 지금 유럽에서 진행되고 있는 노력은 한층 통합된 유럽의 정체성을 확립하기 위한 당대의 열정을 담고 있으며, 아울러 이 지역의 역사와 환경을 보호하는 효과가 있다. 한국의 비무장지대와 국제연합이 지정한 키프로스의 "녹색선" 같은 국경지대는 정치적으로 아직 해결되지 않은 채로 남아있지만 소생하는 자연의 사례를 남기기도 한다.[7]

탈군사적 야생동물보호지구화의 현장을 이해하기 위해서는 첫째, 이 특별한 지형이 어떻게 탄생했으며 둘째, 그 탄생 과정이 새로운 종류의 장소들에서 어떤 의미를 만들어내는가를 검토하는 자세가 매우 중요하다. 여러 측면에서 볼 때, 첫 번째 문제는 이들 현장에 관하여 우리가 들려주는 이야기, 다시 말해 용도 전환을 둘러싼 정치적, 과학적 정당화를 강조하면서 우리가 만들어내는 이야기에 달려있다. 두 번째 문제의 경우, 탈군사적 야생동물보호지구화의 현장이 어떤 식으로 자연과 사회의 새로운 결합체로서 작동하는가를 고려한다. 아울러 현장을 생태적으로 복원하고 기념하려는 노력이 탄생 과정을 바라보는 우리의 시각에 어떠한 영향을 끼치는지도 감안한다.

기지 재지정의 본질

농촌 지역인 이스트텍사스East Texas에 위치한 캐도호 국립야생동물보호지구Caddo Lake NWR의 부지는 1942년 이전에는 주로 목화밭과 물납 소작인의 농지로 이루어져 있었다. 제2차 세계대전 당시 텍사스주의 야심만만한 국회의원 린든 베인스 존슨Lyndon Baines Johnson은 아내의 고향인 텍사스주 카르낙Karnack 인근에 무기공장을 신설해야 한다고 미 육군에 촉구했다. 몇 달 뒤, 육군 당국은 롱혼 육군탄약공장Longhorn Army Ammunition Plant의 부지 약 34제곱킬로미터를 마련하기 위해 주민들을 강제로 퇴거시켰다.[8] 이후 55년 동안, 롱혼 육군탄약공장에서는 트리니트로톨루엔(일명 TNT), 포탄, 단추폭탄 같은 폭발물부터 발화 및 화공용 군수품, 로켓 모터, 미사일 추진체 따위에 이르는 각종 군용 제품을 생산했다. 1980년대 후반에 이르러, 롱혼 육군탄약공장의 일부 제품은 제자리로 되돌아왔다. 소련과 미국이 맺은 중거리 핵무기 조약의 일환으로 해체할 첫 번째 퍼싱Pershing 미사일이 다시 반입된 것이다. 1997년, 국방부DOD는 롱혼 육군탄약공장에 "초과" 판정을 내렸고, 2000년 10월에 미국 어류 및 야생동물관리국FWS, U.S. Fish and Wildlife Service은 옛 무기공장 주변 지역의 상당 부분을 캐도호 국립야생동물보호지구로 지정했다.

내가 캐도호를 방문하는 문제를 의논하려고 그곳 관계자들에게 처음 연락한 것은 2006년의 일이지만, 그때는 일반인의 출입이 허용되지 않았고, 현장 담당 직원 2명은 잔존 화학 폐기물과 폭발성 위험 요인을 처리하고 장기적인 관리 계획을 세우느라 바빴다. 2009년 9월, 캐도호 국립야생동물보호지구는 일반인에게 개방되었고, 1년 반 뒤 마침내 나는 이스트텍사스를 향해 떠났다.

어류 및 야생동물관리국에 의하면 캐도호는 오늘날 텍사스 파이니

우즈Texas Piney Woods, 그리고 미국 어디서나 눈에 띄는 울창한 침엽수와 활엽수 숲의 가장 귀중한 본보기 가운데 하나로 손꼽힌다. 아울러 캐도호는 미국에서 가장 많은 원앙과 노란머리버들솔새 번식 개체군의 일부가 서식하는 곳이기도 하다. 이 보호지구는 200종 이상의 조류, 47종의 포유류, 100여 종의 파충류와 양서류의 보금자리이다. 게다가 캐도호는 "텍사스주 유일의 자연적으로 형성된 대형 호수"로 평가되고, 미국 토종 주걱철갑상어를 복원하려는 야심찬 노력의 생생한 현장이기도 하다.[9]

이처럼 화려한 생태적 특징을 감안하면 롱혼 육군탄약공장이 폐쇄되었을 때 캐도호가 국립야생동물보호지구가 아닌 곳이 되었을 수 있다고 상상하기는 힘들다. 사실 탈군사적 야생동물보호지구화의 여러 사례를 둘러싼 공통 주제는 다음과 같은 말이다. "온갖 역경에도 불구하고 이것은 자연이 빚어낸 일이다." 이 말에는 매력적인 사연이 담겨있다. 그리고 더 일반적으로 볼 때, 자연이 최종결정권을 갖는다는 관념은 실제로 생태복원에 대한 여러 전통적 접근법에서 일정한 역할을 한다. 이런 관념은 다음과 같은 접근법으로 이어진다. "질이 떨어졌거나 훼손된 생태계의 건강을 되찾아주기 위해서는 대체로 복원 노력을 통해 생태 과정과 생태계 구성요소에 결정적인 시동을 걸어줄 필요가 있고, 그러면 자연이 알아서 처리할 것이다." 이 같은 접근법은 로키산 군수공장이 끔찍할 정도로 오염된 화학무기 생산 공장에서 흰머리수리, 미국 들소, 검은발족제비 등을 먹여 살리는 푸른 초원 생태계로 되살아나는 과정을 설명하는 이야기에서 드러난다. 어류 및 야생동물관리국이 펴낸 어느 출판물에는 다음과 같은 구절이 나온다. "어떤 면에서는 독수리 덕분에 가능한 일이었다."[10] 이 말을 그대로 수긍하면 과학자, 정치인, 국방부, 재정적 계산, 소송, 지역사회 지도자, 어류 및 야생동물관리국 관계자, 자연보호 지지자 등은 기본적으로 자연적인 사건에 해당하는 일의 큰 무대에 서는 단역에 불과하다는 것이다.

캐도호에서는, 이곳의 생태적 특성이 워낙 경탄스럽기 때문에 토지의 용도 변경 이후의 유일하게 가능한 관리 목표가 보전지향적 성격을 띠어야 한다는 논리를 쉽게 받아들일 수 있다. 국방부는 이 논리를 기꺼이 수용하고 홍보한다. 그리고 군대의 예민한 환경적 책무에 의해서만 이 같은 환경적 조건이 가능하다는 견해를 끌어들인다. 결국, 진정한 정치적 가치를 지닌 "군사 활동과 환경보전이 충분히 양립할 수 있다"는 더 광범위한 메시지가 부각된다. 따라서 캐도호 보호지구 관계자들을 만났을 때 나는 깜짝 놀라지는 않았다. 그들은 옛 무기공장이 보호지구로 지정되기까지 "이글스Eagles"가 중요한 역할을 했다고 입을 모았다. 이글스는 내가 들으리라고 예상했던 독수리에 관한 이야기가 아니었다.

롱혼 탄약공장이 문을 닫았을 때 지역 경제계의 여러 주요 인사들은 그곳을 공업단지로 재개발하자고 주장했다. 어쨌든 그곳에는 적합한 기반시설이 있었고, 무기공장 폐쇄로 인한 실업이 현실화되자 취업의 새로운 중심지로 만들자는 그들의 발상은 일단 묘안처럼 보였다. 아마 더욱 중요한 점은, 그 부지에 빅 사이프러스 바이우Big Cypress Bayou 근처의 용수권用水權이 딸려있고, 약 2억 달러 가치로 추산되는 목재용 나무가 있다는 사실이었다.[11] 연방정부는 롱혼 탄약공장 부지의 대부분에 걸친 채굴권도 갖고 있었고, 그곳을 중심으로 한 천연가스 개발도 가능성이 있어보였다. 다시 말해 상업적 이익이나 자원채취를 위해, 그리고 부수적인 온갖 이득을 위해 롱혼 무기공장 부지를 재개발하려는 충분한 동기가 있었다. 한편, 옛 무기공장을 야생동물보호지구로 바꾼다는 발상에 찬성하는 사람은 소수에 불과했다. 그중 한 명이 이글스에서 노래와 드럼을 담당하는 돈 헨리Don Henley였다.

1970년대와 1980년대의 가장 성공한 록밴드 가운데 하나로 꼽히는 이글스는 히트곡인 〈호텔 캘리포니아Hotel California〉로 가장 유명하지만, 돈 헨리는 이스트텍사스에서 태어났고, 캐도호에서 겨우 48킬로미터 떨어진 곳에서 자랐다. 그는 캐도호에서 처음 물고기를 낚았던 것을 다정스럽게 회상하기도 했다. 헨리는 결코 자신이 이스트텍사스를 떠날 수 없다는 점을 알고 있었을지 모른다. 1992년에 그는 친구이자 변호사인 드와이트 셸먼Dwight Shellman과 손잡고 캐도호 연구소Caddo Lake Institute를 설립했다. 이후 현재까지 연구소는 "캐도호와 인근 습지대와 유역의 생태적, 문화적, 경제적 무결성을 보호"하는 데 전념해왔다.[12] 불과 1년 만에 셸먼과 헨리는 국제적 중요성을 지닌 습지대라는 캐도호의 진가를 알아냈고, 결국 캐도호가 람사르 대상지로 지정되도록 하는 데 성공했다(당시 캐도호는 미국에서 람사르 지정을 받은 13번째 대상지였다). 그 뒤 셸먼과 헨리는 낡은 롱혼 무기공장이 야생동물보호지구로 지정되도록 촉구하고자 지역의 야생동물관리자들, 국회의원들, 국방부 관료들을 비롯한 여러 인맥을 동원했다. 처음에는 변화의 가능성이 낮아보였지만, 지역 주민들과 연방정부 공무원들이 차츰 합류하기 시작했다. 보호지구 자원봉사자로 일하는 어느 주민은 롱혼 무기공장을 민간 공업단지로 전환하려던 애초의 시도에 관해 이렇게 지적했다. "돈 헨리와 드와이트 셸먼은 그 일이 성사되지 않은 것과 깊은 관계가 있습니다." 어떤 의미에서는 자연이 일정한 역할을 했다. 캐도호를 철새, 흑곰, 악어, 수달을 위한, 그리고 야생동물의 보금자리인 습지대와 숲을 위한 보호지구로 삼는 방안을 정당화할 수 있는 근거는 많았고, 지금도 그렇다. 그러나 헨리가 나중에 언급했듯이 "건전한 과학은 우리의 미덕이겠지만, 워싱턴 그리고 확실히 텍사스에서는 종종 정치가 과학을 이긴다."[13]

캐도호를 방문한 덕분에 나는 정치와 환경의 이러한 관계를 한층 뚜렷하게 확인할 수 있었다. 하지만 그 신규 보호지구의 산책로를 걸을 때 나는 롱혼 무기공장에서 시작되는 옛 도로의 흔적에 불과한 길이 다양한 방식으로 내 삶과 교차하는 듯싶어 깜짝 놀라지 않을 수 없었다. 이스트텍사스에 와본 적은 없었지만, 내 과거의 여러 가지 실마리가 그곳을 관통하는 것 같았다. 육군이 모터를 으깨어 고철로 만들기 전에 퍼싱 미사일이 로켓 연료의 마지막 분량을 소비한 장소인 냉담한 방풍벽과 우연히 마주쳤을 때, 나는 대학 시절 한 학기 동안 머물렀던 독일의 어느 마을 뒤편 미군 비행장이 떠올랐다. 인근 주민들은 모두 그 비행장을 "미사일 기지Raketenbasis"로 불렀는데, 그곳에 퍼싱 미사일이 있다는 점은 공공연한 비밀이었다. 퍼싱 미사일의 핵탄두에 장착된 플루토늄 기폭장치는 십중팔구 내 고향에서 겨우 16킬로미터 거리에 있는 로키 플래츠에서 제작되었을 것이다. 탄두가 해체되자마자 플루토늄 기폭장치는 출생지인 콜로라도주로 되돌아갔고, 모터는 이스트텍사스에서 일생을 마쳤다. 어쨌든 내 인생역정의 요점은 퍼싱 미사일과 그 미사일의 치명적인 부품들이 보낸 일생과 닮아 보였다.

나는 단순한 우연이나 내 독특한 편력의 증거로 여기고 싶은 유혹을 느끼지만, 이 중첩적 지리학은 군사화의 편재성遍在性이라는 관점에서 이해하는 편이 더 나을 것이다. 대다수 사람들은 부지불식간에 그처럼 철저하게 군사화된 세계에서 살고 있고, 결과적으로 우리는 여러 가지 관계를 통해 군사화 지형을 매우 개인적인 대상으로 느낄 수밖에 없다. 내가 이 책을 쓰고 있던 어느 날, 8만 명의 주민들이 마시는 수돗물이 인근 군사기지의 지하수로 흘러들어간 과불소화 화학물질에 오염되고 있다는 기사가 우리 지역 신문에 실렸다.[14] 그 군사기지에서 16킬로미터 떨어진 저지대에 거주하는 주민들은 최근까지 본인들이 오염된 군사화 지형의 일부분이 될 줄은 꿈에도 몰랐다.

가동 중인 군사시설의 영향 범위가 놀라울 정도로 교묘하게 감춰진다는 사실이 간혹 드러나기도 하지만, 폐쇄한 뒤의 새로운 용도와 정체성을 부여받은 군용 부지의 영향을 추적하는 작업은 훨씬 더 어려울 때가 많다. 용도 전환 중인 이들 현장과 관련한 의미와 거기서 연상되는 의미는, 한편으로 사람들에게 영감을 주고(예를 들어 야생동물 서식지 조성 목적으로 청소 및 복원 작업이 진행되는 유휴지를 떠올려보라), 다른 한편으로 위험 요인을 감춘 채 진행되는 중요한 교훈과 역사를 지우는 과정에서 금세 바뀔 수 있다. 용도 전환 중인 군용지의 현명한 상생적 결과처럼 등장하는 "칼 대신에 풀From Swords to Swards"이나 "폭탄은 가고 새가 온다Bombs to Birds" 같은 문구에서 종종 포착되듯이, 환경보전이라는 새로운 목표에 맞게 군용 부지를 재구성하는 작업을 통해 연방정부 소유지의 확실한 경로가 드러난다.[15] 군대는 쓸모없어진 소유지를 처분할 수 있고, 오염된 유휴지는 신규 야생동물보호지구로 변신하고, 지역사회는 출입이 금지되었던 이전의 군사기지 대신 넓은 편의시설을 갖게 된다. 새로 등장하는 보전 기회는 무척 현실적이면서 동시에 매우 강제적인 것일 수 있다. 따라서 많은 야생동물 관리자는 군사시설의 잔류물을 처리할 준비를 미처 갖추지 못한 채 그 군사적 유산을 선물이 아닌 저주로 여긴다.

2장에서는 탈군사적 야생동물보호지구화에 따른 임시방편적 보전의 여러 가지 도전과제와 매력을 더 직접적으로 살펴보겠다. 대부분의 탈군사적 야생동물보호지구화 현장은 군사시설에서 야생동물 보전구역으로 바뀌는 과정을 촉진하기 위한 일정 형태의 생태적 복원이나 교정 작업이 필요하다. 생태복원은 역사적 기준선이나 참조 상태를 적절히 식별하는 방법을 둘러싼 해묵은 문제를 안고 있다. 그리고 우리가 특정 부지의 다채로운 역사적, 생태적 지층의 의의를 인식할 때 이런 도전과제는 훨씬 더 심각해진다. 이때 역사적 삭제를 피하려는 문화적 관심은 기존의 생태적 피해를 제거하려는 시도인 생태복원이라는 목표에 불리하게 작용할 수 있다. 결국 역사적 삭제의 가능성은 진실성의 문제를 유발하거나 일부 비평가들이 "가짜 자연"으로 부르는 것을 피하는 방법을 둘러싼 문제를 초래한다.[16]

3장에서는 탈군사적 야생동물보호지구화의 현장을 마주치면서 우리가 만들어내는 의미와 복원 사업의 물질적 특성 및 과정을 구별하는 자세가 어떻게 이 같은 문제를 해결하는 한 가지 방법일 수 있는가에 대해 검토하겠다.[17] 이들 현장의 복합적(혹은 혼종적) 특성과 다양한 지층이 우리로 하여금 지형 개념을 한층 깊이 숙고하도록 압박함에 따라 의미와 해석의 중요성이 커진다. 이런 점을 감안할 때, 탈군사적 야생동물보호지구화 과정을 통해 용도 전환 중인 군용 부지의 투명성을 조사하는 것이 중요해진다. 청소 작업의 범위와 이들 토지가 새롭게 상징하는 바와 같이 새로운 야생동물 관리 및 보전 목적 등에 따라 창출하거나 훼손하는 정도를 조사해야 한다.

4장에서 살펴보듯이, 미국의 군사기지 폐쇄 조치는 수십 년간 지식과 활동의 제한적 공간 역할을 맡아온 장소를 개방하는 기회로 이어진다. 하지만 이들 장소가 야생동물보호지구로 지정되면서 공공적 성격의 공간으로 얼마나 온전하게 등장할지, 잠재된 위험 문제가 어떻게 해결될지는 아직 불투명하다.

5장에서는 국제적으로 진행되는 여러 탈군사적 야생동물보호지구화 현장 중 몇 군데로 시선을 돌린다. 여기에는 한때 유럽을 분할한 철의 장막에 포함된 25킬로미터에 이르는 죽음의 띠 속에 지정된 수십 개의 국립공원과 3천 개 이상의 보호구역도 포함된다.[18] 미국의 탈군사적 야생동물보호지구화 현장이 무색하리만큼, 이런 옛 무장지대를 보호하려는 유럽인들의 노력은 냉전 기간 동안 이 지역에 강요된 분리와 폭력의 기억을 보존하는 데 확실히 그 주안점이 있다. 이러한 문화적, 생태적 보호의 한층 통합적인 접근법은 다양한 종류의 텍스트, 물리적 유적, 예술적 표상 등이 역사를 간직하는 데 보탬이 될 수 있는 방법에 관한 사례와 비교할 수 있는 유익한 기회로 이어진다. 아울러 이 접근법은 유럽인들의 노력을 방해할 만한 방식으로 자연화되고 있는 지형의 힘도 강조된다.

군사적 환경주의, 또는 생태적 군사화라는 개념은 최근 몇 년 동안 군사환경학의 핵심 개념 중 하나로 자리 잡았다. 이 개념은 군사적 생산과 환경보호가 양립할 수 있다는 견해, 더 직접적으로는 현장을 생태보호구로 전환해야 하는 조건이 군사 활동을 통해 조성된다는 견해에서 비롯된 것이다. 데이비드 하비David Harvey 같은 지리학자들은 이와 관련해 생태적 현대화라는 핵심 개념을 비판했지만,[19] 6장에서 나는 생태적 현대화를 토지관리, 사회변화, 환경윤리, 보전 등의 본보기로 받아들이는 자세에 함축된 의미를 구체적으로 파고들겠다. 군사주의가 환경주의와 양립할 수 있다고 보면 군사적 이해관계자, 환경보호단체, 지역 경제, 선출직 공무원 등에게 많은 혜택이 돌아갈 뿐 아니라 군사 활동의 부정적 이미지가 세탁될 우려나, 비용이 많이 들지만 꼭 필요한 오염 현장의 청소 작업이 실시되지 않을 위험도 있다. 군사주의와 환경주의가 병합되면 경우에 따라 문화보존 노력이 위축되기도 한다. 또한 사회개혁을 추구하면서 더 민주적인 환경정치를 구현하려는 노력이 저해될 수도 있다.

마지막 7장에서는 우리가 환경적 이득을 수용하는 동시에 군사화 지형과 그 영향에 대한 인식을 확장하면서 군사화 지형을 어떻게 기억하고 관리하고 복원할 수 있는가에 대해 고찰할 것이다. 간추려 말하면, 탈군사적 야생동물보호지구화 현장의 복잡한 성격으로 인해 의사결정의 투명성과 장소 특유의 지식이 요구되고, 군용 부지를 새로운 보전지향적 공간으로 전환하는 데 따른 매우 현실적인 위험을 인지함과 동시에 정당한 기회를 포착해내는 태도의 필요성이 대두된다.

이 책에서 견지하는 접근법은 사례기반적이고 개념적인 것이라 할 수 있다. 여러 특정한 장소를 다룸으로써 나는 탈군사적 야생동물보호지구화가 시작되는 폭넓은 맥락뿐 아니라 거기서 발견되는 특정한 도전과제와 기회를 조명하고자 한다. 개념적인 면에서 볼 때, 이런 종류의 변화가 어떤 식으로 특정 장소뿐 아니라 한층 넓은 시각과 인식에도 영향을 주는지 이해하려면 구체적인 사례를 넘어서는 것이 중요하다. 일례로 우리가 생태복원 작업에서 진실성의 역할을 이해하는 방식은, 복원 목표가 어떻게 수립되는가, 질이 떨어지고 훼손된 생태계를 회복하는 과정에서 생태복원 노력이 진정으로 기여하는가에 영향을 미칠 것이다. 마찬가지로, 군사화 지형에 대한 평판이나 토지의 용도, 지표면의 상태가 바뀐다고 해도 우리가 용도 전환 중인 군사화 지형에서의 위험을 수용하고 인정한다면, 군사 활동과 광범위한 군사화 과정에 의해 미지의 장기적 위험에 빠져드는 정도에 지속적인 영향을 미칠 수 있다. 군사화 과정과 영향을 더 생태지향적인 성과를 중심으로 재구성할 수 있으면 군사화의 규모는 시야에서 사라지고, 점차 환경보호의 한 형태로 간주될지 모른다.

탈군사적 야생동물보호지구화의 현장을 방문할 때 종종 나는 그곳의 "자연스러운" 모습에 감동을 받는다. 하지만 그곳이 어떻게 현재의 모습을 갖추게 되었는지를 돌이켜보는 태도, 그곳이 어떤 의미로서의 속죄와 희생이라는 특성을 지니는지 생각해보는 태도를 갖는 것 또한 중요하다. 그런 장소는 한동안 폭탄과 총이 숨죽였을지 모르지만, 폭탄과 총이 빚어낸 지형은 아직도 폭발음과 총소리가 메아리치고 있기 때문이다.

02

벙커, 박쥐, 기지 폐쇄

1990년 9월 6일, 미국 국방부 장관 딕 체니Dick Chgeney는 국방과 환경의 관계를 논의하고자 환경보호론자, 군 지휘관, 연방정부 공무원 등으로 구성된 특이한 모임을 소집했다. 국방부는 미국에서 오염을 가장 많이 유발하는 국가기관이지만, 딕 체니 장관은 양립성이라는 든든한 개념에 집중하도록 참석자들을 독려했다. "국방과 환경은 양자택일의 명제가 아닙니다. 심각한 안보적 위협과 절실한 환경적 문제가 존재하는 이 현실세계에서 둘 중 하나를 선택하기란 불가능합니다. 진짜 선택해야 할 것은 바로 우리가 새로운 환경윤리를 일상적 국방 업무에 포함시킬지 말지입니다."[1]

딕 체니의 이 말은 다음과 같은 몇 가지 핵심 주제의 예고편이었다. 첫째, 그는 국방과 깨끗한 환경 간의 양자택일을 명시적으로 거부했다. 대신에 그는 군대와 환경의 양립성이라는 미래상을 강조했다. 정책입안자들이 이 미래상을 수용하려면 인간의 이익과 환경이 대립한다는 오래된 가정을 재검토해야 할 것이다. 예컨대 군사지리학 분야는 흔히 지형 분석 같은 작업에 주력해왔고, 지형 분석의 기본가정은 군대가 환경적 도전과제를 극복해야 한다거나 자연적 특징을 이용하고 조정해 전술적 우위를 확보해야 한다는 것이다.[2] 딕 체니는 국방 업무가 환경윤리를 받아들일 준비가 되어있다는 점뿐 아니라 그런 식의 윤리가 진취적인 군사적, 환경적 관심사를 포용할 수 있다는 점도 암시했다. 아울러 환경보호와 국가안보가 쉽게 공통점을 발견할 것이라는 놀라운 낙관론도 제시했다. 더 근본적으로 말하자면, 국방부 장관이 굳이 시간을 내 군대와 환경의 생산적 관계라는 문제를 검토하고 고위 정책입안자들이 그 관계에 주목하도록 유도한 점은 특기할 만한 일이었다. 딕 체니가 군대와 환경 앞에 놓인 도전적 과제라는 식의 틀을 짜서 발언한 까닭은 틀림없이 참석자들에게 특별한 감성을 전달하기 위해서였을 것이다. 나중에 드러났듯이, 딕 체니의 가장 중요한 관심사는 환경보호운동의 투사가 되는 것이 아니라 군사적 효과와 효율을 제고하는 것이었다. 하지만 요즘 나타나고 있는 군대와 환경 사이의 연관성, 그리고 군대나 환경과 관련한 변화를 고려할 때, 딕 체니의 발언과 그에 담긴 견해는 중요한 역할을 한 것으로 볼 수 있다.

국방용 부지와 야생동물 보전

내가 가르치는 학생들 중에는 군복무를 마친 사람들도 종종 있다. 그 퇴역군인들에게 국방용 부지에서의 야생동물 보전 활동에 대해 물어보면 다들 할 이야기가 있다. 노스캐롤라이나주의 포트 브래그Fort Bragg 출신 퇴역군인들은 희귀종인 붉은벼슬딱따구리의 서식지를 유지하는 과정에서 들불이 차지하는 역할과 처방화입處方火入(구체적으로 불을 놓는 대상지, 날짜와 시간, 일기 등을 미리 정하여 계획적으로 산에 불을 놓는 방법-옮긴이)을 떠올린다. 어떤 학생은 옛 군사기지인 캘리포니아주 몬터레이만Monterey Bay의 포트 오드Fort Ord에서 멸종 위기에 빠진 스미스블루나비의 서식지를 보전하기 위한 생태복원 작업에 참여했다고 한다. 플로리다주의 에글린 공군기지Eglin Air Force Base에서 근무한 공군 출신 학생들은 절멸의 위험에 처한 붉은바다거북과 멸종 위기의 대서양 푸른바다거북의 보전 활동을 거론한다. 육군의 유마 병기시험장Yuma Proving Ground과 해병 공지전투장Marine Corps Air Ground Combat Center인 트웬티나인 팜스Twentynine Palms에서 복무한 사람들은 멸종 위기에 처한 사막거북을 돌봐주는 일을 언급한다.

최근 몇 년 동안, 국방부는 환경 프로그램에 매년 약 35~40억 달러를 썼다. 2016년의 경우 이 자금에는 11억 달러의 환경복원 비용과 약 3억 9천만 달러의 천연자원과 문화자원 보전 프로그램 진행 비용이 포함되었다(나머지 자금은 규제준수, 오염방지, 환경기술 등의 항목에 할당되었다).[3] 국방부가 관리하는 약 12만 제곱킬로미터의 땅에는 국립공원, 국유림, 국립야생동물보호지구 같은 여타의 연방정부 소유지에 비해 멸종 위기에 처했거나 위태로운 동식물이 최소한 3배 더 많이 살고 있다.[4]

이 같은 수치는 군사적 환경주의라는 발상의 믿음직한 근거 — 군사 활동이 환경적 특성과 생태적 조건에 보탬이 될 수 있다는 주장—가 된다. 언젠가 국방부 장관 딕 체니가 주장했듯이, 사실 우리는 항상 환경보호와 국방 활동 중 하나를 선택할 필요는 없다. 그러나 환경보호와 국방활동의 관계는 단순한 양립성 개념보다 더 복잡하다. 가령 내가 가르치는 학생들 중 몇몇은 군복무 기간의 야생동물 처리 임무를 성가신 일로 표현하고, 연방정부의 멸종위기종보호법Endangered Species Act을 준수한 일을 야생동물과 군대가 상생하는 길이 아니라 자신들의 일상적 활동을 방해한 부담으로 기억한다. 다른 학생들은 환경규제를 무시한 채 기동훈련이나 작전에만 집중했던 지휘관들을 언급했고, 환경적 우려가 군사적 임무를 침해할 수 있다는 견해를 일축했다.

학생들의 증언 덕분에 이미 명백했을 법한 사실이 한층 확실해지는 듯싶다. 야생동물이나 서식지 자원을 보전하는 것은 군대의 주요 초점이 아니라 부가적 고려사항이라는 것이다. 물론 이 점은 비밀이 아니다. 심지어 새로운 환경윤리와 군사 담당 부서로서의 책임을 홍보하는 데 주력하는 미 육군의 2014년 지속가능성 보고서에서도, "임무 우선"이라는 신조가 "임무 지속, 미래 확보"라는 부수적 표제를 통해 분명히 드러난다.[5]

야생동물과 서식지 보전을 기본 임무로 삼는 연방정부기관을 찾으려면 다른 쪽으로 눈길을 돌릴 필요가 있다. 어류 및 야생동물관리국은 연방정부의 토지관리기관 중에 가장 덜 알려진 부서에 속하지만, 이 기관에서 운영하는 국립야생동물보호지구체계National Wildlife Refuge System는 모두 합쳐 약 344만 제곱킬로미터에 이르는 560개 이상의 개별 보호지구에 적용된다.[6] 우리가 알든 모르든 간에 대다수 미국인들의 거주지에서 자동차로 1시간 이내의 거리에는 야생동물보호지구가 있다. 어류 및 야생동물관리국은 야생동물보호지구체계를 관리할 뿐 아니라 멸종위기종보호법을 실행해야 하는 주된 책임도 맡고 있다. 2014년, 어류 및 야생동물관리국은 멸종위기종 사업에 1억 7천만 달러, 야생동물보호지구 체계 관리에 4억 7,500만 달러의 예산을 배정받았다.[7] 지금 우리가 살펴보고 있는 국방부와 어류 및 야생동물관리국인 2개의 연방정부기관은 매우 다른 수단을 통해 매우 다른 수요를 충족시키고자 애쓰지만, 두 기관의 이익이 거의 일치하는 현장도 많다. 지난 몇십 년 동안 폐쇄되어 야생동물과 서식지를 보전하는 쪽으로 용도가 바뀐 뒤에 이름이 바뀌고 국립야생동물보호지구체계로 추가된, 다양한 옛 군사시설이 바로 그런 곳이다.

탈군사적 야생동물보호지구 조성 사업

1988년, 미국 정부는 제1차 기지 재편 및 폐쇄BRAC, Base Realignment and Closure위원회를 열었다. 위원회는 쓸모없어진 군사기지를 평가하고 폐쇄하는 문제에 관한 새로운 접근법을 확정했다. 이후 1991년부터 2005년까지 기지 재편 및 폐쇄위원회가 지시한 4차례의 추가 폐쇄 조치를 통해 국방부는 140개 이상의 주요 군사시설을 포함한 총 400개 넘는 국내 군사기지를 폐쇄하거나 재분류했다.[8] 폐쇄된 군사기지는 운동장이나 휴양시설, 주택단지, 병원, 상업지구, 대학 캠퍼스 등으로 전환되고 있다. 그러나 다수의 군용지는 현장에 남아있는 낡은 기반시설, 군수품, 건물, 화학적 위험요인 때문에 향후의 용도를 둘러싼 선택의 폭이 제한되는 문제에 직면해있다. 이런 몇 가지 원인이 어느 정도 작용하는 바람에, 1988년부터 폐쇄된 주요 미군기지의 15퍼센트 이상이 국립야생동물보호지구로 지정되었다. 태평양의 광활한 신규 해양보호지구를 제외하고, 이 기간 동안 도합 4,450제곱킬로미터에 이르는 21개의 군사기지가 야생동물보호지구체계의 일환으로 어류 및 야생동물관리국의 관할권으로 넘어갔다(그림 2.1).[9] 2005년에 폐쇄 조치가 있었고, 향후의 폐쇄 조치는 아직 검토단계에 있다. 폐쇄와 용도 전환을 늦추기 마련인 정화 작업이나 법적 문제가 있지만, 틀림없이 탈군사적 야생동물보호지구화가 추가로 진행될 것이다.[10] 예를 들어 포트 오드는 1991년의 기지 재편 및 폐쇄 위원회가 폐쇄를 권고했지만, 그 기지의 장기적 지위는 버락 오바마 대통령이 국가기념물지구로 지정한 2012년에야 비로소 결정되었다.[11]

군사기지가 폐쇄될 때 고를 수 있는 모든 선택지 중에서 국립야생동물보호지구로의 전환은 그리 쉬운 일이 아니다. 가령 옛 공군기지를 민간 비행장으로 바꾸는 일은 비교적 온건한 변화에 속한다. 육군 숙소를 민간인 주거로 개조하는 일도 마찬가지이다. 이런 식의 전환 작업은 치밀한 계획과 여러 가지 경제적, 사회적, 물리적 조정이 필요하지만, 용도의 범위는 대체로 흡사하다. 반면 폭격훈련장이나 화학무기공장을 야생동물보호지구로 탈바꿈시키는 일에는 상당한 불협화음이 잠재되어있다.

군용지를 야생동물보호지구로 재분류하면 여러모로 환경적 역설을 맞이할 수밖에 없다. 국방부 소유지는 대체로 국립공원이나 국유림 같은

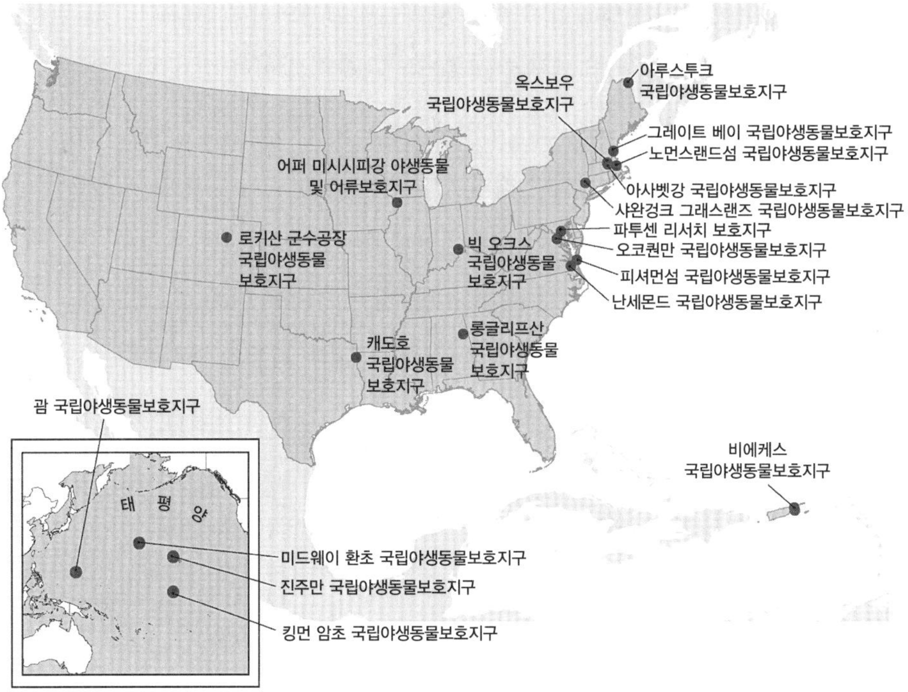

그림 2.1 폐쇄된 군사기지에서 전환된 국립야생동물보호지구.

연방정부의 다른 토지보다 생물학적 다양성은 높지만 더 심하게 오염되어있다.[12] 군사 활동을 폭력과 살생에 치중하는 것으로, 환경보전을 야생동물 및 서식지를 보호하는 것으로 인식하는 사람이라면 누구나 군사 활동과 환경보전의 결합을 매우 놀랍게 여길 것이다. 국방부와 어류 및 야생동물관리국의 기본 목적은 매우 다르지만, 최근 몇 년 동안 이 두 기관 사이에 새로 형성된 관계가 점점 뚜렷해지고 있다. 이렇게 볼 때, 딕 체니가 1990년에 강조하고자 애썼듯이, 군사적 생산과 환경보호는 상반되는 노력이 아니라 양립할 수 있는 노력으로 간주되어야 한다.

딕 체니 외에도 이런 견해를 피력하는 사람들이 있다. 2000년 7월에 열린 인디애나주 빅 오크스 국립야생동물보호지구의 개장식에서 어류 및 야생동물관리국의 제이미 래퍼포트 클라크Jamie Rappaport Clark 국장은 폐기된 육군 부지가 야생동물보호지구체계에 포함된 점을 환영하면서 다음과 같이 언급했다. "1980년대 후반, 저는 육군성Department of the Army 소속 어류 및 야생동물 행정관으로 근무했습니다. 직책을 수행하다보니 저는 무엇보다 군 기동훈련을 야생동물 친화적으로 실시할 수 있는 방법을 찾게 되었습니다. 제 임무는 여러분이 생각하는 만큼 어렵지는 않았고, 따라서 옛 군 훈련장인 바로 여기에 대단히 많은 야생동물이 있다는 점이 전혀 놀랍지 않습니다."[13]

딕 체니의 10년 전 발언과 흡사하게도, 제이미 래퍼포트 클라크의 발언을 들어보면 국방부와 어류 및 야생동물관리국의 최고위 관리들이 특정한 시각에서 국방과 환경의 관계를 만들어내는 경향이 있다는 느낌이 든다. 여기에는 많은 이유가 있을 것이다. 그중 하나는 군용지와 관련한 제약 규정이 동식물이 번창하는 데 기여한 듯싶다는 간단한 사실이다. 그러나 군대가 추진하는 이 과장된 "녹화綠化"의 한 가지 결과는 군사 활동의 몇몇 치명적 영향이 흐릿해지는 것이다.[14] 이러한 은폐적 성향을 감안할 때, 다음과 같은 질문을 던지면서 양립성에 대한 그와 같은 공식적 선언을 평가하는 자세가 중요해진다. 군사 활동과 서식지 보호의 공존은 얼마나 쉬운가? 그런 식의 표현은 얼마나 적절한가? 또 그 표현을 장려하는 것이 누구에게 이익이 될까?

임시방편적 보전

영국의 지리학자 레이첼 우드워드Rachel Woodward는 군사화 지형을 비판적으로 고찰하면서 군사화의 현장이 어떻게 정치적, 윤리적 지형으로 기능하는지 날카롭게 파고든다. "군사지리학 연구에는 도덕적 결정이 수반된다. 군사 활동이 공간과 장소, 환경과 지형에 흔적을 남기는 방식을 연구할 때 우리는 그 과정의 명백한 정치학을 무시해야 할까? 아니면 수용해야 할까?"[15]

오바마 대통령과 딕 체니 부통령 같은 지도자들이 개입한 데서 드러나듯이, 군용지의 용도 변화는 분명히 최고위 정치인들의 주목을 끌고 있다. 하지만 최근 미국에서 진행되는 군사기지 전환 및 재편 과정을 둘러싼 보전 측면의 의미는 비교적 불분명하다. 물론 여러 현장에서는 보전과 생태복원의 기회가 생길 수 있지만, 과거의 군사 활동의 영향으로 잔존하는 위험요인이나 군용 건물 때문에 환경적 이득이 줄어들기 때문이다. 이들 요인은 야생동물 관리 직원들의 보전 활동을 제한하고 그 형태를 결정하는 경우가 많다. 야생동물보호지구 담당 공무원들은 옛 군용지에서의 보전 기회를 활용하고자 애쓰지만, 보호지구를 일반인에게 개방하고 그곳의 생태 과정을 복원하려는 그들의 노력 앞에는 장애물이 버티고 있다. 이런 문제를 해결할 수 있는 구조적, 제도적 변화가 따르지 않는 한, 탈군사적 야생동물보호지구는 그 보전상의 이득이 식물, 야생동물, 서식지를 보전하고 보호해야 하는 현재의 임무뿐 아니라 그곳에 남아있는 군사적 과거에 의해서도 좌우될 수 있다.

국방부는 군사적 대비태세를 강화하고 국방비를 합리적으로 사용하기 위해 기지폐쇄를 우선시하지만, 기지를 평가하고 용도를 전환하는 과정에서는 환경적 고려도 중요한 역할을 한다. 기지 재편 및 폐쇄 방안이 수립되기 전인 1980년대 후반, 미국 의회는 사실상 기지폐쇄가 더 어렵게 진행되도록 하는 법률을 통과시켰다.[16] 국방부 관계자를 비롯한 여러 인사들이 널리 피력한 군용지가 중요한 생태적 특징을 지니고 있다는 견해에도 불구하고 일부 국회의원들은 군용지의 심각한 오염 상태를 우려했다. 요컨대 그들은 치유할 수 없을 정도로 군사기지가 훼손되었으므로, 더 대중적인 장소로 용도를 바꾸기에는 너무 위험하다고 주장했다.[17] 그런 주장 가운데 몇 가지는 정치적 요인이 작용했지만 거기서 거론된 환경문제는 매우 현실적인 것일 때가 많았다. 몇몇 선출직 공무원들은 단기적 실업과 정치적 후폭풍을 두려워한 나머지 자기 지역구의 군사기지가 폐쇄되지 않기를 바라는 경우가 간혹 있었다.[18]

환경적 우려에 대한 반응으로, 1990년대의 법률에서는 군용지에서의 보존이나 복원 작업을 시행할 주요 현장을 판정하는 "환경보호 프로그램Environmental Restoration Program"이 요구되었다.[19] 그런 법적 요구는 냉전 기간 내내 핵무기 생산에 필수적이었던 에너지부의 소유지에서 진행된 폐쇄 및 정화 작업과 거의 동시에 나타났다.[20] 당시 미국 환경보호청EPA, Environmental Protection Agency이 내놓은 전망에 따르면 군용지를 깨끗이 정리하는 데는 미국 역사상 유례없는 규모의 환경정화 작업이 필요할

수도 있었다.[21]

보전 목적의 군사시설 용도 전환을 옹호하는 개인과 단체에서 알 수 있듯이, 최근 몇 년 동안 군용지의 환경적 성격에 대한 아주 색다른 해석도 등장하고 있다. 이 현상은 흔히 기지가 폐쇄 판정을 받은 뒤에 비로소 나타난다. 물론 요즘은 국방부 시설의 환경적 편의를 강조하고자, 아직 가동 중인 기지조차 환경단체나 열렬한 지역 주민의 관심이나 군대 내부의 시선을 끄는 경우가 많아지고 있지만 말이다.[22] 1962년부터 지금까지 해마다 국방부는 "환경을 보호하는 한편 임무 대비태세를 유지하는 혁신적 노고"를 예우하는 국방부장관 환경상Secretary of Defense Environmental Awards을 후원해왔다.[23] 보전단체와 정책입안자들, 그리고 경제발전을 열망하는 지역 공무원들은 종종 오래된 군용지를 국립야생동물보호지구, 경승지, 공원 같은 새롭고 한층 매력적인 장소로 바꾸는 사업에 찬성한다.[24]

국립야생동물보호지구는 야생동물과 식물을 보전한다는 명확한 기본 목적에 입각해 관리된다. 20세기 초반부터 입법 행위에 의해서만 탄생한 국립공원과 국유림 같은 대부분의 연방정부 소유지와 달리, 야생동물보호지구는 여전히 행정권한을 활용해 설립될 수 있다(이 점은 국가기념물지구도 마찬가지이다). 지금까지 연방의회에서 제정된 법률에 따라 선포된 경우보다 대통령령이나 행정처분에 의해 설립된 국립야생동물보호지구가 6배 이상 많다.[25] 이 같은 지정 방식에 힘입어 국립야생동물보호지구체계는 자생성과 유연성을 띠게 되었고, 지난 20세기에 미국의 공유지 연계망의 범위와 다양성이 크게 향상되었지만, 가끔 지속성이나 안정성이 약화되거나 취지가 무색해질 때가 있다. 어느 비판적 시선에 따르면 국립야생동물보호지구체계의 자생성은 외부요인과 정치적 책략에, 그리고 신중한 계획이 아니라 이전의 토지 용도와 상태에 끊임없이 반응하는 경우가 종종 있다.[26]

탈군사적 야생동물보호지구화의 현장이든 아니든 간에 국립야생동물보호지구체계에 포함된 대다수 보호지구는 상당한 예산상의 제약을 받으며 운영된다. 그리고 다수의 보호지구는 이전의 용도로 인해 제기되는 쟁점에 대응해야 한다. 1989년에 실시된 미국 회계감사원GAO, Government Accountability Office의 조사로 확인된 바에 의하면 "사실상 모든 보호지구에서" 부차적이거나 야생동물과 무관한 쓰임새가 나타났고, "온갖 종류의 대중적, 경제적, 군사적 활동이 포함"되었다.[27] 이전의 군용부지를 바탕으로 재탄생한 보호지구에서 제기되는 이 같은 쟁점의 심각성은, 관리자들에게 야생동물 관련 문제를 떠맡길 뿐 아니라 공공안전 문제도 유발한다는 데 있다. 이전의 상태나 공공적 이용과 관련한 우려의 해소라는 도전과제는 어류 및 야생동물관리국의 만성적인 재원 부족 때문에 더 힘겨워진다. 의회가 실시한 어느 비관적 시각의 연구에 따르면 2011년에 어류 및 야생동물관리국은 보호지구체계의 유지 및 운영과 관련한 미처리업무 비용을 33억 달러로 추산했다. 33억 달러는 2011년의 보호지구체계 예산인 4억 8,600만 달러에 비해 엄청나게 많은 금액이다(이후 미처리업무 비용과 예산의 격차는 다소 호전되었다).[28]

일반 방문객에 대한 세심한 통제와 대규모 복원이 필요한 부지를 관할해야 할 때, 어류 및 야생동물관리국의 부지 관리자들은 최고의 보전

연계망을 유지해야 한다는 압박감을 더 심하게 느낀다. 앞서 언급한 두 가지 쟁점 모두 새로운 탈군사적 야생동물보호지구를 추가하는 문제와 관련해 크게 우려되는 점이다. 신규 추가는 전반적인 보호지구체계에 부담을 줄 수 있다. 뿐만 아니라 유명하고 오염이 심한 신규 보호지구에서의 한층 적극적인 정리에 따른 비용을 조달하기 위해 기존의 보호지구에서 재원을 빼내는 경우를 초래할 수도 있다. 로키산 군수공장 국립야생동물보호지구에서 근무한 어느 전직 공무원은 2004년에 내가 참여했던 면담 자리에서 연방정부의 기대치, 세출예산, 현장특유적 지출금 간의 불균형 현상을 이렇게 설명했다.

> 연방의회와 행정부는 지금 어류 및 야생동물관리국에게 "토지에 대한 욕구를 억제하시오. 우리에게는 당신들이 보유한 것을 관리할 수 있을 정도의 자금이 없소."라고 말하는 중입니다. (…) 그런데 그들은 어느새 마음이 바뀌었는지 몰라도, 우리가 요구하지도 않은 땅을, 관리비가 더 많이 필요할 듯한 땅을 줍니다. 그러나 자금은 주지 않죠. (…) 그래서 보호지구 예산의 측면에서 호시절이었던 97, 98, 99 회계연도에, 제6지역에 새로 지급된 대부분의 자금은 로키산 군수공장으로 배정되었습니다.

지금 토지를 국방부에서 어류 및 야생동물관리국으로 양도하는 과정은 그저 몇 세기 동안 형성된 관례의 연속으로 보일지 모른다. 이전의 군용지를 국립야생동물보호지구로 재지정하는 것은 이미 20세기 초반부터 미국에서 시행된 유서 깊은 사업이다.[29] 그러나 용도 전환의 속도는 최근 수십 년에 걸쳐 군사기지가 폐쇄되는 동안 점점 빨라졌다. 게다가 현재의 탈군사적 야생동물보호지구는 흔히 여타의 국립야생동물보호지구와 무척 다른 특성을 띤다. 군용지를 야생동물 및 서식지 보전구역으로 바꾸는 업무를 수행하는 부지 관리자들의 처지에서, 도전과제와 기회는 독특하면서도 매우 절박한 것으로 보일 수 있다. 이 같은 요인들은 탈군사적 야생동물보호지구에서 진행하는 보전 활동을 의미심장한 방식으로 제한하고 방해한다.

체계 수립과 확장을 위하여

과거에 벌어진 일련의 군사 활동과 그것으로 초래된 파급효과와 이후에 시행된 정화나 복원 조치의 측면에서, 그리고 토지관리 결정에 영향을 미치는 여가활동이나 경제적 보상이나 정치적 압력 같은 여러 가지 사회적 관심의 측면에서, 각각의 탈군사적 야생동물보호지구는 다양하게 나타난다. 이렇게 볼 때, 건조한 평원에 자리 잡은 화학무기공장이었던 콜로라도주의 로키산 군수공장 국립야생동물보호지구의 문화적, 물리적 지리학은 폭격훈련장으로 쓰였다가 지금은 낙엽수림 속의 눅눅한 카르스트 지형에 위치해 있는 인디애나주 남부의 빅 오크스 국립야생동물보호지구와 전혀 다르다.

확실히, 이 두 곳을 비롯한 각각의 탈군사적 야생동물보호지구는 관리자들이 일상적으로 씨름해야 하는 매우 다채로운 특성을 가지고 있다. 하지만 보호지구 관리자들이 운영상의 토대로 삼는 정책적 골격은 대체로 표준화되어있다. 1997년에 제정된 국립야생동물보호지구체계 증진법National Wildlife Refuge System Improvement Act에 따르면, 이 체계의 사명은 어류, 야생동물, 식물의 보전과 (타당한 경우에는) 복원에 매진하는 데 할당된 토지를 관리하는 것이다.[30] 이 사명에 힘입어 어류 및 야생동물관리국은 미국 정부의 토지관리기관 중에서 가장 명확한 보전 권한을 갖게 된다.[31] 그리고 이 사명은 어류 및 야생동물관리국 내부에서 거의 전적으로 어류와 야생동물에 집중하는 문화가 용인되는 데도 보탬이 되었다. 이러한 임무는 여러 국립야생동물보호지구가 제공하는 프로그램의 종류에서 엿볼 수 있고, 어류 및 야생동물관리국의 많은 직원들이 공통적으로 갖춘 자연과학적 소양을 통해 드러나며, 또한 부차적이고 양립할 수 없는 용도로 인한 긴장감이 고조되는 원인이 되기도 한다. 국립야생동물보호지구체계의 주요 사명을 수행하는 일 외에, 관리자들은 흔히 특정한 종을 위해 보전과 서식지 관련 사안을 강조하기 마련인 소속 보호지구 고유의 사명에도 관심을 기울여야 한다. 일례로 매사추세츠주의 어느 옛 육군탄약고는 "국가 철새 관리 프로그램을 수행하는 특별한 가치"를 인정받아 아사벳강 국립야생동물보호지구Assabet River NWR로 재지정되었다.[32]

보호지구에서 나타나는 이런 보전중심적 기조는 효과적 관리를 위한 선의의 (그리고 중요한) 노력에서 비롯된 것이지만, 화학적 오염과 군수품 잔류 같은 당혹스런 서식지 상태와 복잡한 역사를 지닌 탈군사적 야생동물보호지구의 이 같은 지침은 각 현장에서 일어나는 일을, 적어도 두 가지 측면에서, 제한할 수도 있다. 첫째, 관리자들은 "야생동물 먼저"라는 구호에 어울리지 않는 프로그램에 대한 제도적 지원을 거의 받지 못한다. 둘째, 어류 및 야생동물관리국 직원들의 소양이나 경력과 교육과정, 그리고 그들의 조직문화를 고려할 때, 군사적 잔류물을 처리하는 일은 좀처럼 시급한 최우선 사항으로 간주되지 않는다. 야생동물 및 서식지 보전이라는 사명을 우선적으로 수행함에 따라 군수품과 여타의 잔류물을 정화하는 작업과 같은 조치는 보류된다. 버지니아주의 어느 탈군사적 야생동물보호지구 관계자는 내게 이렇게 털어놓았다. "주요 업무를 처리할 돈도 충분하지 않은데 어떻게 군용 벙커를 처리하는 비용을 지불하겠습니까?" 보호지구 직원들은 정화 작업을 대체하는 야생동물지향적 프로그램과 부족한 자금에서 비롯된 경영상의 선별적 자원분배를 시도할 때가 종종 있다.

예를 들어 빅 오크스 국립야생동물보호지구에서 지금 진행 중인 프로젝트에는 초지와 관목 지형을 유지하기 위한 처방화입, 별로 유명하지 않은 가재개구리에 관한 생물학적 연구, 연간 조류 개체수 기록 같은 사항이 포함된다. "현재 및 미래 세대의 미국인의 이익을 위해 생물다양성과 생물학적 무결성을 보존, 보전, 복원하는 것"이라는 빅 오크스 보호지구의 공식 목적을 감안하면 앞서 언급한 각각의 프로젝트는 가치가 있고 타당한 노력으로 볼 수 있다.[33] 칭찬받을 만하게도, 이 보호지구의 직원들은 아주 적은 예산으로 약 200제곱킬로미터에 이르는 방대한 부지 곳곳에서 이런 업무를 수행한다. 그러나 앞서 내가 지적했듯이, 아직 빅 오크스 보호지구에는 수백만 개의 불발탄과 발사체가 어지럽게 흩어져 있고, 여전히 그 심장부 근처에 인디애나주 방위 공군Indiana Air National

Guard의 레이저유도폭탄 폭격훈련장이 자리 잡고 있다(그 폭격훈련장은 빅 오크스 보호지구에 완전히 둘러싸여 있지만, 빅 오크스 보호지구의 일부분으로 간주되지 않는다). 빅 오크스 보호지구에 위치한 어느 옛 사격장에는 수만 킬로그램의 열화우라늄이 있다.[34] 엄밀히 말해, 이 보호지구 안의 군사적 잔류물을 정화하는 일은 국방부의 책임이지만, 어류 및 야생동물관리국이 일상적 관리를 맡기 때문에 국방부로서는 굳이 나설 필요성을 좀처럼 못 느끼고, 정화 작업용 예산도 전혀 마련되지 않은 상황이다. 어류 및 야생동물관리국 소속의 한 관리자는 내게 다음과 같이 말했다. "육군은 어떻게든 자기들이 손을 뗄 수 있다고 생각했습니다. (…) 군수품과 열화우라늄과 이 몇 가지 것들이 여기 있는데도 말입니다." 빅 오크스 보호지구에 잔존하는 모든 군수품을 제거하다보면 십중팔구 원래의 자리에 놔두는 경우보다 한결 심각한 생태적 피해 — 일부 군수품은 몇 미터 깊이의 지하에 묻혀있다 — 가 생기겠지만, 국방부는 여태까지 이 보호지구의 지표면에 남아있는 군수품조차 철저하게 조사한 적이 한 번도 없다.

빅 오크스 보호지구의 직원들은 옛 병기시험장 터에서 야생동물보호지구를 운영하는 데 따른 도전과제와 한계를 기꺼이 인정한다. 하지만 그들은 대체로 국방부가 보호지구를 완전히 정화하도록 촉구하는 대신에 본인들의 활동에 따른 서식지 및 야생동물 보전상의 혜택을 극대화하고자 노력한다. 예를 들어 빅 오크스 보호지구의 어느 작업자는 현장에서 처방화입을 실시할 때 화입 구역 속으로 접근하는 데 방해가 되는 불발탄의 만연한 위험 때문에 기존의 접근법을 바꿀 필요가 있었던 사연을 내게 들려줬다.

> 저는 열화우라늄보다 불발탄이 더 걱정됩니다. 네, 그리고 모든 것이 바뀌었죠. 불발탄이 있는 바람에 모든 표준 처리 절차가 바뀌었습니다. 공중 점화를 할 수 없습니다. (…) 경계선 밖에서 지상 점화를 해야 합니다. 거기 들어갈 수 없습니다. 일반적으로는 1개 단위 전체에 걸쳐진 띠처럼 직진합니다. 하지만 우리는 그저 경계선 주변에서 움직여야 합니다. 그래서 우리는 원격조종 헬리콥터를 써볼 생각입니다.

이렇듯 어류 및 야생동물관리국 관계자들은 본인들의 사명에 걸맞은 임무를 완수하고자 애쓰는 임시방편적 태도를 보인다. 빅 오크스 보호지구에서, 수년간의 군용 폭발물 시험으로 형성된 초지와 공터는 나름의 소중한 서식지를 대변하고, 지금은 희귀한 명금류와 양서류, 멸종위기의 인디애나박쥐, 그리고 스라소니와 수달 같은 포유류의 보금자리 역할을 하고 있다. 이 사례에서의 임시방편적 보전은 생물학적 다양성의 진정한 보호로 이어진다. 비록 현재의 특정한 생태적 공동체와 구조는 주로 인간의 영향력 밖에서 작동하는 진화과정의 결과물이 아니라 군사 활동의 산물이지만 말이다.

임시방편적 보전은, 개별 복원 활동에 따라, 그리고 관리자들이 직면하는 생태적, 군사적 특성에 따라 각각의 탈군사적 야생동물보호지구에서 서로 다른 형태를 띤다. 그러나 임시방편적 보전은 군사적 기반시설이나 위험요인을 처리해야 하는 물질적 도전과제를 식물과 야생동물의 서식지를 보호하자는 유의미한 수단으로 변모시키려는 노력을 상징한다는 공통점도 있다. 관리자들이 탈군사적 야생동물보호지구를 일반인에게 공개하려고 하고, 또 사냥, 낚시, 사진촬영, 조류 관찰, 환경교육(어류 및 야생동물관리국이 중시하는 항목이다) 같은 여러 가지 야생동물의존적인 목적을 위해 개방하고자 한다는 점에서 볼 때, 이 공통점은 종종 일련의 사회적 확장을 수반하기도 한다.[35]

생태복원의 인식과 현실

탈군사적 야생동물보호지구화는 흔히 상생적 기회, 즉 군대는 쓸모없어진 소유물을 줄여 효율을 한층 높일 수 있고 어류 및 야생동물관리국은 보전 부지를 확보할 수 있는 기회로 선전되지만, 국방부는 해체된 시설이 군의 통제권에서 벗어난 뒤 어떻게 될지 별로 신경 쓰지 않는다. 불필요해진 토지를 둘러싼 관리상의, 그리고 재정상의 의무를 상대방에게 떠넘길 수 있는 한 군대는 그 거래를 성공적인 것으로 여긴다. 이런 시각에서 우리는 야생동물 보호지구 지정이 군사기지 폐쇄에 관한 일반적인 대책으로 자리 잡은 몇 가지 이유 중 하나를 읽을 수 있다. 군용지를 야생동물 보전이라는 새로운 용도에 맞게 전환하는 경우는 동일한 토지를 상업용이나 주거용으로 전환하는 경우에 비해 대체로 정화 관련 요구조건이 훨씬 더 느슨하다.[36] 탈군사적 야생동물보호지구화를 위해 국방부는 일주일에 약 40시간 일할 것으로 추산되는 보호지구 작업자의 안전을 도모하는 정화 기준을 충족시키기만 하면 된다. 이 같은 정화 기준은 현장 거주자나 상업용 부동산이 위험요인에 더 지속적으로 노출될 가능성에 대비하지는 않는다. 국방부의 관점에서 볼 때 이것은 이치에 맞는 처신이지만, 결과적으로 어류 및 야생동물관리국 소속 관리자들은 국립야생동물보호지구체계에 아주 적합할 수도, 그렇지 않을 수도 있는 부지에서 일해야 한다.

최근의 모든 탈군사적 야생동물보호지구화 사례 가운데 오염과 정화를 둘러싼 가장 극적인 것은 콜로라도주 덴버의 바로 북쪽에 위치한 로키산 군수공장 국립야생동물보호지구에서 찾아볼 수 있다. 한때 지구에서 가장 독성이 강한 몇 제곱킬로미터 넓이의 땅이 있는 곳으로 알려졌던 이 보호지구는 육군과 그곳을 임차한 기업인 쉘 오일 코퍼레이션Shell Oil Corporation(이전 이름은 쉘 케미컬 코퍼레이션Shell Chemical Corporation이다)이 자금을 조달한 수십억 달러 규모의 지하수 및 토양 정화 작업의 중심지가 되었다.[37] 20년간의 정화 및 복원 사업 끝에 로키산 군수공장은 이제 몇 가지 면에서 "대평원의 진주Pearl of the Prairie"라는 칭호 — 보호지구 지정을 후원한 어느 국회의원이 붙여주려고 애쓴 이름이다 — 가 어울리는 곳으로 볼 수 있다(그림 2.2와 2.3).[38] 그러나 미국 들소, 노새사슴, 구멍올빼미, 프레리독, 그리고 초원 부지의 여러 토종 동식물이 지금 번창하고 있지만, 아직 일부 부지는 너무 위험한 나머지 군대의 통제권에서 벗어나지 못하고 있다. 물론 보전은 이 부지의 특징인 법적 분규와 수년간에 걸친 안보태세의 성공적인 결과물이지만, 이곳에서조차 공공적 이용의 범위와 관리자들의 활동은 여전히 일정한 조건에 국한되어있다. 로키산 군수공장 보호지구에서 일하는 어류 및 야생동물관리국 직원들의 지적에 의하면, 방문객들은 자꾸 로키산 군수공장 보호지구를 그곳의 군사적

그림 2.2 1970년대 경, 로키산 군수공장 화학무기 생산시설(프레이저디자인사Fraserdesign의 클레이튼 B. 프레이저Clayton B. Fraser가 촬영한 사진, 워싱턴 소재 국회도서관 인쇄물 및 사진 관리부 제공).

그림 2.3 2015년, 콜로라도주의 로키산 군수공장 국립야생동물보호지구.

과거와 연관시킨다. 결과적으로 거기에서 일어난 과거의 활동은 현재의 물질적 상태와 불분명한 인식이 뒤섞인 이미지를 빚어내고, 직원들은 그 이미지와 씨름해야 한다.

2011년 4월, 어류 및 야생동물관리국의 한 직원은 로키산 군수공장 국립야생동물보호지구에서 겪는 업무상의 도전과제를 다음과 같이 설명했다.

> 일부 지하수 정화를 제외하면 정화 작업이 진짜 끝났으므로 지금은 제약이 훨씬 더 적습니다. 그리고 육군은 소규모 폐기물 매립장 따위를 유지하고 있을 뿐입니다. 그러나 모든 정화 작업을 통해 우리는 제약을 많이 받곤 했습니다. 그리고 우리는 복원의 관점에서 상태가 정말 양호한 여러 구역을 잃어버렸습니다. 나중에 그들이 이렇게 통보했기 때문입니다. "알다시피 우리의 토양 견본에 따르면 귀측의 복원 구역이 바로 우리가 빌릴 수 있고 폐기물 매립장의 뚜껑과 덮개를 씌울 수 있는 최고의 땅입니다." 그들은 그렇게 해야 했죠. 우리는 그 점을 알고 있었습니다. 그러나 우리는 당시 우리가 복원 현장에 있다는 사실을 몰랐습니다. 아무도 몰랐죠. 지금은 이 모든 일을 미 육군과 쉘사와 함께 진행하기 때문에 그런 식의 문제는 드문 편입니다. 그러나 이전에는 꽤 많았습니다. 따라서 그것이 관리상의 제약입니다.

앞서 내가 빅 오크스 국립야생동물보호지구에서 화재를 관리하려는 노력을 통해 설명했듯이, 로키산 군수공장을 비롯한 여러 탈군사적 야생동물보호지구의 관리자들은 공공안전과 일반인의 접근성을 확보하기 위해 생태복원상의 목표를 수정할 필요가 있는 경우를 거의 필연적으로 만날 수밖에 없다. 초원 복원 작업을 맡은 어류 및 야생동물관리국의 어느 전문가는 이런 식의 필연성이 육군주도의 정화사업의 일환으로 보호지구 한가운데 근처에 설치된 위험한 폐기물 매립장의 사례에서 어떻게 작용했는지 다음과 같이 설명했다.

> 우리는 사실 계획을 수립하기까지 꽤 오랜 시간을 보냈습니다. 폐기물 매립장을 들소의 목초지로 삼고, 초원이 되살아날 수 있도록 거기에 불을 지를 수 있을 법하고, 평범한 초원에서 가능한 온갖 일을 할 수 있을 법한 계획 말입니다. 그리고 우리는 거의 계획을 완성했습니다. (…) 그러다가 결국 우리는 주 정부 규제기관이 "아니오. 우리는 그렇게 하지 않을 겁니다."라고 말하는 시점에 도달했습니다. 그렇습니다. 지금 당장 거기에는 모종의 협력관리가 있어야 합니다. 현재, 어류 및 야생동물 관리국은 거기서 어떤 일을 할 실질적인 권한이 전혀 없습니다.

한편, 명확한 부지 관리권을 보유하고 있는 상황에서도 어류 및 야생동물관리국은 과거의 군사적 관리로 인한 문제에 빠질 수 있다. 로키산 군수공장 국립야생동물보호지구 서쪽에 인접해 있는 커머스시티 Commerce City의 주민들은 군수공장의 화학무기 생산시설이 유발한 지하수오염 문제로 몇 년 동안 시달려왔다. 지금은 오염된 지하수 상태를 세심하게 감시하고 있고 점토장벽과 지하수 처리시설을 설치해뒀지만, 어류 및 야생동물관리국 관계자들의 전언에 의하면 커머스시티 주민들과 보호지구 방문객들은 아직 경계를 늦추지 않고 있다.

> 가끔 인식이 현실보다 더 나쁠 때가 있죠. 생각건대 그것은 아마 이곳의 가장 큰 제약 중 하나인 듯합니다. 여기에는 꼭 이곳의 현실로만 보기 어려운 인식이 많이 퍼져있습니다. (…) 많은 방문객들은 여기 와서 방사능이나 심각한 오염을 걱정합니다. 그리고 알다시피 이곳은 진짜 어지럽혀진 부분의 핵심이었습니다. 육군이 기지로 삼았을 때는 핵심이었죠. 육군은 보안상의 이유로 나머지 부분을 원했습니다. 따라서 우리를 둘러싼 이 부지 구역에는 아주 심각한 영향을 받지 않은 부분이 많습니다. 그러나 이곳에 대한 일반적 인식은 다소 부정적입니다.

대다수의 탈군사적 야생동물보호지구 관계자들은 로키산 군수공장 관계자들이 겪은 정도의 오염이나 정화 작업을 경험하지는 않았다. 미국 북동부의 몇몇 보호지구에서, 과거 수십 년 동안 진행된 군사적 관리를 가장 뚜렷하게 상기시키는 것은 “이글루”라 불리는 수십 개의 경화 콘크리트 벙커이다(그림 2.4). 이들 벙커는 오염과 관련한 위험요인이 전혀 아니지만, 이제는 활동을 멈춘 그 유적은 새로운 보전 지형에 어울리지 않는 군사화의 증표를 관리자들에게 드러낸다. 국방부는 그 구조물을 유지하거나 철거할 의무가 없으므로 어류 및 야생동물관리국 관계자들은 그것을 실험용 서식지, 차고, 역사적 명소 같은 다양한 용도로 쓰거나 아예 방치한다.

그림 2.4 매사추세츠주 아사벳강 국립야생동물보호지구에 남아있는 탄약 보관용 벙커.

국방부가 소극적으로 개입할 경우, 어류 및 야생동물관리국 관리자들은 다양하게 반응한다. 다수의 관리자는 국방부에 더 많은 것을 요구할 것이다. 그들은 국방부가 청소 및 정화 작업을 더 많이 해주기를 바라고, 한층 안정적인 자금 조달을 해주길 원할 것이다. 그러나 소수의 관리자는 임시방편적 보전을 뒷받침하기 마련인 국방부의 활동을 비교적 덜 선호할 듯한 분위기를 풍긴다. 2011년에 내가 면담한 어느 보호지구 관리자는 어류 및 야생동물관리국의 일부 관리자들이 노먼스랜드섬 국립야생동물보호지구Nomans Land Island NWR에서 미 해군이 실시한 정화 작업을 그곳에 서식하는 야생동물과 식물에 대한 잠재적 위협으로 바라보는 까닭을 털어놓은 바 있다. 매사추세츠주 연안의 작은 섬인 그 보호지구는 1942년부터 1996년까지 공중사격훈련장으로 쓰인 뒤 불발탄에 오염된 채로 남아있어서 일반인의 출입이 금지된 곳이다.[39] 해군은 거기서 불발탄을 계속 제거해야 할 의무가 있다. 그러므로 정화 목표와 보전 목표가 서로 충돌할 우려가 있고, 정화나 복원 노력에 따른 번잡함이나 불편함이, 적어도 단기적으로는, 생태적 피해를 감수할 만큼의 가치가 있는가를 둘러싼 문제가 제기된다.

몇 가지 사례에서, 군사적 위험요인은 일종의 관리 수단으로 활용될 수 있다. 버지니아주의 어느 탈군사적 야생동물보호지구 관계자는 내게 이렇게 말했다. "집행과 공교육의 관점에서 보면 생물학적 이유보다 불발탄 같은 공공안전상의 위험요인을 내세우며 일반인의 보호지구 출입을 금지시키는 편이 훨씬 수월합니다." 다른 탈군사적 야생동물보호지구에서는 군사적 잔류물이 위험요인이라기보다 대중적 인기의 대상이 될 수 있다. 예컨대 아사벳강 국립야생동물보호지구에서는 육군이 탄약고로 사용했던 50개의 콘크리트 벙커가 자원봉사자들의 안내를 받는 관광객들의 눈길을 사로잡게 되었다. 그 군용 인공물은 아사벳강 보호지구의 주인공인 철새와 물새보다 더 인기를 끄는 존재가 될 수 있다. 보호지구의 어느 관계자는 다음과 같이 인정했다. "나는 저 벙커들이 명소라고 여기겠습니다. (…) 저 벙커들은 이곳에서 가장 인기가 있습니다. 새보다도 더 인기가 높죠."

청소를 공공안전이나 환경오염 방지에 필수적인 조치로 바라보는 경

그림 2.5 불발탄 제거 목적의 지표면 정리 작업 현장, 푸에르토리코 소재 비에케스 국립야생동물 보호지구.

우에도 복원 노력은 자연보전에 영향을 주기도 한다. 적어도 단기적으로는 그렇다. 예를 들어 푸에르토리코의 비에케스섬에 있었던 옛 해군 사격훈련장 터에 조성된 야생동물보호지구의 경우, 동쪽 부분에 해당하는 57제곱킬로미터 넓이의 부지 지표면에서만 불발탄을 제거하는 데도 토양의 최상층 30센티미터를 걷어내고 직경 8센티미터 이하의 나무를 모조리 베어내는 작업이 필요했다.[40] 지표면 처리작업은 식생피복植生被覆을 눈에 띄게 감소시키고, 서식지 상태를 바꾸고, 토양온도를 높이고, 침식을 유발하지만, 최소한 이 보호지구 내부의 도로에 대한 일반인의 이용 빈도 증가로 이어질 수 있는 경우가 많다(현재 일반인은 주변 지역의 몇몇 해변만 이용할 수 있다). 이 같은 지표면 처리작업이 미치는 미적 영향도 상당하다. 그리고 부지 곳곳에 땅속 깊이 묻힌 군수품이 있기 때문에 이 보호지구는 아직 일반인에게 전면적으로 개방되지 않고 있다(그림 2.5).

비에케스 국립야생동물보호지구의 경우, 여러 해에 걸친 군사훈련 및 군사적 시험은 보전 활동과의 불편한 관계를 빚어낸다. 이 점은 나머지 탈군사적 야생동물보호지구에서도 나타나는 현상이다. 장기적 관점에서 볼 때, 군사화는 탈군사적 야생동물보호지구가 지금까지 다른 용도로 쓰이지 못한 원인이다. 군사적 용도의 변신 효과는 지하수나 토양이 오염되었거나 군수품이 땅속 깊이 묻혀있는 경우처럼 그리 뚜렷하지 않을 때가 간혹 있지만, 그 효과는 농업 및 상업상의 발전과 주택 개발 같은 더 명백한 토지 용도상의 변화처럼 지속적인 것일 수 있다. 그리고 무척 현실적인 의미에서 볼 때, 근본적으로 군사화는 지금 이 부지들이 국립야생동물보호지구체계에 포함되도록 하는 부정적, 긍정적 특성의 조합을 이끌어낸다. 뉴햄프셔주의 그레이트 베이 국립야생동물보호지구 Great Bay NWR(예전에는 피즈 공군기지Pease Air Force Base였다) 소속의 어느 관리자는 이렇게 말했다. "1950년대에 군대가 오지 않았다면 여기는 아마 오늘날과 전혀 다른 모습이었을 것입니다. 어떤 의미에서, 군대가 있었기에 오늘날의 이곳도 있습니다. 지금 이곳은 개발의 손길이 닿지 않은 10킬로미터의 해안선을 갖춘, 넓은 미개간지입니다. 군대가 없었으면 일어나지 않았을 일이죠. 결코 지금 같은 모습이 아니었을 것입니다."

많은 야생동물보호지구 관계자들은 이들 토지가 과거에 군사적 용도로 쓰인 데 따른 보존의 변신 효과를 인정한다. 군사 활동과 야생동물 관리의 상승작용이 나타날 때가 있다. 그레이트 베이 국립야생동물보호지구에서 근무하는 어류 및 야생동물관리국 소속의 한 직원은 국방부가 완수한 작업을 이렇게 떠올렸다. "이 치수 시설의 물고기용 계단식 수로는 공군 공병부대가 기동훈련의 일환으로 설치한 것입니다. 아마 우리는 비용을 지불했을 겁니다. 우리는 구조물과 자재 관련 비용을 지급했지만, 그들은 실제 작업을 도맡았고, 장비도 조달했습니다." 그가 보기에 지금 그레이트 베이 국립야생동물보호지구가 제 기능을 발휘하는 것은 "그런 발상의 전환, 창의적 해법" 덕택이다.

사실 군수품 시험구역을 정리하려고 불을 지르면 야외 서식지와 초지가 생길 수 있고, 군사화의 현장과 연관된 완충지대를 만들면 소중한 서식지가 형성될 수 있고, 심지어 전차가 지나간 자국, 폭탄이 터져 생긴 구덩이, 콘크리트 벙커 등도 야생동물의 미소 서식처가 될 수 있다는 점을 보여주는 믿을 만한 사례들이 있다.[41] 그러나 우리가 군대와 환경의 양립성을 입증하는 사례들을 자칫 무비판적으로 바라볼 경우, 이들 사례는 지나치게 관대한 평가를 받을 우려가 있고, 군사화로 초래되는 악영향을 덮으려는 군 관계자들이나 다른 열성분자들에게 이용될 수도 있다.[42]

보호지구 관리자들이 군사적 환경주의를 수용하는 경향이 있든 비판적으로 바라보는 편이든 간에 탈군사적 야생동물보호지구의 현장에서 보전 및 복원 프로젝트를 수행하는 공무원들은 현실적인 도전과제와 마주친다. 3장에서 더 상세히 검토하겠지만, 복잡한 역사를 지닌 이들 현장에서는 복원 목표에 대한 역사적 참조 상태를 알아내는 일 같은 기본적인 업무조차 무척 어려워진다.[43] 옛 폭격훈련장 터에 조성된 보호지구 소속의 한 관리자는 내게 다음과 같이 털어놓았다. "우리는 확실히 이곳의 과거에, 그리고 이곳의 과거에서 생기는 기회에 관심이 있습니다. 그러나 토양의 소모, 몇 가지 변화, 주변 경관, 외래종 때문에 한계가 있죠. 우리는 그것들을 외면할 수 없습니다. 가끔 그것들은 이곳의 과거보다 더 중요합니다."

한때 미국 북동부의 한 보호지구에서 근무한 어느 전직 관리자는 옛 공군기지 터에 조성된 그 보호지구에서 군사적 오염 문제를 처리하다가 겪은 어려움을 더 신랄하게 언급하며 체계상의 문제를 지적했다. "워싱턴 사람들과 어류 및 야생동물관리국의 국장은 오염물질에 돈을 쓰지 않았습니다. 나는 야생동물 생태학의 절반이 터무니없다고 생각합니다. 자, 우리가 여기서 어떤 종류의 일을 하는지 보세요. 당신이 이들 생물종에 관한 오염물질 분석을 하지 않았다면 나는 당신이 어떤 일이든 해야 한다고 생각하지 않을 것입니다. 이상이 제 요점입니다." 뜨거운 보전 욕구와 잔존하는 군사적 영향력 간의 이 긴장관계 때문에 일부 관리자들은 그들의 관리 목표가 주변 경관과 어울리는 부분이 어디인지, 그리고 그들이 야생동물을 위해 할 수 있는 일과 없는 일이 무엇인지 궁금해 한다. 탈군사적 야생동물보호지구의 한 관리자는 탈군사적 야생동물보호지구화에 대한 입장을 묻자 다음과 같이 심각하게 말했다. "애초에 우리가 정말로 땅을 원했을까요? 나는 모르겠습니다."

임시방편적 보전의 도전과제와 가능성

문구 자체에서 느낄 수 있듯이 임시방편적 보전이란 특정 현장에서 잡을 수 있는 기회를 이용하는 보전을 가리킨다. 그런데 임시방편적 보전은 상당한 제약이 뒤따르기도 한다. 군용지는 계획을 체계적으로 수립할 수 있는, 그리고 새로운 위험요인이나 부지 오염 같은 돌발변수 없이 관리 방침을 수행할 수 있는 야생동물 관리자들의 능력을 제한할 우려가 있다. 탈군사적 야생동물보호지구에서 일하는 어류 및 야생동물관리국 관계자들은 갑자기 발생하는 문제 — 강우나 침식으로 지표면에 노출되는 군수품, 오염 구역에 굴을 파고들어오는 야생동물, 이전의 군 실무자들이 방치해둔 위험요인을 찾아내는 정화 작업 — 에 대응하는 일을 주기적으로 되풀이한다. 극적인 사례 한 가지만 소개하겠다. 2000년 10월, 로키산 군수공장 국립야생동물보호지구에서 일하던 도급업자들은 고철 더미를 정리하다가 치명적인 사린가스가 가득한 자몽 크기의 소형폭탄을 발견했다. 그곳은 더 철저한 발굴 작업을 위해 신속하게 폐쇄되었고, 그 다음 달에 약 12개의 사린가스 소형폭탄이 추가로 발견되었다.[44] 사린가스 폭탄은 결국 추가 사고 없이 모두 폐기되었지만, 이 사건을 계기로 새로운 보호지구의 불안한 위험요인이 다시 대중적 관심사로 떠올랐다. 이후에도 보호지구의 운영을 방해하는 몇 가지 사건이 일어났다. 2007년에는 청소 작업 현장에서 수포작용제 루이사이트가 발견되었고, 2013년에는 기록적인 양의 비가 내린 뒤 소규모 댐이 터지면서 발생한 홍수로 보호지구가 장기간 폐쇄되었다.[45]

이처럼 관리자들은 때때로 신속하게 대응할 필요가 있고, 보전 관련 계획수립이나 복원 작업이라는 평소의 경로에서 갑자기 이탈할 수도 있다. 이때 임시방편적 보전은 일종의 부담처럼 느껴질 수 있고, 과거에 생태복원학회가 생태복원의 주안점으로 삼았던 "생태계의 회복을 주도하거나 촉진하는, 의도적 활동"과의 결별로 보일 수도 있다.[46] 역사적 상태를 각별히 중시하는 전통적인 일련의 복원 목표를 중시할 때도 있지만, 생태복원학회는 우발적 사건이 발생할 수 있다는 점도 인정한다. "복원은 생태계를 원래의 역사적 궤도로 되돌리려는 시도이다. 그러므로 역사적 상태는 복원 기획의 이상적인 출발점이다. 복원된 생태계가 반드시 이전의 상태를 회복할 필요는 없다. 왜냐하면 현재의 제약과 상태로 인해 생태계는 변경된 궤도를 따라 발전하게 될 수 있기 때문이다."[47]

의도적으로 현장을 이전의 역사적 상태에 충실한 곳으로 복원하려는 자세를 강조하다보면 각양각색의 상황에서 등장하는 장애물을 만나게 되고, 생태복원과 관련해 끊임없이 제기되는 다음과 같은 질문에 도달하게 된다. 복원 노력은 이전의 어느 상태를 목표로 삼아야 하는가? 인간과 자연의 역사가 겹겹이 쌓인 복잡한 지형에서, 혹은 특정한 위험요인이 있는 영역(이를테면 탈군사적 야생동물보호지구)에서 모든 종류의 복원 활동을 수행할 수는 없을 것이다. 그런 현장에서의 복원 계획은 흔히 반응성을 지향할 것이다. 관리자들은 광범위한 계획을 수립할 때, 그리고 심지어 가장 일상적인 임무를 처리할 때도 의도적으로, 또는 신중하게 행동할 수 있지만, 옛 군사시설 같은 복잡한 현장의 물리적 상태는 흔히 관리자들이 얼마나 생태적 무결성을 복원하는 데 집중할 수 있는지를 좌우

한다. 물론 그런 제한성이 옛 군용 부지에서만 나타나지는 않는다. 그러나 병기시험장, 미사일 기지, 무기 생산시설, 탄약고 등으로 생겨난 독특한 위험요인과 기반시설은 대부분의 복원 생태학자들이 좀처럼 마주치기 힘든 도전과제를 잉태한다.[48]

이런 점을 감안할 때 우리는 이 복잡한 지형이 갈등과 보전 간의 경계면에서 어떤 식으로 작동하는지에 관한 더 폭넓은 문제에 주목할 필요가 있다. 이런 지형에서는, 군사적 위험요인에 대처해야 하는 지속적 필요성 때문에 군대와 환경의 관계는 군사 활동이 끝나고 오랜 시간이 흐른 뒤에도 계속 군대 쪽에 무게가 실릴 수 있다. 탈군사적 야생동물보호지구는 일단 그 명칭과 관리 목표에 어류 및 야생동물관리국의 새로운 관할권이 반영됨에 따라 급격한 변화를 겪지만, 실무를 맡은 보호지구 관리자들은 여전히 군사화의 유산을 처리해야 한다. 군대의 물질적 영향력은 흔히 화학적 오염물질, 대형 콘크리트 구조물 같은 군사적 기반시설, 군수품 따위의 형태로 남아있지만, 그런 잔류물은 야생동물과 보전에 헌신하는 공간이라는 해당 현장의 명시적 이미지 때문에, 또 잔류물이 없는 구역에만 출입을 허용하는 조치 때문에 일반인의 눈에 잘 띄지 않는다. 그 결과, 환경적 자각이라는 새롭고 낙관적인 군사윤리관과 반대로,[49] 얼핏 군사화와 보전을 가장 구체적으로 수렴시키는 듯 보이는 여러 현장들은 사실 군대가 환경에 미치는 영향을 의미심장한 방식으로 왜곡하는 데 일조하고 있을지 모른다.

로키산 군수공장, 빅 오크스, 비에케스섬 같은 장소들은 지금 그곳의 동식물 서식지 — 다수의 서식지가 군사 활동으로 생겼거나 군사 활동

덕분에 보호되었다 — 에 힘입어 호평을 받고 있다. 하지만 그곳들은 영구적인 군사적 위험요인을 지닌 채 오염과 보전이 뒤섞인 유산을 만들어내고 있다. 심지어 군사적 영향을 덜 받은 것처럼 보이는 그레이트 베이나 아사벳강 같은 옛 군용 부지에서도, 관리자들은 이전의 군사 활동에서 비롯된 기반시설을 어떻게 처리해야 할지 계속 고민한다. 비슷한 고민에 빠진, 메인주의 어느 탈군사적 야생동물보호지구 관리자는 내게 이렇게 말했다. "우리의 책무는 콘크리트 벙커에 페인트를 칠하는 일이 아니라 야생동물을 위한 관리입니다."[50]

보전 사명을 수행하기 위해 임시방편적으로 행동하는 과정에서, 흔히 탈군사적 야생동물보호지구의 관리자들은 그곳을 일반인들이 이용할 수 있는 안전한 기회를 생각해내고, 환경교육 프로그램을 개발하고, 또 그곳이 탈군사적 야생동물보호지구체계의 한결 폭넓은 사명에 걸맞게 기능하도록 유도하고자 열심히, 그리고 창의적으로 노력한다. 예를 들어 과거에 나이키 허큘리스Nike Hercules 미사일 격납시설로 쓰인 콘크리트 벙커는 박쥐 서식용 동굴로 개조될 수 있고, 약 92만 세제곱미터의 오염된 흙과 폐기물은 서로 뒤섞인 채 보호지구 한가운데에 묻힌 뒤 잔디로 뒤덮일 수 있다.[51] 이렇게 새로 변신한 시설들은 여전히 군사적 성질 — 일례로 로키산 군수공장의 이중선으로 표시된 유해폐기물 매립장은 보호지구에서 영원히 육군이 관할할 예정인 소수의 구역 중 하나이다 — 을 띠고 있지만, 동시에 보전 공간으로 기능하기도 한다.[52] 이 점이 바로 탈군사적 야생동물보호지구의 만성적인 역설이다. 즉 탈군사적 야생동물보호지구는 갈등과 군사화의 가장 고질적인 몇 가지 특성을 보여주는 한편 새로운 가능성과 기회도 드러낸다.

분명히, 군사화와 보전의 융합에는 지구 역사상 최악의 몇 가지 오염을 빚은 과정과 정책의 역사를 삭제해버릴 수 있는 위험이 따른다. 탈군사적 야생동물보호지구는 옛 군용 부지의 보전 가치를 강조하다가 자칫 그런 장소에서 배제되어온 가능성을 더 약화시키는 우를 범할 수 있다. 반대로 군사화 지형이 영원히 오염된 유휴지로, 완전한 재앙으로 치부될 위험도 있다. 오늘날, 국립야생동물보호지구로 바뀐 피즈 공군기지나 로키산 군수공장이나 롱혼 탄약공장을 방문해보면 확실히 몇십 년 전과 다른 경험을 겪게 될 것이다. 보전 사명을 앞세우는 그런 장소들에서는 현재 군사 활동이 잠잠한 편이다. 따라서 임시방편적 보전은 군사적 방치의 흔적을 덮기 위한 냉소적 움직임일 수도, 아니면 보전에 성공하려는 창의적 노력일 수도 있다. 어느 경우이든 간에, 그런 장소들을 복잡성의 관점에서 이해하고자 애쓰는 것, 그곳들을 보전과 군사화의 현장으로 바라보며 관계를 맺는 것, 그런 복잡한 지형에서 비롯되는 도전과제에 맞서기 위해 할 수 있는 일을 되도록 포괄적으로 실천하는 것이 합리적인 자세이다.

오염되었거나 심각한 타격을 입은 군사화 지형을 새로운 보전 지향적 현장의 역할을 맡도록 하는 데 기여하는 한 가지 중요한 수단은, 생태복원을 둘러싼 관행과 과학적 지식이다. 생태복원학회가 "질이 떨어졌거나 훼손되었거나 파괴된 생태계의 회복을 도와주는 과정"으로 정의한,[53] 생태복원에는 자연과 사회의 전통적 분리 현상을 해소할 수 있는 방향으로 물리과학과 자연과학(여기서 자연과학natural science은 물리과학physical science과

생명과학life science을 아우르는 개념이 아니라 자연계의 생물을 다루는 좁은 의미의 자연과학을 의미한다-옮긴이)을 다른 형태의 지식, 이를테면 현지 주민이나 원주민에 관한 지식과 결합하려는 노력이 수반된다. 지식과 관행을 통합함으로써, 생태복원 활동은 군사화 지형의 복잡성에 효과적으로 대응할 수 있는 잠재력을 지니게 된다.[54] 그러나 3장에서 검토하겠지만, 복원 활동의 몇 가지 기본개념은 탈군사적 야생동물보호지구화에 따른 토지 용도상의 변화로 인해 의미심장한 도전을 맞이하기도 한다.

03

진정한 복원

콜로라도주 덴버의 바로 북쪽에 위치한 로키산 군수공장 국립야생동물보호지구는 주와 주를 연결하는 고속도로 제70호선Interstate 70의 교통 소음과 덴버 국제공항의 항공기 소음으로부터, 그리고 오랫동안 커머스시티에 덴버의 산업 중심지라는 영예를 선사해온 제련소와 철도로부터 벗어나 있다. 1992년에 야생동물보호지구로 지정된 이곳은 오늘날 어류 및 야생동물관리국이 "역사상 가장 훌륭한 보전 성공사례 중 하나"로 평가하는 총 60제곱킬로미터 넓이의 초원과 습지와 강기슭이 보호되고 있다.[1]

어쩌다 이곳을 방문하여, 최근에 불탄 드넓은 초원이나 메마른 소하천을 따라 서 있는 미루나무를 구경하는 방문객에게, 세계적 수준의 보전 현장이라는 찬사는 다소 지나친 것으로 보일지 모른다. 이 보호지구는 황량한 지형, 험준한 봉우리와 협곡, 거침없는 자연 같은 북미식 보전의 이상형과 거리가 멀다. 근처에는 덴버의 고층건물들이 보이고, 담장과 도로가 내부를 여러 개의 이질적인 구획으로 나누고, 심지어 남쪽 곳곳에 흩어져있는 호수들은 댐과 제방에 둘러싸인 채 덴버 도심에서 흘러오는 빗물을 때때로 담아둔다.

이 보호지구는 도시적, 산업적, 농업적 활동이라는 모체에서 비롯된 일종의 고립된 서식지이지만, 여기에도 야생동물이 가득하다. 어류 및 야생동물관리국은 이곳을 미국 최대의 도시 야생동물지구로 평가한다. 미루나무에는 흰머리수리가 앉아있고, 미국사다새와 가마우지는 부지런히 물가를 오간다. 흰꼬리사슴과 노새사슴은 보호지구 여기저기를 돌아다니고, 봄에는 코요테가 길 잃은 새끼사슴을 노리곤 한다. 숫자가 점점 늘어나는 들소들은 고원의 초지를 앞발로 긁어댄다. 수천 마리의 프레리독이 흙을 파헤치고, 덕분에 구멍올빼미와 오소리와 매에게는 보금자리나 먹이가 생긴다. 그리고 2015년 10월에 재이식 사업이 시작된 뒤로는 검은발족제비도 프레리독의 덕을 봤다.

이 보호지구는 어수선한 노스덴버North Denver 지역의 한가운데에 자리 잡고 있지만, 여기에 이처럼 다양한 야생동물이 많이 살고 있다는 사실은 탁월한 보전 사례를 홍보하는 데 도움이 된다. 그러나 로키산 군수공장이 진정으로 세계적인 보전 성공사례의 자격을 얻은 비결은 바로 역사이다. 1942년부터 약 40년 동안, 이곳은 미 육군 화학무기시설의 부지였다. 그 40여 년의 상당한 기간에 쉘 케미컬 코퍼레이션과 나머지 부지를 임차한 기업들은 산업용 살충제와 독극물을 생산하기도 했다. 1970년대에 이르러, 이 군수공장은 끔찍한 악명을 떨치게 되었다. 세계 최악의 몇 가지 치명적인 화학작용제와 신경작용제를 생산했을 뿐 아니라 지역사회의 공기와 토양과 지하수를 오염시키고 덴버 역사상 최대 규모의 지진을 유발했기 때문이다.

독성 폐기물을 지하 3.2킬로미터 깊이의 주입정에 매립하려던 육군의 단기 프로그램으로 유발된 지진은 내가 이 군수공장에 대해 처음 듣게 되는 계기가 되었다. 학교에서 불과 48킬로미터 떨어진, 지구에서 가장 독성이 강한 몇 제곱킬로미터 넓이의 땅이 있는 곳이라는 불명예를 안은 부지에 관한 이야기를 무시할 수 없었던 5학년 담당 선생님이 내게 소식을 전해준 것이다. 오늘날 종종 제자들과 함께 여기를 둘러볼 때 나는 이곳의 사연이 단순한 보전 성공사례 중 하나가 아니라, 수십 년간의 집중적인 생태복원 활동을 초래한 냉전에 따른 황폐화를 경계하는 교훈이라는 생각이 든다. 즉, 이곳의 사연은 자주 깨지는 우리와 환경 간의 관계뿐 아니라 가끔씩 속죄를 하려는 우리의 결심에도 손짓한다.

법원 명령에 따라 1990년부터 지금까지 미 육군과 쉘사는 로키산 군수공장을 군사무기와 화학물질 생산에 주력하는 곳에서 야생동물과 서식지 보전에 매진하는 곳으로 변신시키기 위해 20억 달러 넘는 규모의 복원 사업을 수행했다. 복원 사업은 간단하지도, 비용이 저렴하지도 않았지만, 이곳을 비롯한 여러 탈군사적 보전 과정의 현장에서 내딛은 발걸음에 힘입어 우리는 생태복원의 장래성을, 그리고 복잡하고 역사적으로 다층적인 지형이 유발하는 생태복원상의 도전과제 중 몇 가지를 엿볼 수 있다.

전통적인 생태복원관

복원학자들과 보호지구 관리자들, 그리고 시민들과 복원단체들이 옛 군용 부지의 성격을 바꾸고 그곳을 새로운 보전 및 야생동물 서식지 목표에 걸맞은 장소로 전환시키고자 노력함에 따라 생태복원에는 탈군사적 야생동물보호지구를 둘러싼 일련의 접근법이 수반된다. 탈군사적 야생동물보호지구의 성공적인 관리는 흔히 일정한 형태의 군사적 요소의 제거와 생태복원에 좌우된다. 하지만 그런 지형의 복잡한 역사는 복원이 생태계의 이전 형태와 기능을 회복하려는 과정이라는 전통적인 복원관에 도전장을 내민다.

오늘날의 생태복원 과정에서 나타나는 관행은 인류의 초창기 역사 — 원주민들이 초원을 복구하고 유지하거나 덤불숲을 정리하고자 불을 이용한 점을 상기하기 바란다 — 까지 거슬러 올라가지만, 복원생태학이라는 학문은 훨씬 더 최근에 등장했다.[2] 복원생태학이라는 용어는 1980년대에 고안되었고, 1980년대 말에야 비로소 전문가 단체와 더불어 최초의 관련 학술지가 출현했다. 처음부터 복원생태학자들은 자신들이 탐구하는 분야의 용어를 정하느라 고심했다. 1990년, 초창기의 생태복원학회는 생태복원을 "분명하면서 고유한, 역사적 생태계를 확립하고자 현장을 의도적으로 변경하는 과정"으로 정의했다.[3] 3년 뒤, 생태복원학회는 기존의 정의를 더 실행 가능한 것으로 수정했다. "생태복원은 고유한 생태계와 그것이 제공하는 지속적인 서식지의 구조와 기능과 무결성을 최대한 재확립하는 과정이다."[4] 바로 그 무렵에 국립연구평의회는

"생태계를 교란 이전의 근접한 상태로 되돌리는 것"을 생태복원이라고 정의했다.[5] 그 밖의 복원학자들과 실무자들은 《옥스퍼드 영어사전》에 나오는 복원의 정의 — "이전의 상태나 위치로 (…) 혹은 손상되지 않거나 완전한 상태로 되돌아가는 행위" — 를 참고했다.[6]

이 여러 가지 정의는 각각 복원 노력이 초기의, 교란되지 않은, 이상적인 원시상태를 지향해야 한다는 관념에 어느 정도 기대고 있다. 따라서 실용적, 생태적, 철학적 비판을 받는 등 여러 측면에서의 한계를 드러낸다.

실용적 관점에서 볼 때, 생태복원학회가 1990년에 내놓은 정의는 그 기준이 극단적으로 높다. 인간은 정말 고유한 역사적 생태계를 재창조할 수 있을까? 그리고 설령 그것이 가능한 일이라고 해도 인간이 인간 활동에 영향을 받지 않은 상태로 지형을 복구하는 과업에 노력을 쏟을 것이라는 말에는 혹시 무리한 모순이 있지 않을까?[7]

생태적 관점에서, 교란 이전의 완벽한 상태를 지향하는 복원의 정의는 이제 더는 생태계 동학에 대한 현재의 해석과 어울리지 않는다. 1990년대에 접어들어 출현한 "신新생태학"은 정적인 "최고점" 상태의 생태계를 제시하지 않았고, 실제로 대다수 생태계가 정지상태가 아닌 유동상태에 의해 규정된다는 점을 입증했다.[8] 신생태학의 관점이 지지를 얻으면서 복원생태학이 특정한 역사적 상태를 목표로 삼아야 한다고 주장하기가 차츰 힘들어졌다. 만일 생태계가 변화할 수밖에 없다면, 시간의 스냅사진을 골라 그것을 공간에 끼워 맞추는 것은 자의적, 어떤 의미에서는 비생태적인 행동이 아닐까? 또 설령 그런 행동을 바람직한 것으로 볼 수 있다고 해도 우리는 그 스냅사진을 위해 어느 시간을 선택해야 할까? 북미에서는 유럽인이 정착하기 전의 시기가 타당한 역사적 표적으로 통용되었지만, 유럽에서 펼쳐지는 복원 노력의 경우에는 어떻게 해야 할까? 그리고 북미인들이 수천 년 동안 생태계를 꽤 많이 바꿔놓았다는 분명한 증거의 견지에서 볼 때, 유럽인의 정착 이전이라는 북미인의 기준은 또 어떻게 봐야 할까?

마지막으로 철학적 관점에서 보면, 초창기에 제시된 복원의 정의는, 마치 인류 이전의 세계를 복구하려고 인간의 자취(최소한, 유럽인의 정착 이후 북미에 남아있는 자취)를 지울 필요가 있다고 말하는 듯싶었다. 그 같은 정의에 입각할 경우, 사람들은 자연의 일부가 아니라 자연에서 동떨어진 존재로 간주되어야 하고 인간은 지구를 파괴하는 존재로 전락한다.[9] 복원생태학자들은 인간과 자연의 더 긍정적인 관계를 재확립하고자 애쓴다고 자부했지만,[10] 그런 자아관조차 종종 인간과 자연의 분리라는 관념에 뿌리를 두고 있는 듯 보였다.[11]

그러다가 1990년대 후반에 복원생태학자들 앞에는 그들이 가장 기본적인 수준에서 진행하는 연구의 정당성을 주장해야 하는 숙제가 나타났다. 과연 생태복원의 목표는 무엇이어야 하는가? 확실히, 복원 목표를 재정립하려면 새로운 정의가 필요했다. 그리고 새로운 정의를 제시할 때는 복원생태학을 둘러싼 인식 변화뿐 아니라 자연과 관련한 인간의 위치를 더 근본적으로 정립하는 방식에 대한 인식 변화도 고려할 필요가 있을듯했다. 2004년, 생태복원학회 산하의 과학 및 정책 실무단Science and Policy Working Group은 생태복원을 "질이 떨어졌거나 훼손되었거나 파

괴된" 생태계의 회복을 도와주는 과정으로 규정하는 새로운 정의를 내놓았다.[12]

복원과 역사

새롭게 정의된 생태복원 개념 덕택에 여러 측면에서 자유로운 분위기가 조성되었다. 역사적 참조 상태에 도달하려는, 고정적이면서도 얼핏 자의적인 느낌을 풍기는 목표에 매달리지 않은 채, 복원 실무자들은 생태계의 형태나 구성보다 생태적 기능에 더 초점을 맞출 수 있다. 가령 한때 초지였던 어떤 구역이 관목이나 나무에 잠식되었을 경우, 그곳의 "회복을 도와주는 것"에 집중하는 복원 작업에서는, 개별 생물종의 특정한 구성요소나 집중도를 걱정하는 대신 그곳 생태계에 역사적 과정 — 예를 들어 화재 — 을 되돌려주는 것이 강조될 수 있다. 이때 복원 작업은 여전히 관목지를 초원으로 바꾸는 미래상을 동력으로 삼을 수 있지만, 생태 과정에게는 그런 미래상을 달성하기 위해 맡을 수 있는 역할을 수행할 기회가 주어진다. 로키산 군수공장에서, 이 접근법은 주기적인 처방화입을 실시하는 점에서, 그리고 재래종을 옮겨심기 전에 토양의 질소를 질소화합물로 바꾸고, 토양유실을 줄이고, 성가신 잡초의 공격을 물리치기 위해 수수 같은 1년생 외래종 피복작물을 활용하는 점에서 드러난다.

생태복원학회가 2004년에 도출한 복원의 정의에 입각하면, 복원과 관련한 사회적 문제를 한층 기꺼이 고려하는 효과도 있다. 그 새로운 정의에 따라 복원 목표의 초점이 동식물종의 특정한 집합을 창출하는 것에서 생태계 회복을 도와주는 것으로 바뀌기 때문에 인간이 복원 과정에 참여할 길이 열린다. 이런 식으로, 사람들은 복원 노력의 일부분으로, 즉 복원 참여자일 뿐 아니라 어떤 의미에서는 복원의 대상으로 직접적인 조명을 받을 수 있게 된다. 다시 로키산 군수공장으로 시선을 돌려보면, 그곳의 관리자들은 두 가지 폭넓은 영역을 구분한다. 다시 말해 보호지구 북쪽 구역의 복원 목표는 생태복원에 대한 매우 전통적인 접근법과 정착 이전의 상태에 가까운 초지를 겨냥하는 반면, 전체 면적의 3분의 1에 해당하는 남쪽 구역의 복원 목표에는 초창기 거주자들이 빚어낸 일련의 특징을 관리하고 유지하는 일이 포함된다. 그런 특징에는 여가용 낚시터와 물새 서식지로, 그리고 도시에서 흘러오는 빗물을 감당하는 곳으로 쓰이는 여러 개의 호수, 19세기와 20세기 초반의 정착민들이 방풍용으로 심은 외래종 나무와 관목이 포함되고, 또 사우스플랫강South Platte River의 워터톤 협곡Waterton Canyon에서 96킬로미터 이상 떨어진 노스덴버까지 물을 끌어오고자 1883년에 완공한 그 유명한 하이라인 운하High Line Canal의 종착점도 포함된다. 그 몇 가지를 비롯한 여러 특징을 지닌 로키산 군수공장에서의 복원 목표에는 자연적, 생태적 지층이나 내력뿐 아니라 인간적 지층이나 내력에 대한 일부 고려사항이 반영된다.

생태복원을 특정 상태나 시간에 얽매이지 않는 목표에 노출시키는 이 접근법은, 문화적 지형을 유지하거나 복원의 당위적 책무를 둘러싼 더 폭넓은 대화를 촉발할 수 있는 새로운 가능성을 창출하지만, 동시에 다음과 같은 중요한 질문을 부각시키기도 한다. 생태복원에서 역사가 차지하는 적절한 역할은 무엇인가? 만약 역사적 참조 상태를 경시하는 과정에 근거한 목표 쪽으로 생태복원의 방향을 돌린다면 혹시 우리는 모든 복원 노력을 교란함으로써 복원 자체가 자의적인 것으로 전락하도록 방치하게 되지는 않을까? 오늘날 "신기한 생태계" — 예를 들어 주로 기후 과정이나 도시개발 과정의 변화에 영향을 받는 장소 — 를 포용할 필요성을 지적하는 학자들은, 극심하거나 광범위한 생태적 변화를 감안하면 역사적 참조 상태가 적절한 것이나 달성할 수 있는 것이 아닐지 모른다고 주장한다.[13] 다른 학자들은 복원이 미래지향적 성격을 갖춰야 하며, 인간의 이익과 생태적 이익의 새로운 조합을 충족시키고자 애써야 한다고 본다. 따라서 이제 역사적 상태는 지침의 역할을 맡을 필요 없다.[14] 이와 같은 접근법 때문에 많은 복원생태학자들이 불편한 기색을 감추지 못한다. 일부 학자들은 복원과 관련한 비역사적 접근법이 복원생태학 분야에 새로운 명칭이 붙을 만큼의 근본적인 도전과제를 대변하는 것은 아닌지 고심하고 있다. 특히 유럽의 일부 지역에서 지지를 얻고 있는 용어인 재야생화rewilding에는 아마 역사에 그리 얽매이지 않는 인식적 변화가 담겨있을 것이다. 우리는 재야생화를 치유로 부를 수도 있다. 내 제자들은 그저 훼손된 현장의 상태를 호전시키려는 노력으로서의 치유를 둘러싼 매우 막연한 기대감에 이끌리는 듯하다.

미국에서 실제로 나타나는 생태복원 노력을 살펴보면 유럽인 정착 이전의 상태를 지향하는 전통적 접근법이 여전히 표준의 역할을 한다는 점을 알 수 있다. 로키산 군수공장에서 시행되는 다양한 조치에도 불구하고, 그곳을 관할하는 어류 및 야생동물관리국이 밝힌 주안점은 생태복원학회가 예전에 내놓은 복원의 정의와 흡사하게 들린다. "어류 및 야생동물관리국은 여러 해 동안 이 땅을 되도록 원래의 상태에 가깝게 복원하고자 했고, 앞으로도 그렇게 할 것이다."[15] 내가 면담한 그 보호지구의 직원들도 전통적인 복원 목표를 지향하는 듯한 느낌을 풍겼다. 초원 복원을 담당하는 주요 관계자들 중 한 사람은 이렇게 설명했다. "이곳의 복원을 둘러싼 전반적인 목표는 로키산 군수공장을 원래의 초원으로 되돌리는 과정에 최선을 다하는 것입니다." 내가 또 다른 고위 공무원에게 과연 무엇이 그곳에서의 "참된" 복원이라고 생각하는지 묻자 그는 "백인들이 출현하기 전과 똑같은 상태로 돌아가는 것"이라고 대답했다.

유럽인이 등장하기 전의 상태를 중시하는 경향은 로키산 군수공장을 방문하는 사람들의 태도에도 나타난다. 2010년, 나는 4개월 동안 연구팀과 함께 방문객들을 상대로 설문조사를 실시했다. 보호지구의 여러 지형적 상태 중에 로키산 군수공장 부지의 역사와 "가장 자연스럽게" 어울리는 것이 무엇인지 묻자, 응답자의 70퍼센트 이상이 "사람이 살지 않는, 식물과 야생동물을 위한 초원"을 꼽았다(나머지 항목은 "오락시설", "평원 인디언 마을", "농지 및 농가", "화학물질 생산시설" 등이었는데, 이 중에서 10퍼센트 이상의 응답자가 선택한 항목은 하나도 없었다).[16] 그리고 "보호지구의 여러 지형적 상태 중에 로키산 군수공장 부지의 역사에 '가장 충실한' 것은 무엇입니까?"라는 질문을 던지자 응답자의 절반 이상이 "사람이 살지 않는, 식물과 야생동물을 위한 초원"을 선택했다.

이렇듯 생태복원에 매진하는 주요 전문가 단체가(이전의 몇 가지 질적 저하나 훼손에 관한) 역사와 간접적으로만 연관되는 복원 개념을 중심에 놓고 10년 넘게 스스로의 위치를 재정립해왔지만, 보호지구 관리자들과 최소한 앞서 언급한 방문객들은 생태복원이라고 하면 여전히 유럽인의 식민지화에 오염되지 않은 변경의 모습을 떠올린다.[17] 이 점은 "참된" 복원으로 인정할 만한 것이 무엇인가라는 질문, 그리고 특정 지형의 역사적, 인간적 속성과 용도가 어떻게 역사적 변호가 가능해 보이는 생태적 목표나 복원 표적과 통합될 수 있는가라는 질문으로 이어진다.

생태복원에서의 진실성과 역사적 충실성

생태복원은 진실성의 문제 때문에 만성적인 도전과제에 시달려왔다. 진실성의 문제는 1982년에 철학자 로버트 엘리엇Robert Elliot이 내놓은 신랄한 비평을 통해 조명되었다. 〈가짜 자연Faking Nature〉이라는 제목의 논문에서, 그는 생태복원을 미술품 위조에 비유한다. 위조된 그림이 특정 화가의 원작처럼 보이듯이, 어떤 장소나 생태계도 얼핏 자연적으로 형성된 것처럼 보이나 실제로는 복원생태학자들의 작품이라는 말이다.[18] 엘리엇은 설령 어떤 생태계가 인간의 영향을 받기 이전의 현장과 똑같이 복원된다고 해도 그것은 가치가 하락한 지형일 뿐이라고 주장한다. 복원된 지형은 그것의 자연적 계보가 인간 행동으로 교란되었기 때문에 결코 진정한 혹은 참된 것으로 간주될 수 없고, 여전히 진짜 자연인 체하는 "가짜" 자연으로 남는다.

다른 복원학자들과 실무자들은 진실성과 흠 없는 자연적 계보 같은 문제를 거론하기보다 오히려 복원 목표가 인간의 이익이나 욕망에 너무 주목하는 점을 더 우려한다. 그들의 비판에 따르면, 우리는 특정 현장을 둘러싼 역사적, 생태적 기준선에 대한 초점에서 벗어나 인간의 이익이나 변화하는 현재 및 미래의 상태를 주시함으로써 "자신을 에워싼 대량소비주의의 포로가 되기 쉽고, 존재가 오로지 이용과 감탄의 대상인 '사물'로만 치부되는 정원을 만들어낸다."[19] 복원된 현장이 항상 가짜일 것이라고 주장하는 엘리엇의 견해와 달리, 이 두 번째 견해에서는 만약 어떤 현장이 교란되기 전의 역사적 생태에 진정으로 정성을 다한다면 그곳의 복원은 참된 복원이 될 수 있다고 본다. 그러므로 여기서의 위험요인은 원래의 생태계를 만들어내는 것이 불가능하다는 점이 아니라 우리가 이전의 생태적 상태를 잘 모른 채, 혹은 인간의 이익과 영향력에 너무 치중한 채 잘못된 상태를 선택할 수 있다는 점이다.

야생동물보전이라는 새로운 우선사항에 부합하도록 군사화 지형의 생태를 복원하고자 애쓰는 현장에서는 앞서 언급한 두 가지 견해와 마주칠 수밖에 없는데, 대다수의 복원 현장과는 다른 방식으로 마주친다. 예를 들어 전형적인 초원 복원 프로젝트의 경우, 토지 용도상의 변화는 흔히 비교적 직선에 가까운 역사적 진행과정을 수반한다. 예를 들어 온전했던 초원이 농업적 이용(또는 경우에 따라 도시 개발)에 따라 "망가지고", 복원은 그 과정을 뒤집고자 한다. 인간이 초원에 미친 영향, 즉 땅을 일구고 곡식을 심는 일, 또는 그 밖의 개발은 이전 생태계의 번창을 중단하고 교정해야 할 일종의 퇴행으로 간주된다. 이렇게 생태복원은 원래의 "자연" 상태를 망친 교란의 흔적을 지우기 위해 기본적으로 개선 프로젝트를 중심에 놓는다.

토지 용도상의 복잡한 역사를 지닌 군사화 지형을 비롯한 여러 복원 현장의 역사적 진행과정에는 추가적인 단계가 포함된다. 가령 로키산 군수공장의 부지는 옛날에 유럽 출신의 정착민들이 원주민 부족(물론 원주민들도 사냥과 불 지르기를 비롯한 의미심장한 방식으로 초원의 모습과 성격을 바꿨다)을 내쫓은 뒤 초원을 농장과 목장으로 탈바꿈시켰다. 1940년대 초반, 미 육군은 농가를 몰아낸 뒤 농지를 화학무기 생산단지로 바꿔놓았다. 40년 뒤, 육군은 화학무기 생산을 중단했고, 연방의회는 그곳을 국립야생동물보호지구로 선포했다. 2000년대 초반에 현장 관리를 맡은 야생동물보호지구 관계자들에게는 생태복원의 다양한 가능성이 열려있었다. 당시의 전반적인 여론은 화학무기 시설의 영향을 우선적으로 제거해야 한다는 것이었다(사실, 그것은 콜로라도주가 오염된 지하수나 공중위생 문제를 해결하고자 취한 법적 조치에 따라 반드시 해야 할 일이었다). 그러나 과거의 역사적 지층이 끼친 영향은 어떻게 처리해야 하는가라는 문제가 남았다. 그곳을 군사적 영향을 받기 이전인 1930년대의 농지와 농장 상태로 되돌려야 할 것인가? 아니면 19세기 초반까지 거슬러 올라가는 정착 이전의 상태라는 더 전통적인 목표에 집중해야 할 것인가? 두 가지 중 어느 쪽이 가장 참된 형태의 복원을 대변하는 조치였을까?

만일 우리가 복원을 "가짜 자연"으로 치부하는 엘리엇의 비평을 전적으로 수용한다면 로키산 군수공장 부지를 이전의 상태로 되돌리려는 모든 시도는 무의미할 것이다. 복원된 모든 생태계는 정착민들이 약 2세기 전에 교란시킨 초원의 복제품에 불과할 것이고, 따라서 원형으로서의 가치가 부족할 것이다. 아마 그럴지도 모르지만, 설령 우리가 엘리엇의 주장에 완전히 동의하더라도 로키산 군수공장, 그리고 군사적, 산업적 영향을 받은 여러 비슷한 현장의 구체적 세부사항은 엘리엇의 관점과는 다른 시각에 힘을 실어주는 듯하다. 어쨌든, 만일 정화 노력과 생태복원이 이 같은 철학적 우려에 위축된다고 해도 우리는 현장이 개념상으로는 결백 — 이곳에는 결코 위조된 표상이 없다! — 하지만 생태적으로는 주변의 지하수에 오염물질을 유출하는 영구적 독성 유휴지로 남도록 방치하는 편이 최선이라고 주장하는 모습은 좀처럼 상상하기 힘들 것이다.

정책의 측면에서 볼 때, 로키산 군수공장 부지의 정화와 복원은 타당한 조치일 것이다. 설령 원래의 초원만큼 귀중하거나 "참된" 결과물이 도출되지는 않는다고 해도 말이다.[20] 그래도 우리는 여전히 다음과 같은 두 번째 문제와 씨름할 수밖에 없다. 과연 우리는 이전의 어떤 상태를 복원 목표로 삼아야 하는가? 대부분의 전통적인 복원생태학자들은 이 두 번째 문제에 쉽게 대답한다. 그들이 보기에 복원의 목표는 현장이 정착 이전의 상태에 가깝게 돌아갈 수 있도록 최소한의 핵심적 생태 과정을 복구하는 것이어야 한다. 로키산 군수공장의 사례에서, 복원의 대상은 수백 년 동안 원주민인 아라파호족Arapaho, 카이오와족Kiowa, 쇼쇼니족Shoshone 등이 이용했던, 그리고 들소, 가지뿔영양, 늑대, 흰족제비, 프레리독 같은 야생동물이 서식했던 초원일 것이다. 생태적 관점에서 볼 때, 이런 접근법은 지형 교란의 두 가지 의미심장한 국면 — 농산물 생산과 화학물질 생산 — 을 더 폭넓은 퇴행의 기간에 속한 단계로 취급하고, 그 두 가지 국면 모두 시야에서 지우고자 한다.

이미 언급했듯이, 사실 이것은 이 보호지구에서 시행되어온 대다수 복원 작업의 기본전제이다. 담당 공무원들은 초원 식생을 복구하기 위해 불, 제초제, 풀베기, 씨뿌리기 같은 능동적인 관리기법을 활용한다. 어류 및 야생동물관리국은 검은발족제비와 2007년에 재이식된 들소 떼(지금은 자연스럽게 번식하고 있다)를 포함한 토종 동물상도 복원하고자 힘써왔다. 오늘날 이 보호지구에는 프레리독, 오소리, 코요테, 노새사슴과 흰꼬리사슴, 흰머리수리, 붉은매, 구멍올빼미 같은 여러 토종 동물이 아직 남아있고, 정착 이전의 주요 야생동물 목록에서 지금 보이지 않는 것은 늑대와 가지뿔영양뿐이다.

하지만 이곳의 극적인 역사를 고려하면, 전통적인 복원 목표가 문화적으로 의미심장한 역사를 지닌 로키산 군수공장을 비롯한 여러 현장에서 진행되는 복원 노력의 방향을 어느 정도 좌우해야 하는가라는 질문은 의미 있어 보인다. 만약 이곳을 스티븐 롱 원정대Stephen Long Expedition가 1820년에 도착했을 때의 모습과 그대로인 듯한 상태로 되돌릴 수 있다고 해도, 그리고 아무리 이곳을 생태적 업적이나 보전 성공사례로 평가한다고 해도, 우리는 여전히 이런 식의 복원에 담긴 의미를 둘러싼 타당한 우려의 목소리를 낼지 모른다. 더 폭넓은 차원에서 보면, 이 성공사례에는 기술적 우월성의 불안한 교훈 — 우리가 아무리 환경을 욕보여도 우리는 피해를 교정하고 현장을 건강하고 완전한 상태로 복구할 수 있다 — 이 담겨있을지 모른다(엘리엇은 이 교훈을 "복원 명제"로 부르고, 반론을 제시한다). 벌목용 도로나 개간되었다가 복원된 초원처럼 피해가 비교적 미미하거나 일시적이었던 경우에는 이런 우려가 사소하게 보일지 모르지만, 인간이 뚜렷한 영향을 미치거나 인간의 영향력이 광범위한 사회적, 생태적 의미를 띠는 경우, "안 보이면 생각나지 않는다."는 식의 접근법은 곤란하다. 이런 식의 접근법이 만연한 사례로 과거에 산업 활동이나 군사 활동이 집중적으로 벌어진 여러 현장을 꼽을 수 있다. 따라서 피해를 제거하는 어떤 방식은 적극적으로 활용하고 또 어떤 방식은 활용하지 않는 쪽으로 복원 노력의 방향을 잡는 편이 좋을 것이다.

로키산 군수공장의 경우, 아직 일부 시민단체는 심각한 우려를 드러내고 있지만, 환경정화 및 생태복원 노력에 힘입어 이곳이 눈에 띄게 더 안전해졌다는 공감대가 형성되어있다.[21] 위험할 정도로 손상된 화학물질 생산시설이 보호지구의 대부분에 걸친 정화 작업에 힘입어 인기 있는 야외 공간과 보전 편의시설로 변신했다. 다시 말해 로키산 군수공장의 화학적 위험요인을 제거한 일(더 정확히 표현하면, 위험요인을 통합 처리하고 억제한 일)은 생태적 성공사례로 널리 선전되어왔다. 그러나 이 정화 작업의 문화적 의미는 여전히 비교적 불명확하다. 사실 많은 지역 주민들과 그 밖의 사람들이 앞으로 이곳이 점점 야생동물보호지구로만 알려지지 않을까, 또 화학무기 생산시설 부지와 옛 농장 터라는 이전의 상태가 망각되지 않을까 우려하고 있다. 이곳의 어류 및 야생동물관리국 소속 관리자들과 커머스시티 역사학회 같은 지역단체 관계자들도 표명하고 있는 이 같은 우려 가운데 일부는 내가 방문객들을 대상으로 수행한 연구 및 설문조사의 결과와 일치한다.

담당 공무원들은 로키산 군수공장 보호지구를 복원된, 정상적으로 기능하는 초원 생태계로 관리하고자 애쓰지만, 그들 중에는 군수공장으로서의 역사가 사라질 우려가 있다는 점을 인정하는 사람들도 많다. 보호지구의 방문객 담당 직원은 내게 다음과 같이 설명했다.

> 우리는 방문객들에게 이야기의 전말을 모두 들려줍니다. 우리는 여기서 일어난 모든 일을, 그리고 우리 ― 어류 및 야생동물관리국 ― 가 전체적으로 지금 여기서 해야 하는 일을 알려주고자 애씁니다. 쉽지는 않습니다. 이곳에는 여러 다양한 차원의 이야기가 많고도 많기 때문이죠. 그래서 나는 사람들이 여기서 일어난 일을 한층 정확히 이해하도록 유도하는 것이 방문객 담당자로서의 우리 임무라고 생각합니다. 이 점이 여기서 얻은 교훈입니다. 얻은 교훈이 많기 때문에 이런 종류의 일은 앞으로 되풀이되지 않을 겁니다. 그리고 이런 일들은 땅에 영향을 미친 행동이었고, 이것은 그런 행동의 결과물입니다. 나는 사람들에게 그 점을 알려주는 것이 우리의 의무라고 생각합니다. 우리는 그것을 숨기려고 하지 않겠습니다.

사실 로키산 군수공장 국립야생동물보호지구의 자료관에는 그곳의 화학물질 생산의 역사를 생생하게 묘사하는 전시물뿐 아니라 아메리카 원주민의 활동, 농민의 정착, 추방, 군사적, 산업적 이용 등의 시기를 상세히 보여주는 전시품도 많다. 그러나 방문객들의 상당수는 자료관에 입장하지 않는다. 2012년부터 일반인이 안내원 없이 직접 자동차를 운전하면서 보호지구의 일부 구역을 구경할 수 있게 되었고, 그 바람에 방문객들은 전문적인 설명과 해석이 필요한 전시물을 건너뛰게 되었다. 게다가 보호지구 자체는 1년 내내 매일 새벽부터 저녁까지 문을 열지만, 자료관은 수요일부터 일요일까지, 오전 9시부터 오후 4시까지만 개방된다.

보호지구 바로 서쪽에 위치한 커머스시티의 주민들과 보호지구의 남쪽 경계선 바로 너머에 있는 덴버의 몬트벨로Montbello 구역 주민들 중에는 로키산 군수공장이 화학물질을 생산하던 시절을 기억하고, 그런 역사의 중대성을 인식하는 사람들이 많다. 내가 커머스시티 역사학회의 회원들을 만나 오늘날 방문객들이 알아야 할 점이 무엇인지 묻자, 거기서 일어난 일의 자초지종을 알아야 한다는 의견이 대부분이었다.

> 첫 번째 응답자: 우선, 시작부터 지금까지의 역사를 알아야 합니다.
>
> 두 번째 응답자: 동의합니다. (…) 육군은 농부들을 내쫓았을 뿐 아니라 우리 고장에 끔찍한 문제를 일으켰습니다. 그리고 우리는 그것을 해결하려고 정말 열심히 싸워야 했죠. 그곳이 보류지로 지정되고 말끔히 청소되고 나니 무척 기쁩니다. 그러나 우리는 그들이 계속 그곳의 역사를 지켜나갔으면 합니다. 나는 모든 것의 현재는 역사를 통해 이뤄진다고 생각하는 사람입니다. (…) 그것은 여기 사람들이 이 땅에 정착한 일을 해낼 수 있을 정도로 얼마나 강인했는지 알려주는 진짜 이야기입니다. 그들이 그렇게 하지 못했으면 야생동물보호지구는 오늘날 여기 없었을 겁니다.

다른 회원들은 육군이 수십 년 동안 그곳을 차지한 채 화학물질을 생산한 데 따른 거의 모든 물리적 유적이 제거된 점에 실망감을 드러냈다. 그 한 가지 사례는 내가 만난 회원들의 기억 속에 생생히 남아있는 보안 출입문이었다. 최근에 어류 및 야생동물관리국은 보호지구의 입구를 오랫동안 지켜준 보안 출입문을 철거했다고 한다(보호지구 관계자들은 출입문이 인근 주민들에게 위화감을 주고 방문객들을 놀라게 할 우려가 있다고 생각했다). 커머스시티 역사학회 회원들은 대체로 현장의 다채로운 역사가 구체적으로 드러나 있기를 원했다. 내가 그들과 대화를 나누면 나눌수록, 지역 주민들이 보호지구의 속성을 뛰어넘는 요소의 중요성을 이해하고 있다는 점이 분명해졌다. 그들은 건물, 묘지, 학교 등을 비롯해 유용하게 복원되거나 보존될 수 있었을 법한 몇 가지 특징적인 항목을 열거했다.

> 첫 번째 응답자: (…) 그들이 이곳을 둘러볼 때 "여기는 로즈 힐 묘지가 있었던 곳이고, 또 여기는 학교가 있었던 자리입니다."라고 알려줄 수 있도록 말입니다.
>
> 두 번째 응답자: 물탱크는 그대로 남겨뒀으면 좋았을 것 같습니다.
>
> 세 번째 응답자: 저기에 농사용 장비가 있어도 됩니다. 옛 건물도 그렇고요.
>
> 네 번째 응답자: 출입문은 그대로 뒀어야 했습니다. 아니면 길가의 다른 곳으로 옮겼어야 했어요.

보호지구의 오랜 이웃들이 밝힌 우려 너머로 시선을 돌리면(화학물질 생산에 따른 악취와 우물의 오염 같은 부작용을 떠올리는 사람들도 많았다) 그 보호지구에서 복원되거나 유지되는 초원 생태계 차원을 뛰어넘는 국가적, 국제적 파장도 보일 것이다. 최근 몇 년 사이 내 제자들 중에는 미국이 수십 년 동안 화학무기를 부지런히 개발했다는 사실을 알고 깜짝 놀라는 학생들이 많다. 지금은 화학무기가 혐오의 대상이기 때문이다. 예컨대 로키산 군수공장에서 생산되어 저장되었던 사린가스는 최근 시리아 대통령 바샤르 알아사드Bashar al-Assad가 사린가스를 자국민에게 사용한 증거가 드러나 국제적으로 대서특필되었다. 확실히, 그 군사화의 시기를 통해 우리 모두가 배울 수 있었던 교훈이 있다. 아울러 우리가 그간 비축해 둔 화학무기를 폐기 — 지금도 폐기는 진행되고 있다 — 하고 화학무기의 생산 및 사용을 중단하는 결과를 이끌어낸 몇 가지 결정도 있다.

우리는 군사용 화학무기 개발과 가정용 및 산업용 화학물질 생산 간의 지속적이고 편리한 연관관계를 깊이 고민하며 이곳에서 귀중한 교훈을 얻을 수도 있을 것이다. 1989년에 웬들 베리Wendell Berry는 어느 졸업식 축사에서 다음과 같은 질문을 던졌다. "여러분은 현대 전쟁과 현대 산업의 차이, 말하자면 폭격과 노천 채굴의 차이나 화학전과 화학물질 생산의 차이를 어떻게 설명하겠습니까? 내가 보기에 그 차이는, 전쟁에서 인명의 희생은 순전히 의도적인 것이지만 산업에서는 인명의 희생이 '거래'로서 '수용'되는 것이라는 점밖에 없는 듯합니다. 러브운하Love Canal, 체르노빌, 엑슨 발데즈호Exxon Valdez 등에서 일어난 참사는 전쟁의 일화일까요? 아니면 평화의 일화일까요?"[22]

이렇듯 우리는 로키산 군수공장 같은 여러 현장에서 많은 교훈을 얻을 수 있고, 틀림없이 그렇게 해야만 한다. 만일 우리가 오로지 생태복원 목표를 달성하는 데만 치중하면 이들 현장은 자칫 위태로운 지경에 이를지 모른다. 이 점은 과거의 이용 흔적을 더 쉽게 찾아볼 수 있는 현장에서 훨씬 더 뚜렷하게 나타난다.

푸에르토리코의 비에케스섬

비에케스 국립야생동물보호지구는 본섬인 푸에르토리코에서 동쪽으로 128킬로미터 정도 떨어진 작은 섬 비에케스에 있다. 이 보호지구의 면적(약 73제곱킬로미터)은 1만여 명의 주민들이 살고 있는 비에케스섬 전체 면적의 절반보다 약간 넓다. 2001년에 처음으로 야생동물보호지구로 지정되기 전, 미 해군은 비에케스섬을 60년 동안 포격시험을 실시하고 군수품을 저장하는 곳으로 사용했다. 1941년부터 미국 당국은 이 섬의 서쪽과 동쪽 부분에 거주하는 주민 수천 명을 내쫓아 군사 활동에 필요한 공간을 확보했는데, 일부 주민은 겨우 10일 전에 퇴거통보를 받았다. 로키산 군수공장 사례나 미국이 제2차 세계대전에 개입하기 전 국내에서 있었던 군사적 목적의 토지 강제수용 사례와 달리, 비에케스섬의 경우에는 쫓겨난 주민들 중 다수는 계속 근처에 남아있었다. 그들은 해군의 임무가 끝나면 주민들이 고향땅으로 돌아갈 수 있도록 허용해줘야 한다고 주장했다.[23]

그런데 2003년에 해군이 비에케스섬에서의 활동을 중단했을 때, 해군 관할의 모든 땅이 야생동물보호지구로 관리되기 위해 어류 및 야생동물관리국으로 넘어갔다(그림 3.1). 2005년, 비에케스섬의 일부분이 미국에서 가장 위험한 "슈퍼펀드Superfund(역오염지역 환경개선용 특별기금-옮긴이)" 현장 중 하나로 국가우선순위목록에 추가되었다. 2015년 12월, 환경보호청은 10제곱킬로미터 넓이의 옛 해군 포격훈련장 터에서 3만 8천 개 이상의 군수품이 제거되었으며, 이미 진행 중인 수거 및 복원 작업

그림 3.1 푸에르토리코 비에케스 국립야생동물보호지구의 지도.

이 2025년까지 실시될 예정이라고 보고했다(그림 3.2).[24] 1940년대부터 2003년까지 이어진 기동훈련으로 비에케스섬에 30만 발 이상의 "군수품"이 발사되었을 것이라는 미 해군의 추산을 고려하면, 지금까지 실시된 수거작업에도 불구하고 전체 군수품의 약 90퍼센트가 아직 그대로 남아있거나 행방불명인 것으로 보인다.[25]

비에케스섬에서의 수거 작전은 여러모로 문제가 있었다. 2003년에 미 해군이 추산한 수거비용은 3천만 달러였지만, 2005년에는 1억 3천만 달러, 2012년에는 3억 5천만 달러로 꾸준히 증가했다.[26] 일부 비평가들은 그곳의 군수품을 완전히 수거하기까지 무려 4,500억 달러가 소요될 것으로 추산한다.[27] 불발탄을 발견해 제거하는 작업은 시간이 오래 걸리고 위험한 일이고, 끊임없이 불발탄이 드러나거나 숨어있는 해변과 얕은 해양 환경에서는 그런 작업이 더 힘들어진다. 육지에서 불발탄을 제거하려면 대규모의 식생을 말끔히 정리해야 하고, 토양, 식물, 동물, 유수량,

그림 3.2 푸에르토리코 비에케스 국립야생동물보호지구에 남아있는 포탄 탄피.

미적 요소 등에 영향을 미칠 수밖에 없다. 해군은 불발탄 수거에 따른 생태적 충격이 생태적 혜택보다 큰 경우가 있다고 주장해왔고, 실탄사격훈련장이 위치한 비에케스섬 동쪽 부분에서의 수거작업은 토양의 최상층 30센티미터와 해변 모래 최상층 120센티미터만 목표로 삼고 있다. 불발탄이 폭우와 폭풍으로 유실될 수 있는 가능성을 감안할 때, "수거" 작업이 끝난 뒤에도 이 섬의 여러 제한구역은 여전히 사람들의 출입이 금지될 것이다. 인류학자 캐서린 매카프리Katherine McCaffrey는 비에케스섬에 대한 비판적 분석을 통해 이렇게 지적한다. "황폐화가 가장 심한 곳인 3.97제곱킬로미터의 피탄 구역은 '황야 보호구'로 공식 지정되어있고, 일반인의 출입이 차단된다. (…) '보전용'으로 지정된 토지에는 피상적인 수거작업만 필요하다. 추정컨대 인간이 거기 살지 않을 것이기 때문이다."[28]

이로써 탈군사적 야생동물보호지구화를 둘러싼 핵심적인 우려 중 하나 — 탈군사적 야생동물보호지구화는 국방부가 불필요한 토지를 처리하는 최소 비용의 선택지에 불과할지 모르고, 동시에 건전한 환경적 책무를 다하는 수단인 것 같은 인상을 풍길 수 있다 — 가 부각된다. 2009년, 국방부는 비에케스섬의 수거작업팀을 국방부장관 환경상 환경복원 부문의 수상자로 시상하면서 선정 이유로 혁신적인 불발탄 식별 방법, 빨라진 수거일정, 비에케스섬의 부지 몇 개를 선정해 자치단체에 성공적으로 반환한 점(그 부지 중 여러 개는 해군이 수거작업이 필요 없다고 판단한 뒤 양도되었다) 등을 언급했다.[29]

어류 및 야생동물관리국이 비에케스섬에서 새로운 보전지향적 목표를 달성하고자 노력하고 미 해군이 수거작업을 계속 실시하고 있지만, 그곳을 오래 지켜온 주민들은 지금도 1940년대에 연방정부가 그들의 토지를 강제수용한 점, 해군의 포격 작전이 종료되면 고향땅으로 돌아가도록 해주겠다는 약속 — 주민들 관점에서의 약속일뿐이다 — 이 깨진 점, 훨씬 더 엄격해 보이는 야생동물 관리자들의 규제 등에 불만을 표시하고 있다(그림 3.3).[30] 지역 주민들이 이 야생동물보호지구를 지켜보면서 깨달은 것은, 해군이 군사 활동을 펼쳤을 때는 물고기와 게를 비롯한 야생동물을 생계유지 목적으로 이용하는 행위가 일부 허용되었으나 지금은 그렇지 않다는 사실이다. 주민들은 보호지구의 연방정부 소속 관리자들에게 분노의 화살을 돌릴 때도 많다. 어류 및 야생동물관리국 직원들

그림 3.3 "어류 및 야생동물관리국 반대" 표지판, 푸에르토리코의 비에케스 국립야생동물보호지구.

앞에 놓인 도전과제를 굳이 과장할 필요는 없다. 그들은 연방의회가 억지로 떠맡긴 "선물" 같은 현장에서 생태적 요건과 오염 관련 요건을 두루 갖춘 복잡한 상황을 최대한 이용해야 한다.

비에케스는 해군의 포격 중단을 요구하는 광범위한 항의뿐 아니라 해군의 군사 활동으로 많은 주민이 건강을 잃었다는 우려 때문에 미국 언론에 대서특필되었다. 2009년, 미국에서 가장 오염이 심각한 비에케스섬을 둘러싼 보건적 위험요인을 평가하는 임무를 맡은 정부기관은, 그곳에서 여러 해에 걸쳐 벌어진 군사 활동이 보건상의 위험을 전혀 발생시키지 않았다는 기존의 견해를 뒤집었다. 독성물질질병등록청ATSDR,

Agency for Toxic Substances and Disease Registry의 청장은 그 섬의 오염에 관한 중요한 과학적 자료에서 누락된 단서를 언급하며 다음과 같이 지적했다. "우리가 발견한 격차에 따르면 우리는 비에케스섬에 보건적 위험요인이 없다고 명확하게 말할 수 없습니다."[31] 사실, 독성물질질병등록청은 후속 보고서를 통해 비에케스섬 주민들이 높은 수준의 만성질환(이를테면 천식, 심장병, 각종 암)에 시달린다는 점을 인정했지만, 비에케스섬 주민들에 대한 분석의 한계도 언급했다. 독성물질질병등록청은 다음과 같은 결론을 내렸다. "추가된 자료와 기존의 자료에서는 아직 군사 활동과 섬 주민들이 겪는 건강 문제 간의 관계가 확인되지 않았다."[32]

독립 과학자들은 정부 보고서를 다각도에서 비판해왔다. 그들은 특정 종류의 결과가 도출되지 못할 가능성이 높은 방식으로 어떻게 연구가 설계될 수 있는지를 강조한다.[33] 2010년, 미국 의회 과학기술 상임위원회에 증인으로 출석한 예일 대학교 위험분석 및 환경정책학 교수 존 와고John Wargo는 이렇게 말했다. "독성물질질병등록청의 공중보건 평가 보고서를 주의 깊게 검토한 결과, 국방부가 조그만 섬에 약 4만 5천 톤의 무기를 투하한 60년의 역사와 그 역사를 버텨낸 사람들의 예외적인 질병 발생률 간의 인과관계를 전혀 발견하지 않기로 결심한 어느 기관이 드러납니다."[34] 와고 교수를 포함한 연구자들은 군수품 속의 중금속과 기타 오염물질이 주민들을 독소에 노출시킬 수 있는 다양한 경로, 즉 공기, 물, 흙, 육지 및 해양 영양물을 설명했다. 비에케스섬의 옛 피탄 구역에서 발견된 불발탄은 해군 수거팀의 처리 방식에 따라 일상적으로 폭파되므로 진행 중인 수거 노력조차 주민들이 군사적 오염물질에 노출되는 데 일조할 수 있다. 2009년, 비에케스섬의 행정 책임자는 주민들이 응급실을 찾는 이유가 대부분 호흡기 문제 때문이라고 말했다. 비교적 자동차가 적고 주요 산업시설도 없는 카리브해의 작은 섬에서 나타나는 충격적인 상황이 아닐 수 없다.[35]

비에케스섬에서 드러나는 정치적, 생태적 지층에 복잡성이라는 지층을 추가하는 요소는, 아직 개발되지 않은 해변과 성장 기회에 매료된 관광객들과 관광업 투자자들이 2003년부터 비에케스섬에 거주하기 시작했다는 사실이다. 2007년, 《뉴욕 타임스 *The New York Times*》에는 이런 기사가 실렸다. 2003년 이후 "비에케스섬은 최근 무장이 해제된 모래 해변과 이리저리 돌아다니는 야생마들과 소박한 분위기로 여행자들을 유혹하며 순식간에 '인기' 섬으로 떠올랐다. 섬의 인기가 치솟자 새로운 식당과 고급 호텔이 문을 열었고, 그곳의 가치가 올라가면서 사치의 수준도 높아졌다." 달리 말해, 섬을 오래 지켜온 주민들은 땅을 되찾는 데 실패했고, 십중팔구 여러 해 동안의 포격 연습에 따른 건강상의 영향을 받았을 것이다. 게다가 이제는 젠트리피케이션 현상과 대부분 미국 본토에서 찾아오는 관광객 증가 현상이라는 새로운 압력에 직면해있다.[36]

여기서 다시 복원과 진실성 개념으로 시선을 돌려보자. 비에케스섬에서 엿보이는 다양한 이해관계는 과연 이곳에서 복원이 어떤 것이어야 하는가를 둘러싼 다채로운 시각과 연결된다. 어류 및 야생동물관리국의 경우, 적절한 복원이란 토종 식물군락과 습지대 서식지를, 그리고 "중요한 농업적, 군사적 용도로 쓰이기 전"의 비에케스섬을 상징하는 물고기, 야생동물, 식물 따위를 보전하는 일을 중심에 놓는 것이다.[37] 즉 어류 및 야생동물관리국은 비에케스섬의 생태계가 상당한 인간적 영향을 받기 전의 전통적인 복원 목표로 이끄는 데 집중한다. 어류 및 야생동물관리국의 비에케스섬 "종합보전계획Comprehensive Conservation Plan"에 따르면 보호지구 부지에서 "야생동물이나 방문객들을 위협할 만한 모든 오염물질이 제거"될 예정이다.[38] 그러나 해군의 현재 수거 계획 및 자금을 감안할 때 이런 청사진은 당장 실현되기 힘들 듯하다.

반면 비에케스섬 주민들에게 참된 복원이란 화학물질과 폭발물로 초래된 오염을 철저하게 제거하는 것, 그리고 다시 그곳을 농업용이나 생계유지용이나 심지어 주거용으로 쓸 만한 땅으로 바꿔주는 것과 관계있다. 비에케스섬의 여러 주민들이 품고 있는 보호지구 부지의 미래상은 생계유지용 농업, 사냥과 낚시, 더 집약적인 방목이나 경작, 생태관광 같은 지속적인 인간적 영향이 매우 큰 비중을 차지한다. 앞으로 복원될 비에케스 국립야생동물보호지구가 어떤 상태에 도달해야 하는가를 둘러싼 이처럼 뚜렷한 시각 차이는 보호지구 관리자들에게 고민거리가 되고, 그들과 지역 주민들과의 관계에도 걸림돌로 작용한다. 공교롭게도, 비에케스섬 주민들과 어류 및 야생동물관리국 소속 관리자들이 공통적으로 바라는 핵심 사안은 아마 해군이 동의할 가능성이 가장 낮은 부분일 것이다. 그것은 현존하는 군사적 오염물질의 포괄적 제거를 보장하는 것이다. 연방의회가 비에케스섬을 어류 및 야생동물관리국에게 넘겨준 가장 강력한 이유는, 야생동물보호지구와 황야로 지정할 경우 농사용이나 주거용 또는 관광용으로 지정할 경우보다 비교적 느슨한 제거 기준이 적용될 것이라는 사실 때문이었다.

경제적, 생태적, 정치적 요소 등과 연관된 우려가 뚜렷하게 제기되고 있지만, 해군, 어류 및 야생동물관리국, 지역 주민들 사이에는 입장 차가 존재한다. 해군은 불필요한 군용지를 처리하는 과정에서 비용을 최소화하고 효율을 최대화하고자 한다. 국립야생동물보호지구 관리자들은 법에 따라 생태적 목표에 집중해야 한다. 그리고 비에케스섬 주민들은 연방정부와의 해묵은 식민지 관계를 청산하고, 수십 년 동안 출입이 금지되었던 섬의 절반에 해당하는 땅을 다시 이용해 이익을 얻기를 원한다. 이렇듯 서로 다른 이해관계는 이곳을 둘러싼 독특한 맥락의 논리적 결과로 볼 수 있지만, 여기에는 역사 삭제와 역사적 기념이라는 더 폭넓은 문제도 있다. 군사적 요소가 새로운 보전 관련 목표에 자리를 양보하고 있거나 그 목표와 겹치는 부분이 있는 다른 현장들도 마찬가지이다. 예를 들어, 미래 세대들은 비에케스섬 같은 현장을 어떻게 이해할까? 그런 장소들에는 우리가 사람들에게 계속 보여주려고 노력할 만한 특정한 문화적 속성이나 역사가 있을까? 그런 역사를 보지 못하는 데 따른 결과, 그리고 복원이 비에케스섬 같은 곳의 생태적 피해뿐 아니라 문화적 유산까지 없애버리는 데 따른 결과는 무엇일까?

삭제와 기념

1945년 7월 16일 동트기 몇 분 전, 미국은 뉴멕시코주 남부 사막 상공에서 세계 최초의 원자폭탄을 터트렸다. 원자폭탄의 시험 장소인 트리니티 사이트Trinity Site는 오늘날 서반구 최대의 지상 군사시설인 미 육군 화이트 샌즈 미사일 발사장White Sands Missile Range에 속해있다. 화이트 샌즈 미사일 발사장에서는 아직 각종 무기 시험과 미사일 및 로켓 발사 프로그램이 진행되고 있지만, 핵 시대의 상징적인 폭심지인 트리니티 사이트는, 1년에 두 번, 그러니까 매년 4월과 10월에 하루씩, 일반인에게 공개되어 많은 단체 방문객들을 유혹한다. 현재 가동 중인 군사기지가 이런 식으로 역사 애호가들과 군사 관광객들을 맞이한다는 점이 놀라운 일로 보일지 모르지만, 육군 관계자들은 그것을 화이트 샌즈 미사일 발사장의 역사적 중요성이라는 관점에서 설명했다. "이 중대한 역사적 현장의 담당자로서 우리는 미래 세대에게도 이 이야기를 들려줄 수 있도록 일반인들이 계속 트리니티 사이트를 방문할 수 있기를 바랍니다."[39] 역사학자 라이언 에징턴Ryan Edgington이 입증했듯이, 화이트 샌즈 미사일 발사장은 그곳이 중요한 보전 지형으로 탈바꿈하는 데 기여한 일련의 특징도 있지만, 그곳의 생태적 속성은 군사화라는 그늘에 가려진 채로 남아있다.[40]

내가 방문한 여러 장소, 즉 새로운 보전 목표로 이전의 군사 활동에 관한 대중적 인식을 꾸준히 저해할 수 있는 여러 현장에서는, 군사화와 보전 사이의 균형추가 다른 쪽으로 기울어있다. 트리니티 사이트에는 세계 최초의 핵실험의 섬광이 그곳의 역사를 충분히 드러낼 만큼 환하게 남아있다. 반면 보전에 전념하면서 자연화를 뒷받침하고자 해마다 평판을 높이고 기반시설을 발전시키는 비에케스와 그 밖의 탈군사적 야생동물보호지구 같은 장소들의 상황은 어떨까? 만약 우리가 그런 현장에서 일어난 일을 기념하지 못해 그곳의 역사가 사라진다면, 우리가 잃어버리는 것은 과연 무엇일까?

물론 이 질문에 관한 대답은 맥락에 따라 다르다. 그러나 비교적 최근에 군사적 목적에서 벗어나 보전 목표를 지향하는 몇 군데의 현장을 살펴보면 생태복원의 결과로서 빚어질 수 있는 역사 삭제의 몇 가지 가능한 대가가 뚜렷이 드러난다. 비에케스섬 주민들은 기념을 과거에 수용한 토지에 대해 적극적인 소유권을 주장하는 연방정부의 수단으로 여긴다. 다수의 주민은 공중보건과 안전상의 이유 때문에, 그리고 예전처럼 출입금지구역을 농업용과 주거용으로 다시 쓸 수 있을 가능성 때문에 실탄 사용 구역과 나머지 군사적 영향을 받은 구역의 정화 작업을 계속 촉구한다. 그러나 주민들의 이런 관점에는 위험성이 내포되어있다. 주민들은 정화와 생태복원이 한층 개방적인 관리 정책으로, 또 국립야생동물보호지구에 대한 공공적 이용의 증가로 귀결되리라고 가정한다. 사실, 어류 및 야생동물관리국의 종합보전계획에서는 모자반과 코코드메르, 참게, 바닷물고기, 비둘기, 물새 등에 대한 일정한 규제 하의 채취와 포획을 비롯한 보호지구 부지에 대한 일반인의 출입과 공공적 이용의 확대 필요성이 제기되어있지만, 그 모든 것은 보호지구의 방문객 담당자들을 제대로 지원하는 데 필요한 재원 확충과 군수품 제거 여부에 달린 문제이다. 국방부는 불필요한 자산을 효율적으로 처리하는 데 관심이 있고, 만성적인 재원 부족에 시달리는 국립야생동물보호지구체계의 유지 관련 미처리업무 비용이 대체로 연간 운영예산의 7배인 상황에서, 정화와 생태복원은 이루기 힘든 목표로 판명될지도 모른다.

어류 및 야생동물관리국의 종합보전계획에서는 보호지구에 대한 공공적 이용이 야생동물 보전이라는 주된 목표에 종속될 것이라는 점도 언급된다. "이 계획에 반영된 최우선 관심사는 야생동물 보전이 보호지구 관리의 첫 번째 우선사항이라는 점이다. 어류 및 야생동물관리국은 야생동물 및 서식지 보전이 양립할 수 있고 거기에 적합할 경우 일반인의 이용을 허용한다. 보호지구는 일반인의 야생동물의존적인 용도(예를 들어 사냥, 낚시, 야생동물 관찰, 야생동물 사진촬영, 환경교육과 환경해설)를 강조할 것이다."[41] 부분적인 제거 작업의 가장 그럴듯한 시나리오에 의하면, 해변에서는 땅속 120센티미터 깊이에 있는 군수품을 제거하고 내륙에서는 그보다 덜 깊은 곳에 있는 군수품을 수거하기 때문에 앞으로 더 많은 해변이 휴양용으로 쓰일 수 있겠지만, 비에케스는 일반인의 출입이 제한되고 도로 너머의 내부 구역을 전혀 이용할 수 없는 야생동물보호지구로 남을 공산이 크다. 보호지구의 아름다운 천연 해변에 관광객들이 점점 더 많이 찾아오면 십중팔구 비에케스는 앞으로 카리브해의 보석 같은 해변 관광지로 한층 더 널리 알려질 것이고, 반反군사주의와 반反식민지주의 시위 장소라는 명성을 점점 잃을 것이다. 이 시나리오에 따라 비에케스 주민들이 차츰 깨닫게 될 것은, 고향땅의 상당 부분을 다시 이용하거나 점유할 수 있는 지역 주민들의 권리에 대한 관심이 줄어들면서 섬이 본토의 관광객들을 위한 또 하나의 카리브해 휴양지로 전락한다는 사실이다.

미국 본토의 탈군사적 야생동물보호지구화 현장들에서는 확실히 비에케스섬과 다른 역학이 작동한다. 뉴햄프셔주 남동쪽에 위치한 그레이트 베이 국립야생동물보호지구는 비에케스섬을 오랫동안 괴롭힌 식민주의의 유령에서 훌쩍 벗어난 것처럼 보이지만, 여기서도 우선 피즈 공군기지가 들어서고 나중에 그것이 야생동물보호지구로 전환된 데 따른 기념과 삭제라는 중요한 문제가 제기된다. 미국의 여러 군사시설처럼 피즈 공군기지에도 지역 주민들을 강제 퇴거시키고 기존의 공동체를 파괴한 나름의 사연이 있다. 냉전을 고려한 전략적 강화가 진행되고 있던 1952년, 군사기지를 만들기 위해 토지수용권을 주장하라는, 그리고 개인과 지역사회의 부동산을 위탁하라는 외침이 들려왔다. 뉴햄프셔주의 뉴잉턴Newington은 갑자기 강제수용 되었고, 오늘날까지 이곳의 중심가와 주요 도로의 일부분은 야생동물보호지구와 비행장 곳곳에 외로이 흩어진 과거 유적에서 찾아볼 수 있다(그림 3.4).

피즈 공군기지는 전략공군사령부Strategic Air Command 기지로서 냉전시대의 공습을 준비하는 장거리 폭격기 편대의 본거지 역할을 맡았다. 1991년에(기지 재편 및 폐쇄위원회의 권고에 따라) 이 기지가 폐쇄된 이후에야 비로소 인근의 더럼Durham과 포츠머스Portsmouth의 많은 주민들은 피즈 공군기지가 핵무기 저장소 역할을 했다는 사실을 알았다. 만일 군사적 충돌이 일어났다면 피즈 공군기지는 틀림없이 소련의 최우선 표적 중 하나가 되었을 것이다. 그 아찔한 상상은 결국 다수의 주민들이 국가안보라는 큰 목표가 어떻게 지방 단위의 불안으로 축소되는지를 다시 생각하는 계기가 되었다.

피즈 공군기지를 둘러싼 인근 주민들의 시각에 그림자를 드리우는 또 하나의 요인은 오염의 유산이었다. 이곳의 오염은 화학무기나 폭발물

그림 3.4 뉴햄프셔주 피즈 공군기지와 바리케이드로 막힌 도로 옆에 있는 뉴잉턴의 교구 목사관.

이 아니라 공군의 유지관리 활동에서 쓰였거나 잘못 취급된 항공기 연료, 탈지제, 용제 같은 비교적 평범한 군사적 위험요인에서 기인한 오염이었다. 1990년, 피즈 공군기지는 슈퍼펀드 현장 중 하나로 국가우선순위목록에 추가되었고, 그때부터 지금까지 추적관찰 및 정화 작업이 진행 중이다. 2014년 6월, 뉴햄프셔주와 연방 환경보호청은 피즈 공군기지 지표면 밑의 대수층의 지하수가 지속적으로 오염되었다는 증거를 제시했고(피즈 공군기지의 비행장은 현재 민간공항 겸 주방위공군기지로 쓰이고 있다), 과거에 거기서 유발된 여러 가지 고질적인 환경문제를 해결하도록 공군 측에 통보했다.[42]

그레이트 베이 국립야생동물보호지구는 현존하는 위험을 둘러싼 광범위한 우려와 역사적 보존의 핵심적인 장소이지만, 실제로 이곳을 방문해보면 자연으로 되돌아간 듯한 기분을 느낄 수 있다. 산책로를 따라 걸어가면 그 지역에서 "가장 길게 뻗은 천연 해안선 중 하나"를 갖춘 그레이트 베이의 해안과 어퍼 퍼벌리 연못Upper Perverly Pond이 나온다.[43] 여러모로 이곳은 확실히 "야생동물과 방문객들 모두에게 휴식과 재충전의 장소를 제공"하겠다는 약속을 지킨다.[44] 반면 이처럼 건전한 속성이 강제 퇴거, 위험, 오염 같은 유산과 어떻게 조화를 이루는지는 그리 확실하지 않다. 그레이트 베이 국립야생동물보호지구의 복합적 성격이 다소 거북하면서도 적절한 듯한 방식으로 드러나는 부분은, 이곳의 중심부이다. 중심부는 방문객 주차장, 보호지구 사무실, 등산로 출발점 등이 공군의 엄중한 보안 철책과 어깨를 나란히 하고 있다. 인상적인 잔여물을 지닌 철책 안을 살펴보면, 한때 핵미사일 격납고로 쓰였던 12개의 철근 콘크리트 벙커가 지금은 어류 및 야생동물관리국의 설비 창고와 박쥐의 실험용 서식지로, 그리고 점점 개체수가 늘어나는 뉴잉글랜드 솜꼬리토끼의 은신처로 쓰인다. 철책 위로 어렴풋이 보이는 군사화 시절의 급수탑에는 벌레를 찾으려는 딱따구리들이 외부 단열재에 뚫어놓은 구멍이 남아있다(그림 3.5).

공군이 그레이트 베이에 남긴 유물들을 통해 우리는 이곳이 늘 야생동물보호지구는 아니었다는 점을 알 수 있다. 이곳의 몇 가지 역사적 쓰임새는 이런 식으로 드러난다. 그러나 많은 방문객들에게 이들 인공물은 자연의 끈기를, 그리고 군사적 관리와 보전 노력의 양립성을 의기양양하

그림 3.5 뉴햄프셔주 그레이트 베이 국립야생동물보호지구의 철책과 산책로.

게 보여주는 증거이기도 하다. 물론 이 증거는 진실을 담고 있겠지만, 뉴잉턴의 붕괴라는 어두운 유산과 현존하는 지하수 오염에는 거의 눈을 감는다.

지형의 문화적 속성은 기념할 만한 가치가 있는 것이라는 관념은 전혀 새로운 것이 아니다. 국립공원관리청NPS, National Park Service은 옐로스톤, 요세미티, 그레이트스모키 산맥, 그랜드캐니언 같은 뛰어난 경치의 지형을 보전하는 데 매진하는 기관으로 가장 유명하지만, 어류 및 야생동물관리국의 이 자매기관은 미국의 중요한 문화적 기억과 유적지를 보호하는 일을 사명의 일부로 삼는다. 하나의 예로 게티즈버그 전장에서,

국립공원관리청은 "게티즈버그 국립군사공원Gettysburg National Military Park을 미국의 국가적 생존 투쟁의 상징으로, 또 그 대단한 싸움에 참여한 군대와 군인들에 대한 영원한 기념물로, 보존하고 돌보는 데 전념해왔다. 우리의 책무는 싸움터를 보존하는 것일 뿐 아니라 공원 방문객에게 충실하고 기억에 남을 만한 경험을 제공하는 것이기도 하다."고 말했다.[45] 국립공원관리청이 관할하는 몇몇 현장은 미국 역사에서 제일 자랑스럽고 흥미로운 부분과 거리가 먼 사건이나 장소도 기념하고 있다. 커스터 장군General Custer이 아메리카 원주민 연합군에 마지막으로 맞서 싸운(뒤 패배한) 장소에 조성된 리틀 빅혼 전장 국가기념물Little Bighorn Battlefield National Monument은 방문객들이 "그 전투의 실마리가 된 역사적 사건들, 교전 자체, 미군과 아메리카 원주민 연합군이 초래한 결과를 이해할 수 있도록" 이끌어야 할 책임이 있다.[46] 한편 국립공원관리청은 눈물의 길 국립역사탐방로Trail of Tears National Historic Trail를 찾는 방문객들에게 "조지아주, 앨라배마주, 테네시주 등지에서 강제로 쫓겨나 오늘날의 오클라호마주의 인디언 보호구역에 살게 된 체로키족의 생존을 기억하고 기념"하도록 당부한다.[47]

국립공원관리청 관할의 유적지와 전장은 대체로 공공연하게 문화적 기억과 기념에 주력하지만, 도시 지형이나 크게 바뀐 그 밖의 지형에서 흔히 눈에 띄는 보호구역에 해당하는 이 유적지와 전장은 중요한 환경적 속성을 보전할 수도 있다. 토드 루킹빌Todd Lookingbill과 피터 스몰우드Peter Smallwood 같은 생태학자들은 그 부수적인 보전 대책을 공원의 "부차적인 생태적 가치"로 부른다. 두 사람은 그동안 기본적으로 문화적, 역사적 중요성에 힘입어 별도로 관리된 이들 현장이 다양한 생태적 편의도 제공해왔다고 지적한다. 비록 그런 식의 편의 제공이 처음부터 부지 관리자들의 사명의 일부분으로 인정되거나 부지 지정의 이유로 언급되지는 않았지만 말이다.[48]

트리니티 사이트 같은 과거의 사례와 마찬가지로, 국립공원관리청 관할의 역사공원, 산책로, 전쟁터 등에서는 해당 장소의 문화적 중요성에 초점을 두고 있다. 그러나 그 초점에는 국립공원관리청의 보호 대책과 흔히 짝을 이루는 생태적 편의가 중시될 여지도 있다. 다수의 사례에서 나타나듯이, 국립공원관리청은 문화적 구성요소뿐 아니라 생태적 구성요소에도 주목한다. 이 두 가지 구성요소는 문화적 성격과 자연적 성격을 함께 띤 지형을 보전하기 위한 상호협조적 노력의 결과물로 평가된다. 국립공원관리청이 이렇게 할 수 있는 데는 1916년에 제정된 수권 법령에 보전의 이상적인 상이 명확히 규정된 점이 일부분 작용한다. "미래 세대가 온전한 상태로 향유할 수 있도록 할 방식과 수단을 통해 경치와 그 속의 자연적, 역사적 사물과 야생동물을 보전하는 것, 그리고 현재와 마찬가지의 즐거움을 제공하고자 준비하는 것"이라는 보전의 이상적인 상에는 자연적 구성요소와 역사적 구성요소가 포함된다.[49] 그러나 이 같은 법적 토대를 뛰어넘어, 국립공원관리청의 이 자연적, 문화적 속성에 대한 관리는, 두 가지 속성이 전혀 동떨어진 영역이 아니라 오히려 더 역사적 관점에서 복합적이거나 혼종적인 지형의 구성요소로 간주되어야 한다는 견해를 근거로 삼고 있다.

한편 어류 및 야생동물관리국에서는 이 같은 사회적, 자연적 상호접

속 개념을 비교적 찾아보기 힘들다. 어류 및 야생동물관리국은 "각별히 야생동물을 위해 쓰이는, 연방정부 소유지 유일의 체계"를 관리하는 일에 여전히 자부심을 느끼고 있다.[50] 여러모로 합당해 보이는 반응이다. 1997년에 비로소 확정된 국립야생동물보호지구체계의 사명에서는 야생동물, 서식지, 복원 등에 대한 헌신이 강조되어있고, 어류 및 야생동물관리국의 조직 문화도 이 사명을 뒷받침한다. 사실, 어류 및 야생동물관리국에 들어가는 가장 전통적인 경로는 어류 및 수렵용 동물 관리학이나 야생동물 생물학 분야의 학위를 따는 것이었다(반면 국립공원관리청은 조경 전문가를 가장 먼저 채용했다).[51]

어류 및 야생동물관리국의 정책 방향과 전통적 조직 문화를 감안할 때, 다수의 보호지구 관리자들이 문화적 특징 위주로 보호지구를 관리하지 않는 이유로 "야생동물 먼저"라는 신조를 내세우는 점은 충분히 이해할 만하다. 군사적 역사를 지닌 현장을 관리하는 일의 중요성에 대해 물었을 때, 어느 보호지구의 관리자는 이렇게 대답했다. "군사적 용도로 쓰인 기간에 여기서 살았거나 일한 누군가에게는 특별한 성전일지 몰라도 내게는 거액의 예산을 잡아먹을, 허물어지는 건물일 뿐입니다."

이 견해는 일리가 있고, 특히 보호지구 관계자들이 해마다 마주하는 예산상의 제약을 고려하면, 이것은 관리자들이 핵심 우선사항에 집중하도록 이끄는 원동력으로 볼 수 있다. 하지만 적어도 중요한 사회사가 사라질 우려가 있는 보호지구에서는 이런 접근법이 중요한 정치적 영향을 미칠 수 있다. 만약 지금 보호지구가 야생동물을 위한 중요한 보호 조치를 취하고 있다는 점에만 주목하면 우리는 그동안 국방을 우선시한 이유, 국방 우선에 따른 사람들과 땅의 희생, 그리고 그런 희생을 냉담하게 무시하는 군대의 태도 등에 관한 중요한 통찰을 놓치게 될 것이다. 우리가 지리멸렬한 방식으로 옛 군용 부지에 접근할 필요는 없다. 즉 군용 부지를 한편으로는 국가기념물과 유적지로 떠받들고, 다른 한편으로는 새로운 자연의 장소로 선언함으로써 수십 년간의 군사적 영향을 제거하는 식으로 접근할 필요 없다. 매우 현실적인 측면에서 볼 때, 이들 부지는 군사화적 성격과 자연적(혹은 자연화적) 성격을 모두 지니고 있고, 덕분에 우리는 이 두 가지 성격을 별개의 영역으로 나눌 위험성을 더 분명히 깨달을 수 있다.

국립야생동물보호지구 관리의 현재 범위 안에서도, 그리고 어류 및 야생동물관리국의 "야생동물 먼저"라는 신조의 범위 안에서도 한층 폭넓은 접근법의 여지는 있다. 1997년에 의회가 보호지구체계에 관해 설정한 원칙적 지침에서는 "사냥, 낚시, 야생동물 관찰, 야생동물 사진촬영, 해설과 교육 등과 연관한 야생동물 의존적 용도가 보호지구체계의 타당하고 적절한 용도로" 인정되었다.[52] 소위 보호지구의 이 2차적 쓰임새는 틀림없이 문화적 기념을 위한, 그리고 보호지구에서 중요한 사회사가 삭제될 위험을 상쇄하기 위한 복원 노력의 일환으로 활용될 수 있을 것이다.

미국의 탈군사적 야생동물보호지구에서 이것이 어떻게 가능할지 알기 위해서는 유럽연합 의회 의원으로 중앙유럽을 관통하는 철의 장막길Iron Curtain Trail을 만드는 데 공헌한 미하엘 크라머Michael Cramer의 활동을 살펴보기만 하면 된다. 옛 무장 국경지대를 유럽의 그린벨트로 바꾸기 위해 지금도 진행 중인 노력에 관해 묻자, 크라머는 우리가 그런 장소를 자연의 관점에서만 바라보지 말고 그곳의 문화적, 정치적, 역사적 맥락에서 일어나는 생태적 변화를 설명할 필요가 있다고 강조했다.[53]

군사화의 현장에 대한 생태복원으로 제기될 수 있는 문화적 기억의 상실과 인류사의 삭제를 둘러싼 우려 외에, 이 같은 토지 용도상의 변화는 다른 종류의 위험요인도 초래할 수 있다. 즉 체계적이고 제도화된 위험이 실제적으로, 또 이론상으로 자연화될 것이라는 전망을 이끌어 낼 수 있다. 4장에서는 새롭게 정의된 보전 부지가 어떻게 공공장소로 기능하는지, 그리고 그 부지가 어떻게 뜻밖의 비용 — 혹은 위험 — 과 현대 산업사회가 단단히 결합될 수 있는지를 보여주는 사례인지 살펴보겠다.

04

불가침 성역

자동차를 타고 체서피크만 브리지터널Chesapeake Bay Bridge-Tunnel을 건너갈 때면 피셔먼 아일랜드 국립야생동물보호지구Fisherman Island NWR를 지나쳐버리기 십상이다. 면적이 8제곱킬로미터인 이 보호지구는 체서피크만의 북쪽 입구를 특징짓는 모래언덕과 습지대 및 왜소한 나무들로 얼룩져있다. 2010년에 처음으로 피셔먼 아일랜드와 피셔먼 아일랜드 보호지구를 찾아가려고 했을 때 나는 두 곳 모두를 완전히 지나치고 말았다. 맨 끝의 짧은 다리를 건너고 델마바반도Delmarva Peninsular에 도착해서야 실수를 깨닫고 나는 방향을 바꿔 다시 버지니아주의 여러 보초도堡礁島 최남단에 있는 피셔먼 아일랜드로 자동차를 몰았다. 하지만 거기에는 보호지구를 나타내는 조그만 표시와 잠긴 문만 있었다.

사실 그리 놀라운 일은 아니다. 국립야생동물보호지구는 미국의 모든 거주지로부터 8킬로미터 이내의 거리에 있기 마련인 연방정부 공유지의 범주에 속한다. 하지만 안내소나 공공시설이나 상근 유급 직원이 없는 곳이 많다. 일반인들은 보통 주간에만 이용할 수 있고, 보호지구의 기본 사명인 야생동물과 서식지 보전이 준수되도록 하기 위한 양립성 기준을 충족해야 한다.

어류 및 야생동물관리국은 피셔먼 아일랜드의 역사를 "보호가 중요한 주제"인 장소라고 설명한다.[1] 실제로, 이 주제는 지난 120여 년 동안 다양한 측면과 지층에서 나타났다. 미국은 원래 이 섬을 1868년부터 전염병에 걸린 선원들과 이민자들을 격리하고 체서피크만의 여러 항구에 질병이 퍼지지 않도록 막기 위한 검역시설 부지로 사용했다. 훗날 제1차 세계대전과 제2차 세계대전이 벌어지는 동안, 피셔먼 아일랜드는 벙커와 중포重砲, 그리고 적군의 공격과 잠수함을 막고자 체서피크만까지 뻗은 폭발물 연계망으로 무장했다. 최근 들어, 피셔먼 아일랜드에서 보호의 초점은 야생동물과 서식지로 설정되었다. 1969년에 피셔먼 아일랜드 국립야생동물보호지구가 개설되었고, 1973년에는 단독 소유권이 해군성 Department of the Navy에서 어류 및 야생동물관리국으로 넘어갔다(이후 1998년과 2000년에 양도 및 취득 절차를 거쳐 보호지구가 최종적으로 완성되었다).[2]

오늘날 피셔먼 아일랜드 국립야생동물보호지구를 방문해보고 싶은 사람은 10월부터 이듬해 3월까지 매주 토요일 아침에 진행되는 가이드 투어를 신청할 필요가 있다. 가이드 투어는 비용이 무료이다. 그러나 결국 피셔먼 아일랜드 국립야생동물보호지구에서는 4월부터 9월까지 토요일을 뺀 6일 동안 일반인의 출입이 제한된다.[3] 어류 및 야생동물관리국 관계자들은 군용 부지에서 탈피한 보호지구에 일반인의 이용이 제한되는 2개의 강력한 근거가 있다는 점을 인정할 것이다. 첫째, 인간 활동과 방문객들이 예민한 생물종을 교란시킬 수 있다는 익숙한 주장이 있다. 예를 들어 피셔먼 아일랜드의 경우 땅에 둥지를 트는 조류를 들 수 있다. 그런데 두 번째 근거는 낡은 건물, 불발탄, 화학적 오염물질 등의 형태로 현장에 잔존하는 군사적 위험요인 때문에 일반인의 입장을 금지할 수 있다는 것이다. 피셔먼 아일랜드 국립야생동물보호지구의 직원이 그곳을 둘러보던 내게 솔직히 털어놓은 바에 의하면, 이 두 번째 근거는 일반인들이 보호지구의 규제에 순응할 수 있도록 하는, 더 설득력 있는 방법일 때가 많다고 한다. 무심코 물떼새의 알을 밟는 것은 벌어질 수 있는 일이지만, 아무리 4륜차를 몰고 짜릿함을 즐기는 사람들이라도 수류탄이 가득한 곳을 쉽게 지나가지는 않을 것이다. 다수의 국립야생동물보호지구는 이런 위험을 강조한다. 매우 현실적인 위험일 수 있기 때문에, 또 그렇게 강조하면 보호지구 관리자들이 일반인의 이용을 규제하는 데 도움이 될 수 있기 때문이다(그림 4.1).

위험 경고판에는 흔히 여러 가지 의도가 숨어있다. 어떤 표지판은 기본적으로 책임소재를 둘러싼 우려를 불식시키기 위한 것처럼 보인다. 하지만 이처럼 제한적인 관리규정 때문에 다음과 같은 질문이 제기된다. 군용 부지를 바탕으로 탄생한 보호지구가 일반인에게 최소한으로 개방되고 있다는 의미에서 볼 때, 진정한 공공적 부지의 역할을 얼마나 제대로 수행하고 있는가? 대다수의 국립야생동물보호지구에서는 야생동물 자원과 서식지라는 공공재를 보호하기 위해 여가활동의 범위나 시점을 제한하지만, 군사 활동에 영향을 받은 신규 보호지구를 제외한 다른 보호지구에서는 굳이 공공안전을 보장하기 위해 일반인의 이용을 제한할

그림 4.1 앨라배마주 마운틴 롱글리프 국립야생동물보호지구Mountain Longleaf NWR의 불발탄 표지판.

필요는 없다. 여기서 몇 가지 중요한 문제가 제기된다. 첫째, 만일 군사적 영향과 위험요인이 아직 남아있다면 신규 보호지구가 군사화 상태에서 탈피하는 과정은 얼마나 완전하다고 볼 수 있을까? 둘째, 그 전환 과정이 부분적으로만 이뤄진 것이라면 신규 보호지구에 대한 적절한 처방은 무엇일까? 끝으로, 탈군사적 야생동물보호지구의 이용 방식을 둘러싼 지속적인 제한에는, 그곳에 대한 대중적 이해와 평가의 측면에서, 어떤 의미가 있을까?

법학자 로버트 피슈먼Robert Fischman에 따르면 국립야생동물보호지구는 "연방정부 공유지 체계의 허가된 용도 연속체의 한가운데"에 자리 잡고 있다.[4] 이 말은 보전 중심적 용도와 "야생동물 의존적" 2차 용도를 함께 지닌 야생동물보호지구가 군용지의 매우 한정적인 용도와 토지관리국Bureau of Land Management이 관할하는 방대한 서부 지대와 국유림의 비교적 개방적이고 다양한 용도 사이에 놓여있다는 뜻이다. 그러나 일부 탈군사적 야생동물보호지구의 상태를 감안할 때, 이 같은 절충점은 현실화되지 않았다고 볼 수 있다. 예를 들어 피셔먼 아일랜드의 경우, 탈군사적 야생동물보호지구화와 그 과정을 둘러싼 보전상의 변화가 있었지만 아직 "공공적 이용"을 향한 움직임의 측면에서는 맺어진 결실이 거의 없다. 심지어 비에케스섬 같은 곳에서는, 군용지에서 보호지구로 전환된 결과가 최소한 지금은 공공적 이용에 대한 제한 강화로 나타났다.

국립야생동물보호지구체계의 보전 책무를 고려할 때, 이 세심한 규제는 보전 노력을 장려하고 불법적 이용을 단념시키는 효과가 무척 클 수 있다. 하지만 신규 보호지구에 대한 공공적 이용을 계속 제한하는 태도는, 군사시설이 폐쇄되고 용도가 전환됨에 따라 일반인의 출입이 더 쉬워질 것이고 부지의 관리 방식에 대한 이해도가 높아질 것이라는 가정과 충돌한다. 기대와 규제 사이의 이러한 부조화는 군사시설 폐쇄와 보호지구 지정을 촉구했다가 그곳에 출입하기 힘들다는 사실을 깨닫고 경악한 지역 주민들의 의심과 분노를 촉발할 수도 있다. 만약 일반인들이 연방정부의 토지관리기관을 신뢰하고 그 활동을 지지할 수 있게 되면 그들은 특정한 규제가 존재하는 이유를 제대로 이해하자고, 또 애초의 기대에 꽤 부응하는 결과가 나오고 있다고 주장할 가능성이 높다.[5]

새로운 여가 기회나 옛 군용지의 개방을 기다리는 지역 주민들이 볼 때, 정부기관 간의 관할권 이양은 혼란스럽거나 실망스러운 처사일 수 있다. 인디애나주의 매디슨Madison 주민들은, 근처에 빅 오크스 국립야생동물보호지구가 개설된 지 10년이 훌쩍 지난 지금까지도 그곳을 옛 명칭인 제퍼슨 병기시험장으로 부른다. 어떻게 보면 이해할 만한 상황이다. 대다수 주민들과 보호지구의 관계는 육군이 일상적 관할권을 어류 및 야생동물관리국에 넘긴 뒤부터 지금까지 거의 변하지 않았다. 그곳은 12월부터 이듬해 3월까지 일반인의 출입이 완전히 차단되고, 일반인 이용 기간인 나머지 8개월 동안에도 매주 월요일과 금요일에만, 그리고 둘째 주와 넷째 주 토요일에만 문을 연다. 방문객들은 그 보호지구에 산재한 불발탄에 주안점을 두는 연간 안전 현황을 보고받아야 하고, 면책동의서에 서명해야 한다. 그렇게 해도 방문객들은 기껏 올드 팀버호수Old Timbers Lake를 둘러싼 보호지구의 일부분만 이용할 수 있다. 빅 오크스 국립야생동물보호지구의 내부가 더 폭넓게 개방되는 때는 매년 가을의 칠면조 및 사슴 사냥철뿐이다. 어류 및 야생동물관리국 관계자들은 일반인들이(안내소와 간소화된 입장 절차를 통해) 보호지구를 더 쉽게 이용할 수 있도록 하고 싶지만, 국방부는 불발탄을 제거할 계획이 없고, 어류 및 야생동물관리국의 예산 지출 우선사항은 아직 빅 오크스에서 보전 기회를 늘리는 데 초점을 맞춰야 한다.

위험에 대한 우려는 새로운 용도의 시설로 전환 중인 거의 모든 군사시설을 관리하는 과정에서 중대한 영향을 미친다. 군용 부지를 보전 목적의 부지로 전환하고자 하는 결정은, 흔히 그 땅을 일반인이 쉽게 출입하고 이용할 수 있도록 개방하는 데 필요한 정화 및 복원 비용이 엄청나게 높다는 계산을 근거로 삼는다. 로키산 군수공장 국립야생동물보호지구를 일반인에게 제한적으로만 공개하는 데 21억 달러가 소요될 것으로 추정된다는 점에서 정화 및 복원 비용의 어마어마한 규모를 짐작할 수 있을 것이다. 빅 오크스의 완전한 정화 작업에 필요한 비용도 수십억 달러로 추정된다. 1995년에 미군이 빅 오크스를 대상으로 실시한 처분 및 재사용 분석에 의하면 수백만 개의 불발탄을 땅속 120센티미터까지 조사해 제거하는 데 약 4천 제곱미터당 8,500달러에서 2만 2천 달러의 비용이 들 것으로 추정되었다. 불발탄을 땅속 300센티미터까지 조사하여 제거하는 비용은 "최선"의 경우에 약 4천 제곱미터당 3만 달러까지, 그보다 비관적인 경우에는 약 4천 제곱미터당 8만 8천 달러까지 증가한다.[6] 이렇게 볼 때, 총 200제곱킬로미터의 빅 오크스 보호지구를 말끔히 청소하려면 2016년 달러 가치로 70억 달러 이상의 비용이 들 수 있다. 그러므로 빅 오크스를 비롯한 여러 탈군사적 야생동물보호지구에서 아직 공공적 이용이 대체로 또는 전적으로 금지되는 것은 이상하지 않다.

야생동물을 위한 관리, 이용 제한

대부분의 국립야생동물보호지구에서는 어떤 형태로든 공공적 이용이 허용되지만,[7] 일반인의 출입은 지금까지 확립된 권리가 아니었으며, 심지어 보호지구체계의 우선 관심사도 아니었다. 미국의 초창기 야생동물보호지구들은 야생동물을 일반인으로부터 보호하고자 지정되었다. 예를 들어 플로리다주의 펠리컨 아일랜드Pelican Island에서는 해오라기, 왜가리, 사다새 같은 "깃털"이 풍성한 새들이 무분별하게 사냥되는 바람에 지역 주민들이 멸종을 걱정할 정도였다. 애초, 펠리컨 아일랜드를 포함한 여러 보호지구에서는 멸종위기종의 생존을 보장하기 위해 공공적 이용이 금지되었다. 멸종위기종을 보호하기 위해 무장 감시를 시행하는 경우도 있었다.[8] 1929년에 철새보호법Migratory Bird Conservation Act이 통과되었을 때 연방의회는 보호지구를 "철새를 위한 불가침 성역"이나 "야생동물의 피난처"로 묘사했다.[9]

지금까지 미국 야생동물보호지구체계가 점점 더 다양한 용도—이를테면 대다수 보호지구에서의 사냥—를 허용해왔지만, 여러 탈군사적 야생동물보호지구의 보전 사명은 일반인의 이용을 제한한다는 점에서 대다수 보호지구의 보전 사명에 견줄 만하다. 매사추세츠주 해안의 노먼스랜드섬 국립야생동물보호지구나 태평양 낙도落島의 개별 보호지구에서는 일반인의 이용이 완전히 금지된다. 혹자는 이런 관리법을 식물 및 야생동물 보전을 위한 최상의 결과로 간주한다. 옛 공군기지 터에 들어선 어느 보호지구의 관리자는 이 같은 접근법을 군대가 추구하는, 그저 땅 주변에 담장을 치고 그곳이 보호된다고 선언하는 궁극적 형태의 야생동물 보전으로 평가했다. 금지 위주의 접근법이 정말로 제일 효과적인 보전 방식인지 아닌지는 토론이 필요한 문제지만, 공공적 이용을 배척하면 보호지구체계의 보전 사명과 충돌할 위험이 상당히 예방되는 효과가 있다.

특히 멸종위기의 동식물 보호를 최우선사항으로 삼는 여러 보호지구에서는 생태적 속성을 보호하기 위해 계절별이나 구역별로 출입을 금지시킨다. 그러나 탈군사적 야생동물보호지구에서 출입을 제한하는 이유는 전혀 다르다. 노먼스랜드섬 국립야생동물보호지구, 로키산 군수공장, 빅 오크스 같은 보호지구가 공공적 이용을 제한하는 주된 이유는 야생동물이나 식물을 보호하기 위해서가 아니라 그런 장소들이 너무 위험하거나 너무 심하게 오염된 나머지 방문객들이 자유롭게 돌아다닐 수 없을 정도이기 때문이다. 물론 동식물 보호는 결과적으로 다행스런 부산물이고, 어류 및 야생동물관리국과 국방부가 펴낸 간행물에서 종종 중요하게 다루는 사안이다. 현장의 역사를 상세히 검토해보면 그런 식의 제한적 정책이 다른 동기에서 비롯되었음을 알 수 있다. 이처럼 깊이 있는 역사적 검토는 일반인들이 탈군사적 야생동물보호지구가 어떤 과정을 거쳐 탄생하는지를 더 명확히 이해하는 데, 그리고 현존하는 위험요인을 초래하는 과정에 과연 어떤 제도가 개입되었는지를 강조하는 데 중요한 역할을 한다. 이 같은 역사적 맥락은 향후의 토지 이용을 둘러싼 몇 가지 가능성과 한계를 드러내기도 한다.

다수의 사례를 통해 알 수 있듯이, 어류 및 야생동물관리국은 신규 보호지구가 군사적 오염 때문에 일반인에게 전면적으로 개방되지 않는다는 점을 명확하게 밝힌다. 하지만 이런 해명은 제한적 관리에 의한 환경보호를 강조하는, 더욱 폭넓은 설명 속에 포함되어있다. 예컨대 노먼스랜드섬 보호지구의 안내서는 그 부지의 생태적 편의를 "이 2.54제곱킬로미터 넓이의 고지대 및 습지대 서식지에는 이동철인 가을에 송골매를 비롯한 여러 종류의 철새들이 머문다."는 말로 먼저 언급한다. 그다음, "이

전에 폭격훈련장으로 쓰인 데다 불발탄이 남아있기 때문에 이 섬은 일반인에게 공개되지 않는다."라는 한층 심각한 정보로 넘어간다.[10] 이런 식으로 틀이 잡혀 있기 때문에, 안내서를 읽는 일반인들은 국방부가 면적이 2.54제곱킬로미터에 불과한 이 오염지의 정화 작업을 거부해온 이유를 알고자 할 가능성이 낮고, 오히려 출입이 금지된 섬이 훌륭한 생태적 성역의 역할을 한다고 확신할 우려가 있다.[11] 이 점은 탈군사적 야생동물보호지구화로 인한 비가시적이지만 의미심장한 위험요인 중 하나와 연결된다. 탈군사적 야생동물보호지구화는 그처럼 훼손된 지형을 유발한 행동과 제도에 대한 검토와 책임 추궁 없이 일반인들이 그런 장소를 야생동물의 안식처로 경솔하게 받아들이는 분위기를 조장할 수 있다는 것이다.

다행히 이 같은 관심 부족 및 인식 결여 현상이 탈군사적 야생동물보호지구를 관리하는 어류 및 야생동물관리국 직원들의 전형적인 특징은 아니다. 내가 만난 탈군사적 야생동물보호지구의 대다수 관리자들은 직원, 일반인 방문객, 야생동물 및 생태계 등의 안전을 담보하기 위한 국방부의 철저한 정화 작업을 감독하는 문제에 대해 깊은 관심을 드러낸다. 물론 여기서 함정은 어류 및 야생동물관리국과 달리 군대는 완전한 정화에 매진할 생각이 없을 뿐만 아니라 돈주머니만 움켜쥐고 있다는 점이다.[12] 지금 한 곳 이상의 탈군사적 야생동물보호지구에서, 어류 및 야생동물관리국 직원들이 현존하는 군사적 위험요인이 보호지구의 생물들에게 위험을 미치는지의 여부를 검증하고자 야생동물의 장기적인 생리적 상태와 번식성공률을 평가하고 있다. 그러나 대부분의 공무원들은 개별 동물들이 가끔 군사적 오염의 영향으로 고통을 받지만 개체군 차원에서 볼 때 신규 보호지구가 전반적으로 안전한 서식지라는 데 공감하는 듯싶다.

의도적이든 비의도적이든 간에, 흔히 군사적 관행의 개선은 탈군사적 야생동물보호지구에서 새로 드러나는 생태적 편의를 강조함으로써 촉진되는 경우가 많다. 1994년에 갈빌 군비행장Galeville Military Airport이 폐쇄됨에 따라(국방부는 비행장 부지의 관할권을 1999년에 어류 및 야생동물관리국으로 넘겼다) 지정된 샤완겅크 그래스랜즈 국립야생동물보호지구Shawangunk Grasslands NWR에 대해 어류 및 야생동물관리국이 제공하는 정보를 살펴보면 그 보호지구는 "뉴욕주의 10대 초지의존적 철새 구역 중 하나"로 손꼽히고 있다.[13] 이런 시각은 탈군사적 야생동물보호지구를 둘러싼 통속적 견해에 반향을 일으킨다. 신문에 샤완겅크 그래스랜즈 보호지구에 관한 여행기사를 쓴 어느 필자는 이렇게 회상했다.

"들꽃이 늘어선 자갈길을 따라가며 나는 앞에 펼쳐진 햇빛 가득한 목초지가 한때 공항이었다는 사실을 굳이 떠올려야 했다. 그것은 너무 잊기 쉬운 기억이었다."[14] 내가 샤완겅크 그래스랜즈 보호지구에 찾아가기 불과 몇 년 전에 신문에 실린 이 글의 작성자는 실제로 자기가 방문했을 때 그곳에 있었던 유일한 "산책로"가 1.6킬로미터 정도의 콘크리트 활주로였다는 점을 다소 간과했다. 문제의 활주로는 샤완겅크 그래스랜즈 보호지구가 과거에 육군 항공기, 특수작전훈련, 연방수사국 요원 등을 위한 비행장으로 쓰인 점을 명백하게 드러내는 유적이었다(그림 4.2). 2005년에 방문했을 때 나는 그 보호지구의 아름다움에 감명을 받았다. 안개가 목초지에서 피어오르고 쌀먹이새가 날아다녔고, 멀지 않은 곳에서 샤

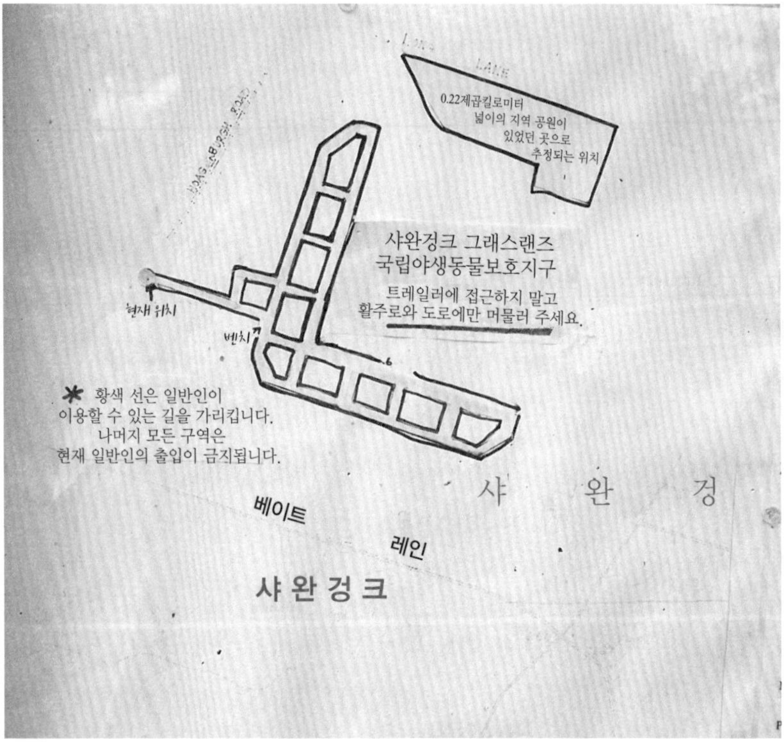

그림 4.2 뉴욕주 샤완경크 그래스랜즈 국립야생동물보호지구의 산책로 약도.

완경크 산맥의 벼랑이 보였다. 나는 드넓은 경화 콘크리트 활주로 위를 걷고 있다는 사실에 주목하지 않을 수 없었다(그림 4.3). (그 활주로는 나중에 철거되었기 때문에 요즘 샤완경크 보호지구를 방문하면 예전과 매우 다른 느낌이 들 것이다)

국립야생동물보호지구체계의 생태중심적 사명은 새로 지정된 샤완경크 보호지구에서의 일반인 이용제한 조치를 해명할 때 유용한 근거로 쓰인다.

그림 4.3 뉴욕주 샤완겅크 그래스랜즈 국립야생동물보호지구의 산책로(옛 활주로).

국립공원, 주립공원, 주유림 등과 달리 국립야생동물보호지구에서의 관리 우선사항은 "야생동물 먼저"이다. 이들 부지는 어류 및 야생동식물 보전을 주요 임무로 삼고 있는, 미국 정부 유일의 기관인 어류 및 야생동물 관리국에 의해 관리된다. 국립야생동물보호지구에 대한 공공적 이용은 반드시 동식물 보전과 양립해야 한다. 우리의 지도 법령에 의하면 국립야생동물보호지구에서 우선순위의 공공적 이용은 해당 보호지구의 야생동물 관리와 양립할 경우 허용될 수 있다.[15]

이 같은 설명 뒤에는 다음과 같은 대목이 나온다. "군대가 남긴 안전상의 잠재적 위험요인 때문에 일반인의 출입은 현재의 도로와 활주로에 한정된다."[16] 뒤이어 생태적 가치가 있는 초지는 옛 군용 활주로의 부산물이라는 사실도 등장한다. "오늘날 여러분에게 보이는 초지는 군대가 1940년대에 임시활주로를 만들고자 습지대를 다량의 흙으로 채웠을 때 생겨난 것이다. (…) 이 초지는 목본을 제거할 목적의 정기적 제초와 가축 방목에 힘입어 지난 50년 동안 끈질기게 살아남았다."[17]

어류 및 야생동물관리국이 대중을 속인다고 비난하기는 어렵다. 어류 및 야생동물관리국의 출판물, 전시물, 그리고 직원들은 신규 보호지구의 군사적 과거에 대해 상당히 열린 태도를 가지고 있다. 하지만 신규 보호지구를 뒤덮고 있는 그 결정적인 이야기는 어류 및 야생동식물 보전의 새로운 관리 목표를 강조하는 역할을 한다. 샤완정크 그래스랜즈에서, 어느 정도 관심 있는 방문객은 보호지구에 자주 머무는 조류의 목록을 쉽게 발견할 수 있다. 하지만 그곳에 군대가 어떤 형태의 위험요인을 남겼는지, 심지어 40년 넘게 어떤 군사 활동이 벌어졌는지에 관한 추가 정보를 찾는 것은 헛수고일 것이다. 사실, 샤완정크 그래스랜즈의 군사적 과거나 군사적 잔류물에 대한 공공적 정보가 너무 부족하기 때문에 (그곳은 현재 공식적으로 미국 육군사관학교 관할의 보조 비행장으로 유지되고 있다) 보호지구 방문객들에게 "발자국만 남기고 추억만 쌓으세요."라는 식으로 당부하는 어류 및 야생동물관리국의 모순적인 태도에 대한 거부감이 별로 없다.[18] 냉소적인 소수의 사람들만 과연 이것이 갈빌 군비행장 운영자들의 원칙적 지침이기도 했을지 궁금해 할 것이다.

공공적 이용을 장려하거나 억제하기 위한 현재의 관리 방침이나 프로그램에 비춰볼 때, 이전의 군용 부지에서 비롯된 국립야생동물보호지구는 다른 보호지구와 특별히 다르지 않다. 구역별, 또는 계절별 출입 제한은 여러 보호지구에서 공통적으로 나타나는 특징이다. 하지만 대다수 보호지구에서 그런 식으로 출입을 제한하는 것은 공공안전이 아니라 보전상의 이유 때문이다. 탈군사적 야생동물보호지구화가 주요 관련 기관인 어류 및 야생동물관리국뿐 아니라 일반인에게 미치는 영향을 이해하기 위해서는 각 현장이 일반인의 출입 및 이용을 신중하게 제한하는 이유를 더 주의 깊게 살펴보는 자세가 중요하다.

내가 이미 강조했듯이, 어류 및 야생동물관리국은 미국의 토지관리기관 중에서 재정적 형편이 가장 나쁜 기관이다. 어류 및 야생동물관리국의 예산은 국립공원관리청이나 산림청이나 토지관리국보다 약 4천 제곱미터당 몇 달러가 적다. 2015년 현재, 어류 및 야생동물관리국의 유지 관련 미처리업무 비용은 13억 달러로 추산되었고, 13억 달러는 같은 해에 그 기관이 보호지구 운영 및 관리에 쓴 연간 지출금의 2배가 넘는 금액이었다.[19] 궁극적으로, 이처럼 많은 탈군사적 야생동물보호지구가 현재 일반인의 출입이나 이용을 엄격하게 제한하면서 운영되는 이유는 그런 식의 제한이 보전 사명에 맞게 부지를 관리할 수 있는 더 바람직한 방법이라서가 아니라 국방부가 아직 대다수의 폐쇄된 기지들을 철저하게 제거하지 않았기 때문에, 또 어류 및 야생동물관리국이 자체적으로 정화작업을 수행할 만한 자금과 전문지식이 없는 경우가 많기 때문이다. 어류 및 야생동물관리국의 어느 관계자는 탈군사적 야생동물보호지구화를 위해 군용지를 넘겨받는 데 따른 "확정된 책임"을 다음과 같이 간추려 말했다. "당신이 관리자로서 탈군사적 야생동물보호지구에 도착하면 당신의 첫 번째 반응은 이럴 것입니다. '세상에, 우리가 왜 이곳을 넘겨받았지?'" 다른 탈군사적 야생동물보호지구의 어느 관계자는 담당 보호지구를 "생물학적으로 놀라운 곳"으로 묘사했지만, 산재한 불발탄으로 인한 위험요인 때문에 관리상의 선택지가 너무 적다는 점과 군대가 불발탄을 수거하는 데 무척 소홀했던 점에 실망감을 드러냈다. 그가 밝힌 바에 따르면 육군의 제거 작업과 관련해 어류 및 야생동물관리국은 "큰 손해를 입었다." 다른 몇 군데의 탈군사적 야생동물보호지구에서 일하는 어류 및 야생동물관리국 직원들은 소외감을 느낀다고 말했다. 그들은 상대방이 다음과 같은 식으로 반응할 때가 종종 있다고 했다. "아, 당신은 그런 곳에서 일하는군요…."

탈군사적 야생동물보호지구에서 얻는 교훈

2005년 11월의 어느 화창한 아침, 처음으로 아사벳강 국립야생동물보호지구를 방문했다. 나는 어린 딸을 태운 채 보스턴에서 서쪽으로 30분 동안 자동차를 몰았다. 아사벳강 보호지구에 도착하니 비포장 주차장 앞에 커다란 어류 및 야생동물관리국 표지판이 서 있었다. 옛 위병소와 반짝이는 출입문 너머에는 안내서와 지도가 가득한 간이 건물이 보였다. 우리는 8.9제곱킬로미터 넓이의 보호지구 한가운데를 가로지르는 고불고불한 C산책로Trail C를 향해 출발했다.

그 시점까지 우리 두 사람의 산책은 미국인들이 해마다 국립야생동물보호지구에서 즐기는 여느 나들이와 비슷했다. 그런데 아사벳강 국립야생동물보호지구는 2000년까지 50년이 넘는 세월 동안 포트 데번스 서드베리 훈련용 부속건물Fort Devens Sudbury Training Annex로 알려져 있었으며, 미 육군의 탄약비축시설로 쓰였다. 이 사실에서 우리는, 방문객들이 아사벳강 보호지구의 숲에서 산책을 즐기다가 뜻밖의 경험을 겪게 되는 이유를 어느 정도 짐작할 수 있다. 이를테면 C산책로는 우선 황색 중앙선과 속도제한표지판을 갖춘 2차선 포장도로(유모차를 몰고 가기에 안성맞춤이었다!)의 형태를 띠고 있었다(그림 4.4). C산책로와 만나는 좁은 자갈길이나 오솔길에는 "통행금지" 표지판이 보였다. 이미 활엽수의 낙엽이 떨어진 늦가을, 나는 그 포장도로 옆에서 잡초가 우거진 채 버려진 몇 개의 건물을 볼 수 있었다(그 건물들은 이후에 철거되었다). C산책로가 보호지구의 내부로 더 깊이 굽이쳐 들어가는 동안 몇백 미터 간격으로 흩어져있는, 얼핏 나무로 뒤덮인 언덕처럼 보이는 것은 사실 옛 탄약 보관용 콘크리트 벙커의 정면이었다.

일반인에게 공개된 지 불과 1개월 뒤인 당시에도 아사벳강 국립야생동물보호지구는 다른 탈군사적 야생동물보호지구에 비해 친근한 느낌을 풍겼다. 16킬로미터 넘는 산책로를 갖춘 그곳은 매일 새벽부터 저녁까지 일반인에게 공개되었으며, 지정된 산책로만 이용해야 하는 규칙은 자율적으로 적용되었고, 별로 부담스럽지 않아 보였다. 실제로, 내가 그곳에서 첫 번째 산책에 나섰을 때 "통행금지" 표지판이 얼핏 보이는 공터를 느긋하게 지나가는 몇몇 가족을 목격했다. 방문객들은 그 보호지구

그림 4.4 매사추세츠주 아사벳강 국립야생동물보호지구의 산책로 옆의 도로 표지판.

가 과거에 군용 부지였다는 점을 알아차릴 수 있었지만, 거기에는 위험의 낌새가 거의 없었고, 면책동의서를 작성해야 한다거나 어류 및 야생동물관리국 관계자들을 상대로 위험요인을 확인해야 한다는 요건도 전혀 없었다. 다른 국립야생동물보호지구를 방문했던 사람들에게 아사벳강 보호지구는 특별한 곳으로 보이지 않을 것이다. 그곳에서는 탄약 보관용 벙커를 비롯한 모든 것들이 각자 미국 최대의 공유지 및 공공용수 체계의 일부분이라는 역할을 맡고 있었다.

여태껏 나는 아사벳강 보호지구를 여러 차례 다녀왔고, 다양한 변화를 목격했다. 입구의 경비실은 사라졌고, 대신에 포장된 주차장과 간이 안내소, 그리고 수달길Otter Alley, 물총새길Kingfisher Trail, 고기잡이족제비길Fisher Loop 같은 야생동물친화적인 명칭을 담은 산책로 표지판이 들어섰다. 새로운 자전거도로 덕택에 보호지구는 주변 지역사회와 연결되었고, 예전에는 상당수가 탄약 보관용 벙커까지 이어지는 철로 노반이었던 보호지구의 넓고 평탄한 길은 유명한 하이킹 및 자전거타기 코스로 바뀌었다. 앞서 언급했듯이, 그 벙커들은 관광 명소가 되었다. 향토사학자들과 보호지구 자원봉사자들은 버스를 탄 관광객들을 겨냥한 "벙커 투어"를 공식적으로 운영하고 있다. 2010년, 아사벳강 보호지구에는 이곳의 역사와 생태와 취지를 설명하는 전시품을 갖춘, 에너지절약형 안내소가 새로 설치되었다.

변화에 힘입어 아사벳강 보호지구는 여러모로 일반인에게 한결 친근한 공간이 되었다. 그동안 이 보호지구에서는 흥미진진한 전시물, 일반인 대상 프로그램, 설명 중심의 표지판 등을 통해 교육 기회가 확대되었고, 군사적 과거의 주요 특징(예를 들면 벙커)을 보존하는 한편 야생동물 보전에 한층 더 집중하는 분위기가 조성되었다. 요컨대 어류 및 야생동물관리국 관리자들은 문화적, 생태적 특징의 보존이라는 도전과제를 능숙하게 처리하고 있는 것처럼 보인다. 하지만 내가 2011년 여름과 2012년 여름에 설문조사를 진행하며 아사벳강 보호지구를 묘사할 수 있는 3개 단어를 골라달라고 부탁했을 때 방문객들이 가장 많이 꼽은 단어는 "아름답다"(응답률 48퍼센트), "평화롭다" 또는 "고요하다"(응답률 36퍼센트), "황량하다" 또는 "자연 그대로이다"(응답률 23퍼센트) 등이었다.[20] 응답자의 3퍼센트만 "군대"나 "벙커"를 꼽았고, 응답자의 15퍼센트는 "흥미롭다"나 "교육적이다" 같은 다소 모호한 표현을 골랐다. 방문객들은 아사벳강 보호지구를 찾은 주요 동기도 밝혔다. 응답자의 57퍼센트는 하이킹이나 자전거타기 등의 여가활동을 즐기기 위해, 12퍼센트는 야생동물을 구경하고자, 8퍼센트는 특히 벙커를 보기 위해 왔다고 했다.[21] 설문조사 결과를 통해, 우리는 아사벳강 보호지구의 교육적, 역사적 측면은 비교적 관심을 끌지 못하는 반면 군사시설에서 야생동물 보호지구로 변모한 그곳의 자연화 과정은 꽤 철저했다는 점을 짐작할 수 있다.[22]

따라서 대다수 방문객들이 아사벳강 보호지구나 이를테면 과거의 군사 활동을 바탕으로 탄생한 그 밖의 국립야생동물보호지구를 찾아가 얻는 교훈이 무엇인가라는 문제가 제기된다. 신규 야생동물보호지구에서는 이전의 역사가 얼마나 많이 묻히게 될까? 내가 이미 지적했듯이, 캐도호, 로키산 군수공장, 빅 오크스 같은 보호지구는 그냥 있는 잔존 지형이 아니다. 그 보호지구들은 개별 현장에서 진행되는 다양한 행동을 통해, 뿐만 아니라 거기서 유발되는 의미, 위험요인, 과학적, 정치적 사안 등에 관한 다양한 숙고를 통해 능동적으로 창조되고 재창되었고, 또 꾸준히 그렇게 되고 있다. 그 지형들은 사실 연이은 복합적 과정의 산물이다. 대부분의 경우 그 과정에는 토지수용권의 적용, 농촌 주민들의 강제퇴거, 이후의 군사 활동, 기지 폐쇄 및 전환 결정 같은 조치가 포함된다. 이 같은 여러 조치는 사람들이 오늘날 귀중한 생물다양성의 현장으로, 오염된 유휴지로, 그리고 보전과 군사화가 서로 양립하거나 보완하는 특정한 장소로 남아있는 보호지구를 이해하고 보호지구와 상호작용하는 방식을 좌우하는 결정적인 역할을 담당한다.

탈군사적 야생동물보호지구가 어떻게 새로운 형태의 공유지 역할을 하는지를 이해하기 위한 한 가지 방법은, 이들 부지가 어떻게 공공적 이익이나 위험을 초래할 수 있는지를 검토하는 것이다. 수십 년간 군사적, 혹은 영리적 용도로 쓰이면서 발생해 지금까지 남아있는 위험요인을 처리하는 최선의 방법은 무엇일까? 우리가 안전하고 개방적인 방식으로 관리할 수 있는 이들 부지에는 위험이 없을까? 탈군사적 야생동물보호지구는 지난 몇십 년 동안 새로운 이름이 생겼고, 차츰 새로운 평판도 얻었지만 아직은 용도 전환 중이며, 자연성(흔히 방문객들이 아름다움이나 평화로움이나 황량함의 견지에서 인식하는 특징이다)과 위험이라는 중첩적 특성을 지닌 장소로 남아있다.

탈군사적 야생동물보호지구에서의 토지관리

1872년에 옐로스톤 지역을 세계 최초의 국립공원으로 지정했을 때 미국은 오늘날까지 연방정부 공유지 정책에 영향을 끼치는 관리 우선사항을 확정했다. 1916년의 국립공원관리청 기본법NPS Organic Act of 1916은 미국이 "미래 세대가 온전한 상태로 향유할 수 있도록 할 그런 방식과 수단을 통해 경치와 그 속의 자연적, 역사적 사물과 야생동물을 보전"해야 한다고 규정했다.[23] 그 막중한 책무는 보전과 공공적 이용이라는 이중적 사명을 연상시키는 듯 보였기 때문에 여러 해에 걸쳐 상당한 관심과 토론의 대상이 되었다. 그 양면적 목표는 공공적 향유가 역사 보전이나 미학적 보전이나 자연보전과 서로 양립할 수 있을 때는 전혀 문제가 없지만, 양립할 수 없을 때는 문제가 된다.[24]

1997년, 국립야생동물보호지구체계는 마침내 관리 우선사항의 지침이 되는 독자적인 강령을 채택했다.[25] 국립야생동물보호지구체계 진흥법National Wildlife Refuge System Improvement Act은 보호지구에서 양립할 수 없는 2차적 쓰임새를 없애고자 시도했고, 국립야생동물보호지구의 생태적 사명을 확립했다. "이 체계의 사명은 현재 세대와 미래 세대의 이익을 위해 미국 내부의 어류와 야생동식물 자원과 그 서식지를 보전하고 관리하는 데, 그리고 가능하면, 복원하는 데 필요한 토지와 용수의 국가적 연계망을 운영하는 것이다.[26]

앞 인용문의 마지막 구절에서 강조된 공공적 이익을 국립공원의 공공적 향유와 비교해보면 어류 및 야생동물관리국이 공공적 이용을 기본적인 요건이 아니라 관리상의 선택지로 간주해야 한다는 점이 미묘하게 드러난다. 이렇듯 어류 및 야생동물관리국과 연방의회는 국립공원관리청이 가끔 골머리를 앓은 이중적 책무 문제를 피하려고 했다. 어류 및 야생동물관리국은 1997년의 국립야생동물보호지구체계 진흥법을 시행하기 위한 규정, 즉 보전은 국립야생동물보호지구의 다른 목표나 용도에 의해 뒤집힐 수 없는 목표라는 규정을 통해 훨씬 더 명확한 태도를 취했다. "보호지구 진흥법의 최우선 목표는 야생동물 보전이 보호지구체계의 주요 사명이도록 보장하는 것이다."[27] 이처럼 어류 및 야생동물관리국은 한결 일체화된 관리 방향을 확립하고자 생태적 측면을 강조했지만, 여전히 여러 보호지구에서 다양한 목표와 씨름하고 있다.

국립체계상의 각 야생동물보호지구가 설립되는 데는 대통령령, 행정적 양도 및 취득 절차, 법규 등과 관련한 문서가 필요하다. 그 설립 문서에는 각 보호지구의 취지에 관한 내용이 포함되고, 특정 보호지구의 설립 취지는 국립야생동물보호지구체계의 주요 사명과 조화를 이뤄야 한다.[28] 특정 보호지구의 취지와 충돌할 경우 1997년의 국립야생동물보호지구체계 진흥법은 해당 보호지구의 설립 문서 내용을 존중한다.[29] 즉 특정 보호지구의 취지가 보전과 다른 방향을 취할 경우 연방의회가 1997년에 설정한 보호지구체계의 생태적 사명은 거부되거나 수정될 수 있다는 말이다. 예를 들어 인디애나주 크랩 오처드 국립야생동물보호지구 Crab Orchard NWR의 설립 취지에는 제너럴 다이내믹스 General Dynamics의 군수품 생산시설을 비롯한 산업시설을 위해 약 4.45제곱킬로미터의 토지를 개발하는 방안에 포함되어있는데 그것은 보호지구체계의 생태적 관리 목표에 문제를 초래하는 것으로 널리 인식되고 있다.[30] 야생동물 보전과 산업 생산 간의 표면적 비양립성은 어류 및 야생동물관리국이 다음과 같은 보호지구의 원래 의도를 인용하면 간단히 정당화된다. "산업 활동은 보호지구의 법제화된 취지 중 하나이다."[31]

공존하는 지형

여러 야생동물보호지구의 관리 정책에는 허용된 유형의 용도에 대한 제약뿐 아니라 일반인의 출입 시간이나 위치에 대한 제약도 포함된다. 어떤 경우에는, 그런 제한 방침이 단순히 자연적 상황, 예를 들어 로키산 군수공장의 미루나무에 앉아있는 멸종 위기의 흰머리수리나 북동부나 중서부 지역에 있는 보호지구의 희귀한 초지 군락의 결과처럼 보일 수 있다. 하지만 항상 그 부지들의 지형은 경쟁적인 사회 과정의 산물이기도 하다. 초지는 빅 오크스 보호지구나 샤완경크 그래스랜즈 보호지구에 그저 등장한 것이 아니다. 오히려 초지는 빅 오크스의 경우 제퍼슨 병기시험장으로 지정된 이후의 농지에 대한 포격, 정리 작업, 불태우기, 그리고 샤완경크의 경우 습지대에 대한 흙 채우기, 풀베기, 가축 방목 작업 등 일련의 행동을 통해 창출되었다. 이들 행동은 일련의 결정에 따른 결과물이었다. 국립야생동물보호지구인 로키산 군수공장과 빅 오크스에서 두드러져 보이는 생태적 편의는 농업 및 주거 목적의 토지에 대한 연방정부의 강제수용을 통해서만, 그리고 이후 수십 년간 이어진 군사무기 생산과 시험을 통해서만 가능한 일이었다.

겉보기와 달리, 탈군사적 야생동물보호지구화의 현장에 자리 잡은 더 깊은 역사와 정치적 문제는 여전히 이들 부지의 운명을 좌우하고 있다. 오늘날 샤완경크에서 초원멧새가 지저귀는 벌판을 걸어갈 때나 빅 오크스의 개울에서 노는 수달과 마주칠 때 방문객들은 이들 보호지구가 항상 그랬던 곳은 아니라는 점을 잊기 쉬울 것이다. 흔히 그런 망각이 바로 점점 더 많은 사람들이 거주하는 도시 지형과는 전혀 다른 방식으로 우리의 눈길을 끌 수 있는 야생동물보호지구나 그 밖의 보호구역을 찾도록 이끄는 힘이겠지만, 그런 장소의 "자연스런" 품에 너무 쉽게 빠져드는 것은 일종의 자기기만일 것이다. 지리학자 돈 미첼Don Mitchell은 이렇게 경고한다. "사회적 투쟁은 전략적이므로 타협은 종종 안정성이라는 외관을 띤다. 지형은 자연화되면서 상당히 평범해진다."[32]

여러모로 탈군사적 야생동물보호지구는 범상치 않아 보인다. 그리고 사회적, 자연적 요소가 더 확실하게 뒤섞여있는 점에 힘입어 여타의 연방정부 소유지와 크게 달라 보인다. 개개의 탈군사적 야생동물보호지구도 지세, 토지용도 관련 역사, 서식지 유형 같은 여러 측면에서 서로 상당히 다르다. 그러나 각 보호지구에는 그런 장소들을 완전히 "자연스런" 곳으로 간주하고 싶은 마음을 가시게 하는, 몇 가지 요소가 드러나 있다. 로키산 군수공장에서, 삼중선으로 표시된 유해폐기물 매립장은 방문객들의 접근이 금지된 곳이지만, 여전히 그 보호지구 중심부 근처의 둥그런 풀밭 언덕 같은 모습을 띠고 있다. 빅 오크스에서 불발탄과 방사능 위험 표지판은 방문객들에게 도로 쪽으로 돌아가라는 경고이다. 샤완겅크 보호지구는 명금의 지저귐으로 가득하지만, 요즘의 방문객들도 그곳의 산책로가 옛 비행장 활주로의 넓은 흔적 위에 들어선 것이라는 점을 알아차릴 수 있다. 그레이트 베이와 아사벳강 같은 몇몇 보호지구에서는 잡초가 무성한 탄약 보관용 벙커가 여기저기 보이고, 옥스보우 국립야생동물보호지구Oxbow NWR의 습지대와 숲은 아직 일부 가동 중인 근처의 포트 데번스에서 울려 퍼지는 대포와 자동화기의 소음에서 자유롭지 못하다. 이 기묘하게 뒤섞인 특징을 감안하면, 탈군사적 야생동물보호지구는 일종의 혼종적 공간으로 볼 수 있다. 혼종적 공간은 군사기술과 군사적 충격에 의해 형성되었지만 얼핏 자연적인 장소이다. 여러 탈군사적 야생동물보호지구와 그 특성에 비춰볼 때, 더 심각한 문제는 특정 장소가 군사적 영향과 충격을 완전히 숨길 것이라는 점이 아니라 오히려 그 장소에서 폭넓은 군사화 과정이 자연화된다는 점일지 모른다. 탈군사적 야생동물보호지구와 그곳의 새로운 생태적 특성을 고려하면 우리는 전쟁 준비와 훈련, 그리고 국가안보에 대한 우리의 헌신이 지금까지 여러 가지 방식으로 미국 안팎에서 얼마나 광범위한 피해를 초래했는지 확인하는 데만 머물 수 없다. 이 같은 맥락에서 볼 때, 지형의 혼종성은 당연히 전체를 구성하는 몇 가지 특정 성분을 감추는 역할을 한다.

빅 오크스 국립야생동물보호지구 일반인용 지도

빅 오크스 국립야생동물보호지구의 일반인용 지도에는 약 200제곱킬로미터의 방대한 부지에서 일반인이 이용할 수 있는 일용구역, 사냥구역, 도로, 개울, 폐쇄구역 등 몇몇 장소가 나온다(그림 4.5). 이 보호지구의 북쪽 부분 한가운데의 가장 어두운 구획은 "주 방위 공군 훈련장(접근금지)"에 해당한다.

이 지도에 나오는 현장에는 과거의 산물과 현재의 지형이 공존한다는 증거가 있다. 인디애나주 방위 공군의 폭격훈련은 어류 및 야생동물관리국의 헌신적인 보전 활동과 무척 다르게 보이겠지만, 그 두 가지 행동은 동일한 외곽 철책 안에서 이루어진다. 여러 탈군사적 야생동물보호지구와 거기서 눈에 띄는 군사 행동의 잔류물과 달리, 빅 오크스에서는 군사훈련이 어류 및 야생동물관리국의 보전 프로그램과 공존한다(갑작스런 통보 후 실시되는 국방 관련 군사훈련으로 출입이 통제될 때가 간혹 있는 메릴랜

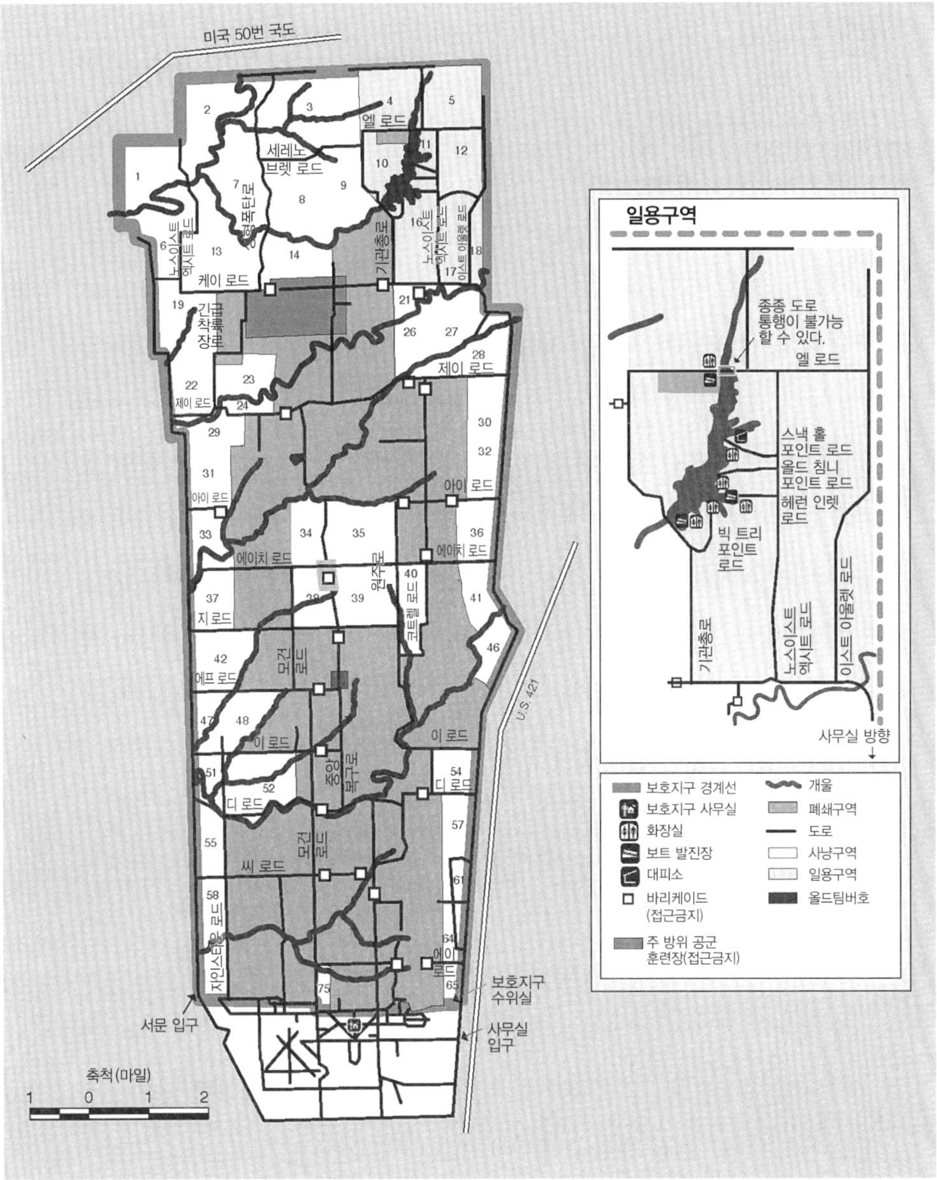

그림 4.5 인디애나주 빅 오크스 국립야생동물보호지구의 일반인용 지도. 이 지도는 온라인에서도 확인할 수 있다 (https://www.fws.gov/uploadedFiles/Bigoaksmap.pdf).

드주의 파투센 리서치 보호지구도 마찬가지이다).

육군이 빅 오크스에서의 병기시험을 중단한 뒤 어류 및 야생동물관리국이 시행한 환경 분석결과에 의하면 인디애나주 방위 공군이 사용하는 4.18제곱킬로미터의 부지에서는 "거의 매일, 5개 주의 제트 전투기들이 이 구역으로 날아와" 공대지 폭격과 기총소사를 포함한 "사격의 정확성을 시험"했다.[33] 어류 및 야생동물관리국은 그런 식의 활동을 보호지구와 "양립할 수 없는" 것으로 평가했고, 이후 폭격훈련장은 보호지구의 관할 부지에서 배제되었다. 하지만 여전히 문제의 폭격훈련장은 "훈련장이 필요 없게 되고 그 부지가 보호지구에 양도될 수 있을 때까지" 보호지구의 북쪽 부분 한가운데에 떡하니 버티고 있다.[34] 사실 지속적인 폭격은 어떤 점에서 보호지구에 도움이 된다. 인디애나주 방위 공군은 지금 보호지구를 감싸는 총 77킬로미터의 외곽 철책을 관리할 뿐 아니라 보호지구의 일부 도로도 유지보수하고 있기 때문이다. 매년 5만 달러 이상으로 추산되는 철책 및 도로 관련 비용은 어류 및 야생동물관리국이 자체적으로 감당하기 쉽지 않은 금액일 것이다.[35]

그러므로 주 방위 공군 폭격훈련장은 원칙적으로 빅 오크스 야생동물보호지구의 일부분이 아니지만, 사실상 보호지구의 테두리 안에 온전히 존재하고 있다. 거의 매주 화요일부터 금요일까지, 주 방위 공군은 지상 표적에 훈련용 불발탄을 투하하는 항공 작전을 실시한다. 그때마다 어류 및 야생동물관리국 직원들은 약 1시간 동안 표적지대를 둘러싼 폭 1.6~3.2킬로미터의 완충구역 밖에 머물러야 한다(사냥철에는 폭격훈련으로 인해 사냥구역을 재조정해야 할 때도 있다).[36] 해마다 한두 차례씩, 실탄을 비롯한 정밀유도무기 시험에 대비한 부채꼴 모양의 안전구역을 설치하기 위해 보호지구 전체 부지의 대부분에서 출입이 차단되기도 한다.

육군이 제퍼슨 병기시험장을 폐쇄한 뒤 그곳이 보호지구로 재사용되기까지의 과정에 대한 환경 분석에서는 보호지구 내부에서 이뤄진 폭격훈련의 결과가 다음과 같이 간략히 평가될 뿐이다. "공공적 이용 계획Public Use Plan과 주 방위 공군의 활동이 충돌할 가능성이 있다. 야생동물 지향적 활동을 위해 인근 구역을 이용하는 사람들은 저공비행 제트기에서 발생하는 소음에 시달릴 것이다. (…) 향후의 계획수립 과정에서 훈련장을 더 나은 위치로 옮길 수 있는지를 확인할 때 이 문제를 검토해야 할 것이다."[37] 오랫동안 어류 및 야생동물관리국은 인디애나주 방위 공군이 가까운 장래에 제퍼슨 병기시험장에서의 임무를 마칠 것으로 기대했지만, 20여 년이 지난 뒤에도 군 관계자들은 그렇게 할 낌새를 전혀 보이지 않았다. 원칙적으로 그 폭격훈련장은 보호지구 부지의 일부분으로 간주되지 않기 때문에 어류 및 야생동물관리국은 그곳의 운명을 결정할 권한이 없고, 계속되는 군사적 임무에 좌우되는 형편에 놓여있다. 육군이 그곳을 어류 및 야생동물관리국에 임대할 때 제시한 조건에 의하면 주 방위 공군 훈련장 사용 일정은 야생동물 관리 활동보다 우선시 된다는 것이다.[38]

빅 오크스 보호지구는 저공비행 제트기나 부지 일부분의 정기적인 폐쇄 같은 차원을 뛰어넘는 위험요인에 노출되어있다. 1998년, 인디애나 주 방위 공군 소속의 어느 조종사가 통제 불능 상태의 F16 제트기에서 탈출했다. 그 항공기는 빅 오크스 보호지구에 추락해 폭발했다.[39] 그런 사고들은 현재 일반인에게 빅 오크스 보호지구의 위험요인을 상기시키고자 실시하는 방문객 필수 훈련에 진지한 현실감을 불어넣는 효과가 있다. 주 방위 공군의 활동은 불발탄과 열화우라늄 외의 또 다른 잠재적 위험요인을 초래하면서 보호지구의 야생동물에게도 영향을 미친다.[40]

지형 묘사

빅 오크스 국립야생동물보호지구 일반인용 지도에는 잡다한 정보가 담겨있지만, 빅 오크스 보호지구를 둘러싸고 일어난, 또 어떤 경우에는 지금도 발생하는 정치적, 관리적 측면의 악전고투가 일부분만 드러나 있다. 지도에서는 여러 특징이 강조되기도, 생략되기도 하는 법이고, 이 일반인용 지도에는 도로, 개울, 호수 같은 요소들이 포함되어있다. 이 지도에는 사냥구역과 일반인이 접근할 수 있는 북동쪽 구석의 일용구역도 나오고, 바리케이드와 출입금지구역인 주 방위 공군 훈련장도 표시되어 있다. 하지만 사냥구역이나 일용구역에 아직 군사적 위험요인이 산재해 있다는 징후는 없고, 그 특정한 구역에서 사냥을 즐길 수 있는 이유가 그곳이 안전하다고 알려져 있기 때문이 아니라 단지 수십 년 동안 거기서 사람들이 사냥을 했기 때문이라는 점을 알려주는 징후도 없다. 반면, 예를 들어 "폐쇄, 불발탄" 같은 직접적인 설명과 함께(실제 지도에는 불발탄 관련 설명이 없다-옮긴이) 이 지도에 등장하는 "폐쇄"라는 용어는 사냥구역과 일용구역처럼 개방된 곳에는 그런 위험이 없을 것이라는 점을 암시한다. 일반인용 지도에서는 공중폭격연습이 실시될 때마다 보호지구에 영향을 주는 일시폐쇄조치에 관한 징후도 찾아볼 수 없다. 이 지도에는 1990년대 후반에 어류 및 야생동물관리국의 제이미 래퍼포트 클라크 국장이 보호지구 내부의 주 방위 공군기지 존속 여부에 대한 5년간의 일몰조항을 추진하다가 실패했다는 사실이나,[41] 어류 및 야생동물관리국과 주 방위 공군이 한때 제퍼슨 병기시험장의 역사적 포열선 북쪽에 있는 부지 전체의 독점적 통제권을 두고 서로 경쟁을 벌였다는 사실을 드러내는 실마리도 없다. 또한 보호지구의 한 구석에서만 일반인의 이용이 허용되는 이유도, 어류 및 야생동물관리국이 보호지구의 북쪽 부분 전체에 대한 육군의 정리 작업을 추진하다가 실패했다는 사실도 담겨있지 않다. 생물학적, 물리적 이동수단을 통한 열화우라늄의 움직임에 관해 꾸준히 제기되는 질문에 상관없이, 그리고 빅 오크스 보호지구의 핵규제위원회Nuclear Regulatory Commission의 인가 조치가 아직 유효하고, 방사능물질을 추가로 현장에 보관하는 방안도 고려된다는 사실과 무관하게, 이 지도에 표시된 열화우라늄 잔존지대("폐쇄, 열화우라늄", 지도에는 열화우라늄 잔존지대나 "폐쇄-우라늄"이라는 표시가 없다-옮긴이)는 고요하고 차분해 보인다.[42]

아마 사람들은 이 같은 질문과 우려를 무시하고 싶을지 모른다. 사람들은 당연히 지도는 특정 장소에 대한 선택된 양의 정보만 제공할 수 있다고, 또 별일 아닌데 괜히 호들갑을 떤다고 여길지 모른다. 이 지점에서 내 머릿속에는, 전략적 투쟁과 타협이 평범해 보이는 안정성이라는 외관을 띨 수 있다고 말한 지리학자 돈 미첼의 지적이 다시 떠오른다. 빅 오크스에 대해 심사숙고할 때는 그곳이 범상치 않은 장소로 남아있다는 메시지가 핵심이어야 한다. 만일 지도가 1만여 킬로그램의 열화우라늄이나 수백만 발의 군용 폭발물 같은 범상치 않은 지형적 특징을 자연화하는 역할을 한다면 우리는 그런 특성을 빚어내는 과정의 의미를 금세 잊어버릴지 모른다. 요컨대 일반인들은 군사화 공간이라는 이곳의 영속적 지위를 인정하는 대신 그저 국립야생동물보호지구로만 이해하게 될 수 있다.

공공적 위험요인과 위험사회

탈군사적 야생동물보호지구를 더 정확하게 바라보는, 즉 야생동물 보전이라는 요소뿐 아니라 군사화라는 요소에 의해 규정되는 장소로 바라보는 한 가지 방법은 사회학자 울리히 벡Ulrich Beck이 제시한 "위험사회"라는 렌즈를 통해 이해하는 것이다.[43] 위험사회에 대해 설명할 때 울리히 벡은 두 가지 발전 단계를 거론한다. 첫 번째 단계의 특징은 국민국가 수준에서 성숙해지는 통치와 산업화이고, 두 번째 단계는 성숙한 국가들이 노쇠해지고, 산업화 과정으로 초래되는 위험요인을 제대로 예방하지 못하는 단계이다. 두 번째 단계에서, 위험요인은 더 이상 한계가 있지도 않고, 제어할 수도 없으며, 이 때문에 위험에 주로 영향을 받는 "새로운 종류의 사회와 새로운 종류의 사생활"이 생겨난다.[44]

울리히 벡은 아이소사이안화 메틸가스에 인도인 50만 명 이상이 중독된 1984년의 보팔Bhopal 화학공장 폭발사고 같은 산업재해를 염두에 두고 자신의 이론을 발전시켰다. 하지만 탈군사적 야생동물보호지구화와 군사화 지형의 용도 전환도 그 같은 위험요인의 재배열에, 그리고 얼핏 엄격한 듯싶은 경계선의 붕괴에 속한다. 군사기지의 용도 전환으로 이전의 폐쇄되었던 장소들이 점점 더 공공적 검증과 이용의 대상으로 바뀔 수 있듯이, 그 장소들은 위험요인을 더 대중적인 영역으로 분출할 수도 있다. 예를 들어 오염된 토양이 바람에 날려가거나 독소가 지하수에 침투하는 경우에는 위험요인이 오랫동안 국방부의 경계선을 넘어갔지만, 위험요인에 관한 정보는 신중하게 간직되었거나 아예 알려지지 않았다. 군용 부지를 야생동물보호지구로 전환하는 바람에 그동안 군사적 관리 하에 비교적 억제되었던 위험이 일반인에게 노출되는 경우도 있다. 이와 관련한 한 가지 섬뜩한 사례를, 일리노이주의 어퍼 미시시피강 야생동물 및 어류보호지구Upper Mississippi R. Wildlife & Fish Refuge 산하 로스트 마운드 유닛Lost Mound Unit에 근무하는 어느 생물학자로부터 알게 되었다. 로스트 마운드 유닛은 국방부 군수품의 시험, 비축, 재활용 시설로 쓰였던 서배너 육군 보급창Savanna Army Depot에서 비롯되었다. 어느 날, 주 당국 소속 연구자들은 미시시피강의 퇴적물을 손으로 더듬거리며 말조개를 찾고 있었다. 그러다가 유난히 큰 "말조개" 하나를 찾았다. 일단 건져낸 뒤 진흙을 닦아내고 보니 말조개가 아니라 수류탄이었다.[45] 군수품 전문가들이 나중에 "연습용 모형"이라고 최종 확인했지만, 미시시피강의 진흙 속에는 아직 실탄이 많이 있다.

사냥꾼들에게 폭넓은 이용 기회를 부여한 빅 오크스 같은 경우에는, 부지가 군대의 통제를 받다가 어류 및 야생동물관리국의 관리를 받게 되어도 현장에서 위험요인에 노출될 가능성에는 거의 변함이 없겠지만, 그곳이 조심해야 할 장소가 아니라 "보호지구"라는 명칭이 암시하는 보진과 안전보장의 장소라는 평판을 얻게 됨에 따라 위험요인에 대한 일반인의 경각심은 약해질 수 있다.[46] 많은 탈군사적 야생동물보호지구의 낙후된 기반시설, 그런 장소들을 만들어낸 역사적 과정과 결정, 그리고 현존하는 각종 위험요인을 고려할 때, 탈군사적 야생동물보호지구는 여러모로 위험사회의 전형적인 사례에 해당한다. 그러나 탈군사적 야생동물보호지구를 위험사회의 구성요소로 간주하는 이 같은 시각이 공공적 관리와 일반인의 인식에 어떻게 스며들 수 있는지는 아직 불확실한 편이다. 탈군사적 야생동물보호지구는 울리히 벡이 주장하듯이 과학자들과 연방정부 소속 관리자들에게 기술과 군사 중심주의와 환경 간의 관계를 비판적으로 고찰할 수 있는 새로운 기회를 줄까? 아니면 탈군사적 야생동물보호지구의 자연화는 녹색 군사화의 갑작스런 물결을 타고 일반인의 인식을 흐리게 할까?

위험요인과 함께 살아간다는 것

울리히 벡에 의하면 위험사회는 개인과 제도가 수십 년간 체계적으로 위험을 감수하는 과정을 통해 출현한다. 그 궁극적 결과는 예견할 수 없거나, 결국, 완전히 교정할 수는 없을 것이다. 제퍼슨 병기시험장(현재의 빅 오크스 보호지구) 같은 군사시설은 이 과정의 전형적인 사례를 엿볼 수 있는 곳이다. 육군은 그곳의 장기적 상태를, 혹은 그곳이 언젠가 위험한 군사적 잔류물과 양립할 수 없는 다른 우선순위의 용도로 쓰일 수 있을 법한 가능성을 뚜렷하게 고려하지 않은 채 포격훈련을 계획하고 실시했다. 특정 시기와 제도의 맥락에서 보면 육군의 태도는 이해할 만하다. 제2차 세계대전 기간에 그 병기시험장을 둘러싼 육군의 주요 관심사는 전투 현장에 보낼 군수품의 신뢰성을 보장하는 것이었다. 제퍼슨 병기시험장에 대해 잘 아는 군사 역사학자들이 자신 있게 지적하듯이, 미국 군수품의 비교적 낮은 불발률 덕택에 분명히 제2차 세계대전 때 다수의 미군과 연합군이 목숨을 건졌다. 그러나 군수품 시험으로 인해 아직까지 나타나는 예상 밖의 영향은 바로 드넓은 인디애나주의 옛 농지 곳곳에 군수품이 흩어져있다는 점이다. 수십 년간의 군수품 시험은 일정한 목적을 달성했지만, 그 대가로 지금은 너무 큰 기술적, 생태적, 재정적 부담 때문에 말끔히 청소하기 힘든 지형으로 남고 말았다.

울리히 벡에 의하면 위험사회가 노쇠해짐에 따라 다양한 위험이 "공공적, 정치적, 사적 논의"를 지배하기 시작한다.[47] 지금 선출직 공무원, 기지 재편 및 폐쇄위원회, 보호지구 관리자, 시민단체, 지역 주민 등은 과거에는 억제되고 있는 것처럼 보였거나 아예 감춰졌던 위험요인에 대처할 필요성을 여러모로 느낀다. 군용 부지와 그곳의 유독성 및 폭발성 위험요인은 지난 수십 년 동안 제한구역에서 생성되었지만, 이제는 비교적 출입이 제한된 군사시설을 야생동물보호지구라는 한결 공공적 성격의 영역으로 전환하는 과정을 통해 사회에 유입되고 있다.

후기 위험사회의 위험요인을 정화하는 데는 막대한 비용이 들어간다. 울리히 벡이 언급하듯이, 위험과 위험요인 사이에는 일정한 비대칭

성도 엿보인다.[48] 분명히 위험과 위험요인은 서로 연관을 맺고 있다. 하지만 흔히 위험과 위험요인에는 각각 다른 집단의 사람들이 연루된다. 여러 해에 걸친 군사 활동에는 다수의 군사정책입안자들과 군 병력이 감수하는 위험이 따른다. 반면 오늘날의 위험요인은 새로 마련된 현장을 관리하고 정화하려는 보호지구 직원들에게 주로 영향을 끼친다. 내가 앞서 지적했듯이, 이 같은 노출 대상의 변화는 실제로 오염된 탈군사적 야생동물보호지구에 대한 환경보호청의 정화 기준에서 드러난다. 환경보호청이 탈군사적 야생동물보호지구에 설정한 전형적인 기준은 현장직원의 건강보호이다. 건강보호는 노출이 지속적으로 진행될 것으로 예상되는 상업용이나 주거용의 현장에 요구되는 수준보다 덜 엄격한 한계점이다. 탈군사적 야생동물보호지구를 방문하는 사람들은 비교적 짧은 시간에 노출되고 일반 방문객들의 위험부담은 무척 낮지만, 그들 역시 여러 해 동안의 군사 활동에서 비롯된 위험요인에 갖가지 방식으로 노출된다(물론 탈군사적 야생동물보호지구에는 대체로 환경보호청의 기준이 적용되지 않는 야생동물도 있다. 이곳에 서식하는 야생동물에 대한 현황조사는 가끔씩만 실시된다). 처방화입이나 오염된 토양의 운반처럼 자칫 관리 활동으로 오해할 수 있거나 관리 활동으로 규정할 수 없는 현장 밖의 위험요인도 있다. 그리고 바람과 물의 움직임과 인간의 여가활동 같은 물리적 과정이나 야생동물에 의한 생물학적 전파도 위험물질을 현장 경계선 밖으로 퍼트리는 결과로 이어질 수 있다.

사실 대부분의 탈군사적 야생동물보호지구에 잔존하는 오염된 토양, 탄약 보관용 벙커, 불발탄, 열화우라늄, 또 그 밖의 군사적 잔류물을 처리할 수 있는 최선의 방법은 아직 심각한 불확실성에 둘러싸여있다. 관리 활동으로 초래될 영향이 무엇인가라는 문제 — 그리고 현장 안팎에서 인간의 안전을 보장할 만큼의 청소가 가능한가라는 문제 — 도 아직 쉽게 판단하기 힘들고, 여전히 논쟁 중이다. 울리히 벡에 의하면, 실제적 의미에서, 위험사회가 유발하는 위험요인을 예방하기란 불가능하다. 우리는 원자로를 건설하는 것(울리히 벡이 제시한 사례)이나 200제곱킬로미터의 드넓은 땅에 수많은 폭발물과 열화우라늄을 퍼붓는 것(예를 들면 빅 오크스에서 일어난 일) 따위의 행동을 낙관적 확신이나 무지 같은 근시안적 상태에서 저지른다. 기껏해야 우리는 그런 행동의 결과에 대한 적절한 인식을 향후의 과제나 미래세대의 몫으로 미룰 뿐이다. 세월의 흐름에 따라 과학과 기술은 발전하지만, 우리는 여전히 사회가 효과적으로 관리하거나 완화시키지 못하는 위험요인을 유발하고 있을지 모른다.

이런 현상은 다수의 탈군사적 야생동물보호지구에서 뚜렷이 나타난다. 탈군사적 야생동물보호지구의 연방정부 공무원들은 완벽한 수준의 정화가 불가능하다고 여긴다. 로키산 군수공장에서, 통합억제형 정화전략이 시행된 데는 다른 매력적인 선택지가 부족한 점이 일부분 작용했다. 그 군수공장의 용도 전환을 둘러싼 의사결정과정에 참여한 많은 시민들은 더 완전해 보이는 정화방식, 즉 오염된 토양을 덴버 도시권 외부의 장소에서 처리 후 저장하기 위해 현장 밖으로 운반하는 방식을 지지했다. 연방정부 당국자들은 주로 비용과 과학적 불확실성을 이유로 거론하며 그 방식에 불리한 결정을 내렸다. 트럭 수천 대 분량의 오염물질을 공공도로나 철도를 이용해 멀리 떨어진 목적지까지 운반하는 방식의 안전성을 담보할 수 없었기 때문이다.[49] 이미 밝혀지고 있듯이, 그리고 울리히 벡의 명제를 한층 더 뒷받침하는 것처럼 보이듯이, 지금 로키산 군수공장에서 시행되는 대안적 방식도 영구적이고 안전한 해법이라는 보장이 없다. 독성물질을 매립하는 방식은 좋게 봐서 불완전한 과학이고, 장기적인 실패의 기록이 뒤따르기 마련이다. 그런 방식의 허점을 상기시키는 대표적인 사례가 바로 오염물질이 지하수로 스며드는 비참한 결과를 낳은 로키산 군수공장의 베이슨 Basin F이다. 1965년에 완공되었을 때 베이슨 F는 "누출 방지" 판정을 받았다.[50]

위험사회의 교훈

울리히 벡은 우리가 결코 위험과 위험요인을 완전히 파악한 채 대응할 수 없으며, 산업사회가 체계적으로 영구적인 위험을 초래하는 경향이 있다고 우려하지만, 그의 이론에는 긍정적 변화의 여지도 담겨있다. 그는 개인들이 위험의 불가피성에 무력감을 느끼도록 유도하지 않는다. 오히려 현대사회의 작동방식에 대한 철저한 재검토를 촉구한다. "모든 것이 위태로울 때, 모든 것을 재고하고 재검토할 수 있고, 또 반드시 그렇게 해야 한다."[51] 울리히 벡은 위험사회에 안주하지 않고, 이 같은 상태를 행동개시의 신호로 본다.

탈군사적 야생동물보호지구화의 맥락에서 볼 때, 토지 용도상의 변화는 군사화 공간이 더 투명하고 공개적인 의사결정과정을 거치는 효과로 이어질 수 있다.[52] 다시 말해 탈군사적 야생동물보호지구화는, 군사기지의 명칭 변경 수준을 뛰어넘어 군사기지에서 어떤 종류의 행동이 이뤄지는지, 그런 활동의 영향이 얼마나 광범위할 수 있는지, 군사기지에서 표명되거나 증진되는 근원적 가치가 무엇인지 검토하는 수준에 도달하는 사회적 변화에 기여할 수 있다. 이것은 무리한 주문처럼 보일 수 있겠지만, 군사기지에서 실제로 벌어지는 일에 관한 일반인의 제고된 인식은 군사화에 관한 더 폭넓은 공개적 논의를 촉진하는 과정에서 필수적인 첫걸음으로 볼 수 있다. 국외 전쟁으로 인한 인명 피해나 환경적 결과와 달리, 미국의 여러 군사기지에서 드러나는 충격은 여러모로 훨씬 더 날카롭게 급소를 찌른다. 지역 주민들이 본인에게 직접 영향을 주는 독성 지하수 기둥이나 대기 오염물질 같은 각종 위험요인을 깨닫게 될 때 특히 더 그럴 수 있다. 범위를 더 넓혀보는 차원에서 소개하자면, (군 장성 출신의) 미국 대통령 드와이트 D. 아이젠하워는 언젠가 이렇게 말했다. "모든 총과 전함은 결국 배고파도 먹지 못하고 추워도 입지 못하는 사람들에게서 훔친 것입니다."[53] 그런 충격은 전쟁터에서 지역사회와 지원단체로 복귀하는 참전군인들이 입은 육체적, 정서적 상처의 형태를 띠기도 한다.[54]

군사기지에서 여러 해 동안의 활동을 통해 감수한 위험이 결국 전쟁에서 비롯되는 위험요인과는 다른 위험요인을 발생시킨다는 점을 아는 것도 중요하다.[55] 미국의 여러 군사시설에서 발생하는 영향은 일상적인 산업 생산의 맥락에 더 어울리는, 이를테면 항공기 연료 재보급이나 화학물질을 제조하는 활동에서 비롯된다. 일단 군사기지의 용도가 바뀌고 (최소한 어느 정도는) 공적 점검의 대상이 되면 우리는, 비록 전쟁 기간처럼 직접적이지는 않아도, 여전히 땅, 물, 식물, 동물, 공기, 그리고 인간에 대한 폭력이 자행되고 있다는 점을 확인할 때가 많다. 탈군사적 야생동물보호지구에서 발견되는 군사적 잔여물이 자연화되고 점점 지형의 일부분으로 간주된다고 해도, 그 과거의 산물에 수반되는 책임이 자연적 위험요인으로 인정되지는 않아야 한다. 어떤 면에서 볼 때 이것은 당연한 사실이다. 사실, 군용 화학물질에 오염된 지하수와 군수품은 야생동물보호지구의 정상적인 특성이 아니다.

만일 탈군사적 야생동물보호지구화가 토지 용도상의 진정한 변화로, 그리고 환경과의 더 영구적인 관계로 유의미하게 기여할 수 있으려면 안전을 장담하는 전문가들의 말을 곧이곧대로 믿기보다 그동안 현장에서 감수해온 위험의 불확실성을 수용하는 태도가 중요할 것이다.[56] 적극적 참여를 통해 군사화 지형 문제에 대처하려는 태도는 여러 탈군사적 야생동물보호지구에서 다양한 형태를 띤다. 빅 오크스와 로키산 군수공장 같은 보호지구에서는 시민단체가 활약하고, 다른 보호지구에서는 주 보건당국과 연방정부의 환경보호청 같은 공공규제기관의 역할이 커지고, 비에케스섬과 태평양 낙도 보호지구에서는 지역주민들의 토지에 대한 권리 주장이 더 두드러지고 있다.[57] 따라서 위험사회라는 관점은 산업화로 인해 사회와 환경의 관계가 그토록 철저하게 단절된 과정을 부각시킬 수 있지만, 우리는 훼손된 지형을 확인하고 개선하며 복원하고자 애쓰고, 그 망가진 장소와 다시 연결되고자 노력하는 쪽으로 대응하며 전진할 수도 있을 것이다.

탈군사적 야생동물보호지구화는 일반적으로 기존의 폐쇄공간을 환경평가, 공청회, 복원자문단, 관리감독 같은, 기존의 군사기지들에서는 찾아보기 힘든 공공적 참여방식에 문을 여는 과정이지만, 만약 그렇게 탄생한 야생동물보호지구나 다른 탈군사적 형태의 장소가 일반인의 이용이 전적으로 차단된 채 운영되고 있다면 개방에 따른 투명성 증가는 일시적 현상일 뿐일지 모른다. 국방부가 후원하는 정화 작업이 이뤄지지 않거나, 방문객 안내소가 없거나, 일반인이 출입할 수 없는 탈군사적 야생동물보호지구에서의 공공적 참여도는 그곳을 군대가 관리했을 때와 같거나 더 낮을 수 있다. 달리 말해, 군사 활동이 활발하지 않은 상황에서도 불투명성은 끈질기게 남아있을 수 있다.

노먼스랜드섬, 버지니아주의 난세몬드 국립야생동물보호지구Nansemond NWR와 태평양 낙도 보호지구처럼 완전히 "폐쇄된" 탈군사적 야생동물보호지구화의 여러 현장에서는 여전히 정치적 호소의 목소리가 들린다. 선출직 공무원들은 한때 군사기지였다가 지금은 오염된 채로 남아있는 유휴지 대신에 새로 개설된 국립야생동물보호지구에 주목할 수 있다. 그런 정치적 목소리에도 불구하고, 학자들이 흔히 군사시설의 용도 전환을 두고 강조하는 한층 깊이 있는 의미의 정치적 개방이라는 개념은 이들 현장에 별로 적용되지 않는다.[58] 앞서 언급한 사례에서는, 과학적 분석만으로 탈군사적 야생동물보호지구에 대한 이해도를 충분히 높일 수는 없을 것이다. 탈군사적 야생동물보호지구의 생태적 편의는 잠긴 문과 담장

뒤에서, 또는 저 멀리 떨어진 섬 같은 곳에서 각별히 보장될 수 있겠지만, 생물학적 특징에만 의존하다보면 그런 상태를 빚어낸 더 광범위한 맥락과 의미를 충분히 드러내지 못할 것이다. 보전생물학의 첫 번째 전제조건은, 예를 들어 "생물다양성은 좋은 것"이라는 태도가 지나치게 단순하면서도 얼핏 논리적으로 보이는 "생물학적 다양성을 보호하는 데 보탬이 된다면 탈군사적 야생동물보호지구화도 좋은 것이다"라는 결론으로 이어질 수 있다는 사실이다.

탈군사적 야생동물보호지구의 복잡한 특성에는 더 다면적인 분석이 필요하다. 이제 이 점은 분명해 보이지만 내가 다시 여기에 주목하는 이유는, 특정 과학이 여러 탈군사적 야생동물보호지구에서 맡게 되는 권위적 역할, 그리고 그런 역할이 탈군사적 야생동물보호지구를 둘러싼 일반인의 인식에 미치는 영향 때문이다. 야생동물생물학이나 보전생물학 같은 자연과학적 소양을 갖춘 전문가들이 근무하는 탈군사적 야생동물보호지구는 일반적으로 생물다양성의 현장이라는 특권적 지위를 누리고, 일상적 관리도 생물다양성을 중심에 놓고 진행된다.

비록 더 폭넓은 차원에서는 이 같은 보전 목표를 지지하지만(그리고 분명히 이런 식의 환경보호는 생물권生物圈이 사람들의 인정을 받고 제 구실을 다하도록 관리하는 데 필수적인 요소로 남아있지만), 나는 군사화 지형을 그저 보호지구로 쉽게 받아들이는 태도에 단단히 자리 잡은 가정이 의심스럽다. 물론 빅 오크스 같은 장소를 방문한 뒤 그곳의 건강한 생태계에 놀라면서, 군대의 폭격으로 만신창이가 되었다가 이제 보호받고 있는 빅 오크스 같은 장소가 더 많이 있으면 좋겠다고 생각하는 사람도 있을 것이다. 하지만 확실히 그런 태도는 결코 이상적인 보전 전략이 아니다. 만일 우리가 빅 오크스와 그 비슷한 탈군사적 야생동물보호지구의 역사적 맥락을 더 충분히 살펴보고 그런 장소들이 입은 물리적, 문화적 피해를 이해하게 되면, 예상컨대, 그런 희생을 순순히 받아들일 사람은 드물 것이다. 물론 우리에게 탈군사적 야생동물보호지구에 잔존하는 몇 가지 속성을 높이 평가할 만한 이유가 있겠지만, 거기 남아있는 또 다른 특성도 잊지 말아야 한다. 탈군사적 야생동물보호지구는 일명 "비무장지대"이기도 하다. 한반도를 양분하는 비무장지대가 그렇듯이 일반적으로 비무장지대는 한편으로는 보호되지만, 다른 한편으로는 고도의 무장지대로, 또 정치적 충돌, 사회적 격변, 물리적 파괴의 산물로 남아있다.

물론 한반도를 양분하는 비무장지대 같은 능동적 무장지대에서도 군사화와 보전의 새로운(그리고 어떤 경우에는 기이한) 수렴 현상을 발견할 수 있다. 그런 현장에서 우리는 문화적 의미를 간직하는 동시에 미국 국경선 저 너머의 정치적, 군사적 변화 속에서 보전 목표를 어떻게 추구할 것인가라는 문제를 만날 수 있다. 사실 이런 문제는 군사화가 방대한 지형을 지배해온 장소에서 훨씬 더 뚜렷하게 나타날 것이다. 대표적인 곳이 바로 지금은 유럽의 그린벨트로 바뀌고 있는 중앙유럽의 옛 철의 장막 국경지대이다. 5장에서는 앞서 언급한 곳들을 비롯한 여러 국제적 변화의 현장을 더 세심하게 살펴보면서 의미, 기억, 정치, 생태, 군사화 같은 사안을 매우 색다르고 놀라운 방식으로 다룰 수 있는 방법을 고찰하겠다.

05

무기가 지나간 자리

2015년 6월, 전 세계 언론매체의 머리기사는 다음과 같았다. "독일, 군사기지 62곳을 새, 딱정벌레, 박쥐의 자연 안식처로 바꾸다." 그 새로운 보호구들을 찍은 사진에는 옛 철의 장막 국경지대에 남아있는, 버려진 망루, 허물어진 콘크리트 벽, 낡은 철조망과 마주보는 딱따구리와 독수리 등의 모습이 담겨있었다.[1]

그 보도 기사는 야생동물 보호구들이 군사화 지형에서 탄생할 수 있다는 역설을 드러냈다. 물론 탈군사적 야생동물보호지구화는 지난 수십년에 걸쳐 중앙유럽, 동아시아, 미국 등지의 드넓은 부지에서, 그리고 태평양의 여러 섬과 해양 보호구에서 이뤄진 보전과 생태복원의 중요한 추세로 등장했지만 말이다. 보도 기사에 첨부된 사진에서 짐작할 수 있듯이, 군용 부지를 야생동물 보전용 부지로 전환하는 과정은 인상적이면서도 거북해 보일 수 있다. 야생동물 보전용 부지를 처음 찾은 방문객들의 반응에는 종종 놀라움과 당황스러움이 섞여 있다. "여기가 한때 고도의 군사화가 진행된 국경이 맞습니까?"

북쪽의 바렌츠해Barents Sea에서 남쪽의 흑해에 이르는 총 연장이 6,800킬로미터인 이 철의 장막 국경지대는 한때 전기 철책, 망루, 가시철조망, 지뢰밭, 콘크리트 벽, 무장 국경순찰대, 경비견, 인계철선 따위로 유명했다. 최대 폭 10킬로미터의 국경지대 곳곳에서 민간인 공동체가 철거되고 사상자가 일상적으로 발생함에 따라 철의 장막은 유럽을 횡단하는 죽음의 띠라는 악명을 떨쳤다. 냉전 시대 내내, 철의 장막은 분단된 중앙유럽의 상징으로 군림했다.

오늘날, "유럽의 그린벨트"로 불리는 이 국경지대에는 수백 개의 보호구역과 여러 개의 국립공원과 생물권 보호구가 포함되어있다. 2005년, 유럽연합은 철의 장막 길을 유럽 최대의 자전거길 노선 중 하나로 공식 지정했다(그림 5.1). 철의 장막 길은 단순한 여가용 도로가 아니다. 유럽연합은 철의 장막 길을 통해 "역사 체험" 수단, 지속 가능한 관광의 모범사례, 더 광범위한 유럽 정체성을 함양하는 방법 등을 제공하고자 한다.[2] 각 지역사회와 비정부기구 및 유럽연합 회원국은 이제 죽음의 띠에 자리한 부지를 야외 편의시설로, 분열된 유럽이 수십 년 간 겪은 냉전을 기억하는 생생한 현장으로, 생태적 재생과 지속 가능한 발전이 이뤄지고 문화적 의미를 담고 있는 중요한 영역으로 여긴다.[3] 이슬비가 내리는 9월의 어느 날, 나는 브라티슬라바Bratislava의 중심가 버스터미널에서 자전거를 타고 지난 40년 동안 세계 최대의 무장 국경지대의 일부분이었던 슬로바키아와 오스트리아의 국경을 따라 북서쪽의 도나우강Danube River으로 향했다. 브라티슬라바 외곽 10킬로미터 지점에서 나는 철의 장

그림 5.1 철의 장막 길 Iron Curtain Trail.

막 길 이정표와 처음 마주쳤고, 북쪽으로 방향을 틀어 슬로바키아 서쪽 국경의 모라바강Morava River의 범람원을 따라 나 있는 자전거도로와 농로 망에 접어들었다. 자전거를 타고 물새들과 함께 수변림과 습지대를 지나면서 나는 자칫 인근의 떠들썩한 도시와 대비되는 점을 음미하며 그 지형의 간결한 아름다움을 자연스러운 것으로 여길 뻔했다. 얼핏 자연스럽게 보이고 자연화되고 있는 듯 보이는 그런 지형의 특징은 확실히 유럽연합 의원들과 비정부기구들, 그리고 옛 소련 세력권의 관리들이 철의 장막 국경지대를 공식적으로 보호하기 시작하도록 유도한 핵심적인 계기이다. 철의 장막 국경지대를 유럽의 그린벨트로 전환하는 사업의 매력도 그 지대에 내포된 역설에서 어느 정도 비롯된다. 철의 장막 국경지대의 냉전적 정체성과 최근의 "녹색" 정체성 간의 충격적인 대비도, 어느 정도는 내가 이슬비를 맞으며 자전거타기에 나선 동기가 되었다. 궁금했다. 어떻게 고도로 군사화되고 요새화된 이 죽음의 띠에 그처럼 여러 개의 야생동물 안식처와 길게 뻗은 휴양용 도로가 생겨났을까?

도나우강과 모라바강을 따라 자전거를 타고 달리는 평화로운 환상에서 빠져나오는 데는 그리 오래 걸리지 않았다. 나는 그 지역이 내포한 심각한 역설과 연거푸 마주쳤다. 강굽이를 돌고 나서 중세 시대의 망루와 데빈성Devín Castle의 누벽을 발견했을 때는 브라티슬라바 바로 북서쪽만큼 역설적인 곳은 없을 것 같았다. 1,300년의 역사를 자랑하는 데빈성을 보고난 뒤, 냉전 시대와 철의 장막이 드리우기 훨씬 전에 이미 그 국경지대의 일부분이 형성되고 무장을 갖췄다는 사실을 깨달았다. 물론 최근의 역사도 뚜렷하게 남아있었다. 데빈성의 기슭에 서 있는 커다란 직사각형

그림 5.2 데빈성과 철의 장막 추모비.

추모비는 냉전 기간에 동쪽에서 서쪽으로 건너가다가 목숨을 잃은 수백 명의 사람들을 기리고 있었다(그림 5.2). 그 특별한 9월의 어느 날, 모라바강과 도나우강이 만나는 지점은 평화로워 보였지만, 분명 그 합류점이 언제나 평화로운 곳은 아니었을 것이다.

자전거여행을 즐기는 동안 나는 철의 장막을 기념하고 철의 장막이 인간과 공간에 가한 폭력을 상기시키는 수십 개의 기념물과 마주쳤다. 국경선을 둘러보거나 넘어가려다 살해된 사람들을 추모하는 간단한 십자가에서 정성들여 조성한 조각공원과 야외 박물관에 이르는 그 다양한 기념물과 마주치며 나는 목가적 분위기의 들판이나 숲, 그리고 산과 개울로부터 시선을 거두게 되었고, 그 지형이 자연만의 산물이 아니라 수십 년, 수백 년 동안 이뤄진 인간의 다양한 사회적 실천의 산물이라는 점에 주목하게 되었다.

이 책의 다른 사례들에서 알 수 있듯이, 철의 장막 국경지대가 군사화에서 보전으로 전환하는 과정을 겪고 있는 유일한 곳은 아니다. 그러나 철의 장막 국경지대만큼 이전의 군사화 상태를 기념하고 거기서 교훈을 얻으려는 대규모의 노력이 이처럼 충실하게 펼쳐지는 곳은 아마 없을 것이다. 미국의 탈군사적 야생동물보호지구화 과정에서 강조되듯이, 냉전 시대의 방대한 분할선을 유럽의 그린벨트로 개조하는 사업에는 임시방편적 보전에 대한 인식이 함께하기 마련이다. 하지만 유럽에서는 애초부터 기억 프로젝트에 힘입어 훨씬 더 다양한 방향을 겨냥해왔다. 철의 장막 길 사업을 처음부터 끝까지 이끈 미하엘 크라머를 베를린에서 만났을 때 그는 다음과 같은 견해를 피력했다. "우리는 자연만 바라볼 수 없습니다. 그것은 말도 안 되겠죠. 문화, 정치, 자연, 역사를 모두 함께 고려할 필요가 있습니다."[4]

크라머는 지금 대부분의 중앙유럽 국경지대에서 거두고 있는 생태적 성과를 높이 평가했다. 실제로 그는 독일의 옛 국경선을 직접 자전거로 답사했고, 철의 장막 길 노선 전체에 대한 상세한 자전거여행 안내서를 썼다. 지금도 그는 사람들의 이목을 끄는 사회적 지층에 주목하고, 심지어 눈에 잘 띄지 않는 사회적 지층에도 관심을 기울인다. 철의 장막 길과 그것의 취지를 설명하는 공식 소책자에서, 크라머는 철의 장막을 가리켜 "이제 더는 분할선이 아니라 재통합된 유럽이 공유하는 범유럽적 경험

의 상징"으로 평가한다.[5]

크라머가 쓴 3권의 자전거여행 안내서에는 철의 장막 길 노선을 이용하는 데 필요한 킬로미터 단위의 방향 표시뿐만 아니라 철의 장막 길과 연관된 역사적 맥락과 해석, 그리고 문화적 통찰도 담겨있다. 안내서의 독특한 도입부에는 히르쉬베르크Hirschberg로 이어지는 잘레강Saale River 자전거길 옆의 인상적인 구역이 소개되어있다. "1945년 이후 잘레강 주변의 수많은 주택이 국경 근처에 있다는 이유로 철거되었다. 장벽이 무너질 때까지 장벽과 철조망과 소멸지대가 이 도시의 삶에 영향을 끼쳤다."[6] 안내서에는 한 쌍의 장면이 묘사된 여러 장의 사진도 수록되어있다. 첫 번째 장면은 요새나 망루가 있었던 과거 철의 장막의 모습이었고, 두 번째는 요새가 사라진 현재 그곳의 모습이었다. 방어시설이 사라지기 이전과 이후의 이 두 장면은 역사가 얼마나 쉽게 우리 시야에서 사라질 수 있는지를 생생하게 일깨워준다. 히르쉬베르크까지 자전거를 타고 가면서 나는 별 생각 없이 잘레강 다리를 건넜지만, 마지막으로 한 번 더 보려고 뒷눈질을 했을 때 비로소 깨달았다. 방금 건넌 홀가분해 보이는 다리가 바로 내가 펴낸 안내서에 수록된 1984년의 사진 속, 차량 통행차단용 바리케이드와 경고 표지로 가득했던 그 다리였다(그림 5.3).

다행히도 크라머를 포함한 여러 전문가들은 국경지대의 물리적 성격뿐 아니라 평판도 바뀌면서 발생할 수 있는 이 같은 역사 삭제의 위험을 절감하고 있는 듯하다. 앞서 내가 로키산 군수공장과 관련해 지적했듯이, 생태적으로 복원된(또는 자연화되고 있는) 지형의 새로운 상태를 포용하는 것과 그 지형이 우리에게 전해줄 수 있는 중요한 인간적 이야기와

그림 5.3 2013년 독일 히르쉬베르크의 잘레강 다리.

교훈을 기억하는 것 사이의 적절한 균형점을 찾기란 어렵다. 미국인들이 이상으로 삼는 개척정신 — 끝이 없어 보이는 서부로의 팽창 가능성에 힘입어 형성된 국민적 정체성과 본성 — 의 끈질긴 힘을 고려할 때, 유럽인들이 자연화되고 있는 지형의 문화적 특징과 기억을 지키고자 열심히 노력해온 점은 전혀 놀랍지 않을 것이다. 자전거길을 유난히 자연적인 장소로 느끼던 방문객들도 국경지대에서 살해된 사람들을 추모하는 십자가, 조각공원, 야외박물관 등과 마주치면 그런 지형이 수십 년, 수백 년에 걸쳐 일어난 인간 활동의 산물이기도 하다는 점을 문득 깨닫는다.

그러나 특정 지형의 사회적 지층을 기념하는 과정에서 한 가지 걸림돌로 작용하는 점은 일반적으로 그곳을 둘러싼 이야기가 많다는 사실이다. 철의 장막 국경지대의 여러 가지 깊이 있는 사회적 지층을 효과적으로 드러내는 하나의 통합된 이야기가 없기 때문에, 방문객들은 흔히 그곳이 어떻게, 그리고 왜 현재의 모습을 띠게 되었는지, 또 그곳에서 어떤 교훈을 얻을 수 있는지를 스스로 생각해보게 된다. 그런 현상은 여러모로 장점일 수 있고, 인간이 특정 장소와 접촉하는 방식의 다양성을 높이는 효과가 있지만, 혼란을 일으킬 수도 있다. 국경선 같은 기본적인 요소도 문제가 될 수 있다. 나는 구체적으로 냉전 시대 이후 철의 장막 국경지대에서 벌어지는 변화를 조사하고자 중앙유럽으로 향했지만, 내가 자전거를 타고 따라간 국경선 곳곳에는, 제1차 세계대전이나 제2차 세계대전 때 일어난 사건과 몇 세기 전 유럽의 여러 왕국과 제국의 국경선에서, 심지어 철의 장막이 아니라 철기시대의 경계선에서 벌어진 충돌에 대한 관심을 쉽게 불러일으킬 수 있는 역사가 간직되어있었다.

이 점은 데빈성의 우뚝 솟은 석조 보루를 비롯해 내가 자전거를 타고 지나가면서 목격한 여러 석조 보루에서 분명하게 확인할 수 있었고, 언어 장벽 탓에 훨씬 더 절실하게 느낄 수 있었다. 철의 장막 국경지대 가운데 오스트리아와 독일 영토 쪽에서는 비교적 의사소통에 문제가 없었지만(나는 독일어를 6년간 공부했고, 대학 시절에 1학기 동안 해외 유학도 경험했다), 슬로바키아와 체코 영토 쪽에서는 손짓발짓을 동원해야 했다. 이미 나는 냉전으로 40년간 동서로 분리된 데 따른 심각한 폭력과 혼란을 이해하고 있었지만, 냉전 시대의 분리가 몇 세기에 걸쳐 진행된 경계선 긋기 과정의 비교적 짧은 국면에 불과하다는 생각이 스쳤다. 지금 철의 장막의 물리적 흔적이 대부분 해체되거나, 잡초에 묻히거나, 아예 사라졌기 때문에 철의 장막의 중요성과 그것이 초래한 영향의 중요성이 사라지도록 방치할 우려도 클 것이다.

중앙유럽의 국경지대는 시대에 따라 그리고 장소에 따라 뚜렷하게 다르다. 이 다양성은 독일을 동서로 나눈 옛 국경선과 지금은 개방되었지만 아직 그 자리에 남아있는 더 남쪽의 여러 나라의 국경선 사이의 대조적인 차이점에서 가장 극적으로 드러난다. 많은 독일인들이 보기에, 철의 장막에 의한 냉전 시대의 분리는 문화적 정체성의 뼈아픈 파열을 상징했고, 독일과 체코, 오스트리아와 체코, 또는 오스트리아와 슬로바키아의 국경지대로 인한 분할에 빗대기 어려운 새로운 형태의 분할을 의미했다. 독일인들은 오래 전부터 작센인Saxons, 바이에른인Bavarians, 튀링겐인Thuringians, 헤센인Hessians 같은 지방 차원의 정체성을 확립해왔지만, 냉전 시대 이전에 이미 공통의 언어적, 문화적 정체성을 유지하고 있었다.

주데텐란트Sudetenland의 사례에서 확인할 수 있듯이 철의 장막 국경지대에는 언어와 민족적 소속감조차 흐릿해지는 곳이 여럿 있다. 1945년 이전에, 현재 체코의 서쪽 지역에 해당하는 땅에는 모라비아교를 믿는 독일인들Moravian Germans이 주로 살고 있었다. 제2차 세계대전 이후 체코슬로바키아 당국은 독일인들을 집단적으로 추방했고, 결과적으로 그 지역 전체 인구의 90퍼센트를 차지했던 독일어 사용자들의 비중이 5퍼센트 미만으로 줄어들었다.[7] 불과 3년 만에, 즉 1945년부터 1948년까지, 약 280만 명의 독일인들이 국경선 밖으로 쫓겨났다.

독일어 사용자들이 추방되자 그들이 살고 있었던 국경 지방에서의 재산 청구권도 사라지고 말았고, 덕분에 오늘날의 자연보호구역 설정이 촉진되었다. 제2차 세계대전이 끝난 지 3년도 지나지 않아, 약 3만 제곱킬로미터 넓이의 방대한 지역에서 인구가 급격히 감소했다. 그 지역의 토지 대부분은 나중에 국유재산으로 넘어갔고, 지금도 국유재산이다.[8] 둘 다 유럽연합 회원국인 독일과 체코 간의 국경선은 현재 열려있지만, 주데텐란트에서 이뤄진 집단 추방의 흔적만은 남아있다. 1963년에 처음 지정되었고, 1991년에 확장된, 슈마바 국립공원 및 경관보호구역 Šumava National Park and Protected Landscape Area의 전체 면적은 1,670제곱킬로미터지만, 1991년 현재 그곳의 정주자 수는 2,500명 미만이었다.[9] 체코와 독일의 역사적 긴장관계를 나타내는 나머지 흔적은 조금 더 미묘하다. 자전거를 타고 며칠 동안 체코 국경지대를 지나면서 나는 독일어를 구사할 줄 아는(또는 구사하려고 하는) 사람을 한 명도 만나지 못했다. 내가 "독일어나 영어를 할 줄 아십니까?"라고 물을 때마다 사람들은 더듬거리면서도 "영어를 더 잘 합니다."라고 대답했다.

체코의 주데텐란트와 그 밖의 국경지대에서 일어난 인구격감 현상은 1950년대에 철의 장막 국경지대에서 요새화가 진행됨에 따라 심화되었다. 체코 영토 쪽의 이른바 A지대에서는 국경선의 보안을 강화할 목적으로 사실상 모든 인간 활동이 허용되지 않았기 때문에 폭이 최소 0.2킬로미터에서 최대 5킬로미터인 실제 국경선과 국경선 울타리 사이의 그 공간은 아무도 살지 않는 곳이 되었다. 그보다 조금 느슨한 B지대, 즉 국경선 울타리 안쪽으로 다시 5킬로미터까지 뻗어있는 공간에서는 마을이

그림 5.4 체코 돌니 드보르지슈테Dolní Dvořiště의 동쪽 국경지대에 방치된 교회.

철거되었지만, 특별 허가를 받은 경우에는 목재나 버섯을 채취하는 일 같은 특정 활동이 허용되었다.[10] 1991년의 인구조사에 의하면 체코의 이 국경지대의 인구는 1930년대에 조사한 인구 수준의 60퍼센트에 불과했다(1930년은 제2차 세계대전 이전에 마지막으로 인구조사를 실시한 해였다). 한때 이곳에서 번창했던 여러 지역사회는 오늘날 사실상 방치되어있다(그림 5.4). 체코 국경지대의 토지피복에는 인구감소 현상이 반영되어있다. 1990년 이후에 국가 보조금이 없어지면서 숲과 들판은 늘어나고 경작지는 줄어드는 현상이 가속화되었다.[11]

제2차 세계대전이 끝난 뒤에 독일어를 쓰는 모라비아교 신자들이 집단적으로 이주한 점, 그리고 그들의 집단 이주가 냉전 시대 이후의 특별보전구역에 기여한 점은 유럽의 그린벨트가 실제로 얼마나 부자연스러운 것인지 보여주는 한 가지 사례일 뿐이다. 분명히, 지금 철의 장막 국경지대를 따라 집결해 있는 "자연"은 국립공원과 보호구에서 번창하고 있다. 그러나 미국의 탈군사적 야생동물보호지구와 마찬가지로, 철의 장막 국경지대에서의 생태적 부활이 가능해지는 조건은 정치적, 경제적 요인과 밀접한 관계가 있고, 또 그간의 사회적 변화로 촉진된 토지 용도상의 변화와도 깊은 관계를 맺고 있다. 이로써 미하엘 크라머가 피력한 철의 장막 국경지대를 자연의 관점에서만 바라보는 데 그치지 말고 문화와 정치와 향토사와의 대화에 생태적 변화라는 주제를 포함시킬 필요도 있다는 주장의 중요성이 재확인된다.

독일어를 쓰는 모라비아교 신자들이 주데텐란트에서 집단적으로 추방된 사건은 우리가 이 국경지대의 역사적, 사회적 지층을 망각함으로써 초래되는 위험이 무엇인지도 강조한다. 유럽의 그린벨트는 분명히 여러모로 축하할 만한 대상이지만(장담하건대 휴양과 보전 역할에 충실한 보호구보다 군사화된 죽음의 띠를 더 좋아할 사람은 아마도 없을 것이다), 국경지대의 생태적 번창을 가장 확고하게 지지하는 사람들도 그 광활한 토지가 몇 백만 명이 추방된 사건에서, 독일(과 더 넓게는 중앙유럽)의 분열에서, 그리고 수천 킬로미터의 무장 국경선에서 발생한 수천 건의 사망사건에서 비롯되었다는 사실을 명심해야 한다.

탈군사적 야생동물보호지구화를 "자연은 견뎌낸다."라는 식의 낙관적인 이야기를 들려주는 자연적 계승 과정으로 한층 단순하게 간주하고 싶은 마음이 생길 수 있다. 우리 주변의 환경은 인간이 가할 수 있는 모든 상처에서 회복할 정도로 회복력이 좋기 때문이다. 만일 지구에서 가장 독성이 강한 몇 제곱킬로미터 넓이의 땅이 30년 만에 회복되어 로키산 군수공장 보호지구의 생육 가능한 초지로 변신할 수 있다면, 또는 유럽을 가로지르는 방대한 국경선에서의 생태적 전망이 호평을 받을 수 있다면, 굳이 우리가 걱정할 이유는 없지 않을까? 그러나 이 국경지대를 비롯한 군사화 지형에서 역사적 기념을 추진하려는 기본적인 동기 중 하나는, 만일 우리가 그 "자연보호" 구역이 생기기까지의 희생과 비용을 명심하지 않으면 앞으로 그런 식의 폭력적이고 파괴적인 역사가 되풀이되는 모습을 지켜보게 될 것이라는 점이다. 더 간단히 말하자면 우리는 과거에 우리 스스로 세웠던 장벽을 해체하려고 시도한 이유를 기억하는 대신 성급하게 장벽을 다시 세우려고 할지 모른다.

한국의 비무장지대

한반도의 비무장지대는 요새화된 국경지대와 보전에 관한 또 다른 시각을 엿볼 수 있는 사례이다. 철의 장막 국경지대와 흡사하게, 한반도의 비무장지대는 최근 몇 십 년 동안 사실상의 야생동물 안식처로 자리 잡으며 관심을 끌어왔다.[12] 지구에서 가장 위험한 무장 국경선 중 하나로 널리 평가되는, 너비 4킬로미터, 길이 250킬로미터의 비무장지대는 한반도를 남과 북으로 나눈다. 비무장지대는 요새, 망루, 무장 순찰대, 약 200

만 개의 지뢰 등이 버티고 있는 출입금지구역이다.[13] 하지만 철색선과 요새 사이의 공간에는 다양한 생물들이 살고 있다. 희귀 철새인 재두루미, 두루미, 흑두루미 등은 비무장지대를 특정 계절에 이용하고, 아무르산양(영양의 일종), 아무르살쾡이, 반달가슴곰, 사향노루, 너구리 등은 사시사철 비무장지대에 머문다. 시베리아호랑이와 아무르표범도 살고 있을 가능성도 있다.[14] 몇 킬로미터 너비의 비무장지대 남쪽 구역 덕분에 지난 60년 동안 야생동물 서식지가 확대될 수 있었다.[15]

1990년대 후반, 한국계 미국인 과학자 두 사람이 한반도의 비무장지대가 자연 및 평화공원으로 변모할 수 있는 잠재력을 강조하고자 DMZ 포럼DMZ Forum을 창립했다. 두 사람의 활동은 하버드 대학교의 저명한 생물학자 E. O. 윌슨Wilson과 자선사업가 겸 언론계의 거물 테드 터너Ted Turner를 포함한 여러 사람으로부터 지지를 얻었다.[16] 그런 지지와 관심을 이끌어낸 주요 동력은 비무장지대 안에서 유지되고 있을 것으로 판단되는 생태적 상태이지만, 세계에서 가장(인간에게) 위험하게 군사화된 지역 중 하나에서 자연이 번창하고 있다는 역설의 역할도 빼놓을 수 없다. "비무장지대, 이제 야생동물의 피난처로", "한국의 비무장지대: 야생동물의 오아시스", "야생동물이 가득한 한국의 비무장지대" 같은 머리기사에서 바로 그런 역설을 확인할 수 있다.[17] 비무장지대의 야생동물 및 서식지와 관련한 특징을 홍보하려는 노력은 흔히 보전과학에 힘입어 활성화되었지만, 그런 노력에는 정치적 요소 — 필요하면서도 대체로 결여된 남한과 북한 간의 협력뿐 아니라 남한의 더 독자적인 정치 활동 — 가 매우 많이 개입되기도 한다.

남한은 점점 비무장지대를 관광지로 소개하는 경향이 있고, 남한 정부 당국과 여러 관광 웹사이트의 활동을 살펴보면 무장과 무관한 용어로 비무장지대를 다시 명명하려는 노력이 엿보인다. 2012년, 남한은 비무장지대와 그 남쪽 접경지역을 평화생명지대PLZ, Peace and Life Zone로 부르고자 했다.[18] 한국관광공사는 지금 평화생명지대 관광 프로그램을 내놓고 있고, 웹사이트에서 이렇게 설명하고 있다. "'평화생명지대'라는 이름은 오염되지 않은 자연환경을, 그리고 새로운 평화시대가 남북한 모두에 도래하기를 바라는 사람들의 전반적인 기대를 감안한 것이다."[19] 한국관광공사의 웹사이트에서는 비무장지대를 둘러싼 역사의 대략적 개요가 소개되어있지만, 그곳의 군사화는 대체로 역사적인 것이나 과거의 일로 치부된다. "비무장지대와 그 주변은 한국전쟁 당시 한때 치열한 전투의 현장이었지만, 지난 반세기를 거치며 그 상처에서 회복되어 다양한 생명체가 서식하는, 조용하고, 풀이 우거진 녹지로 변모했다."[20] 비무장지대 관광 상품을 판매하는 어느 회사는 웹사이트를 통해 고객들이 "고요함의 흥분을 탐험"하도록 부추긴다.[21] 웹사이트의 비무장지대에 관한 더욱 상세한 글에서는 그곳이 군사화라는 측면을 솔직히 인정하면서도 그곳의 평화로움과 자연화 같은 특성들을 강조한다.

> 판문점 공동경비구역의 3번 체크포인트에서 비무장지대를 바라볼 때 당신은 비밀에 싸인 북한 땅이나 근처의 망루에 있는 북한 군인들이나, (가능성은 낮지만) 갑자기 벌어진 교전에서 살아남을 확률에 관심 갖지 않아도 됩니다. 대신에 당신은 최상의 고요함에, 조용하고 풀이 우거진 언덕에,

사람의 손길이 닿지 않은 늪지대로 날아가는 희귀한 새들에 매료됩니다. 지구에서 가장 고도의 무장을 갖춘 이 국경선에서 당신은 완전한 평화를 느낄 것입니다.

한국관광공사의 공식 웹사이트에서도 비무장지대에 대한 "야생동물 먼저" 식의 관점이 강조되어있다. 한국관광공사의 비무장지대 여행정보 웹사이트는 "비무장지대: 역사성이 깊은 국경"이라는 제목으로 시작한다. 그리고 남한과 북한 사이의 완충지대를 낳은 정전협정을 언급하고, "지난 50년 동안의 제약이 이 구역의 생태 자원이 그대로 남는 데 공헌"한 과정을 조명한다. "결과적으로, 비무장지대는 세계적으로 생태적 가치를 인정받고 있는 독특한 자연생태계이기도 하다." 비무장지대에 대한 이런 식의 표현이 틀리거나 거짓말은 아니지만, 군사화와 관련한 그곳의 특징을 "비무장지대 생태학"이라는 더 광범위한 틀 안에 집어넣는 효과가 있다.[22] "깨끗한 공기와 이 탁 트인 공간에서 하루를 보내기 위해" 매년 18만 명의 관광객이 방문하는 것으로 추정되듯이, 비무장지대를 관광지로 선전하는 마케팅은 여러 측면에서 성공을 거뒀다.[23]

이렇듯 비무장지대는 인간 활동이 없는 상태에서 자연이 번창하는 장소로 제시된다. 이제 더 이상 비무장지대는 분단된 한반도의 안보적 야심에 희생된 땅이나 한반도 내부의 적대관계와 여러 해에 걸친 폭력적 충돌의 뼈아픈 결과가 아니며, 오히려 주변 지역에 생태적 편의를 적극적으로 제공하는 영역으로 평가(되거나 상품화)될 수 있다. "게티즈버그와 요세미티를 합쳐놓은 곳"[24]이라는 E. O. 윌슨의 평가는 어떤 면에서

적절하고 고무적이겠지만, 비무장지대가 여전히 겪고 있는 능동적 군사화 상태를 외면하는 느낌이 들기도 한다. 비무장지대에 대한 일치단결된 재평가는 사업 개발과 관광에 이익이 되도록 비무장지대의 불명예를 덜어주는 효과도 있다. 지금 세계 곳곳의 관광객들이, 이른바 경애하는 영도자 김정일의 초상화가 걸려있는 북한 교실 모형에서 사진을 찍고, 북한군이 대규모 기습용으로 뚫은 것으로 추정되는 땅굴을 서둘러 구경하고, 비무장지대를 연상시키는 기념품을 구입하고, "평화랜드(임진각 평화누리공원 내에 있는 놀이공원-옮긴이)"라는 놀이공원에서 즐기기 위해 비무장지대를 찾는다.[25]

비무장지대를 둘러싼 이런 재평가는 어설픈 선동이 아니라 강렬한 소망이 반영된 것으로 볼 수 있겠다. 예를 들어 2010년에 경기도 당국은 평화로운 세계와 한국전쟁의 평화로운 종식을 바라는 한국인의 염원을 나타내기 위해 비무장지대 인근에 평화누리 자전거길을 완공했다.[26] 경기도는 자전거길이 휴양과 교육 측면에서 보탬이 된다고 본다. 지역 주민들 중에서 선발된 "지킴이들"은 자전거길을 구간별로 관리하고 향토사, 관광, 국가안보에 대한 강의를 맡는다.[27] 비무장지대 생태평화공원 조성 사업 같은 그 밖의 활동은 "비무장지대를 전 세계 사람들이 평화를 염원하기 위해 방문할 수 있는 장소로 탈바꿈시키고 싶은" 마음과 연결된다.[28] 한국DMZ평화생명동산 웹사이트에서도 비슷한 정서가 드러난다. "우리는 생명의 열쇠로 평화의 문을 열어 생명사회로 나아가도록 애쓰겠습니다. 이것이 한국DMZ평화생명동산의 유일한 존재 근거입니다."[29] DMZ 포럼 관계자들을 비롯해 초국경 평화공원을 지지하는 사람들은 비무장지대를 항구적으로 보호해 보전하겠다는 남북한의 합의가 화해와 통일로 향하는 다리 역할을 할 수 있다고 여기고, 보전상의 이해관계를 활용해 정치적 화해를 모색하겠다는 목표를 솔직하게 드러낸다.[30] 제1차 세계대전 이후의 폴란드와 슬로바키아 간 국경 분쟁과 1999년의 에콰도르와 페루 간 국경 분쟁을 포함해 초국경 평화공원으로 국경 분쟁이 해결된 사례가 많다.[31] 한국에서도 비슷한 성격의 활동이 진행될 가능성을 언급하면서 환경역사학자 리사 브래디Lisa Brady는 다음과 같이 제안했다.

> 비무장지대를 국제적 인정과 지지를 받는 평화와 보전의 상징으로 보존하는 작업은 한국과 한국인들이 냉전에 따른 이념적 경쟁과 갈등의 결과로 치른 대가에 대한 경의의 표시일 것이다. 그 작업은 더 건강한 환경이 개인적 차원뿐 아니라 국가적, 국제적 차원에서의 건전한 인간관계를 증진할 수 있다는 점을 가장 잘 나타내는 조치일 수 있다. 한국의 초국경 평화공원은 외교 협상에서 환경문제가 차지하는 중요성을 명확히 예증할 것이고, 경제적, 정치적 이득 이외의 문제가 외교 방정식의 중요한 부분으로 고려될 경우 달성할 수 있는 성과의 본보기가 될 것이다.[32]

비무장지대의 사례는 군사화 공간의 친환경적 녹화사업이 얼마나 정치적 성격을 띠게 될 수 있는지, 그리고 얼마나 중요해질 수 있는지를 뚜렷하게 보여주지만, 그런 사업은 대중매체에서 단순히 자연의 복원력을 보여주는 역설적 본보기로 흔히 묘사된다. 한국 이외의 여러 나라에서도, 피폭 현장, 전쟁터, 국경지대 등이 자연적인 장소나 자연화되고 있는 장소로 호평을 받으며 비슷하게 묘사되는 경우가 있다.

오스트레일리아의 몬테벨로 군도

오스트레일리아 북서 해안에서 약 129킬로미터 떨어진 곳에 위치한 몬테벨로 군도Montebello Islands는 1950년대에 영국이 세 차례의 원자폭탄 실험을 실시한 장소였다. 오늘날, 몬테벨로 군도는 웨스턴오스트레일리아주의 공원 및 야생동물부Department of Parks and Wildlife가 해양공원으로 관리하는 곳이다. 공원 및 야생동물부는 웹사이트를 통해 몬테벨로 군도 해양공원을 "폭발 명소"로 홍보하고, 야영과 낚시 관련 규정을 개괄한 뒤 원자무기 실험의 역사를 간략히 언급한다. 공원 및 야생동물부 웹사이트의 "안전제일"란에는 악천후 속에서 항해할 때와 열대성 저기압이 몰려올 때의 유의사항 외에 다음과 같은 당부의 말도 나온다. "아직 허마이트섬Hermite과 알파섬Alpha의 실험 현장에는 약간 높은 수준의 방사능이 발생하고 있으므로 방문객들은 하루에 한 시간 이상 머무르면 안 됩니다. 흙을 파헤치거나 원자폭탄 실험과 연관된 유물을 만지거나 옮기지 마세요."[33]

웨스턴오스트레일리아주 웹사이트에 게시된 정보에도 불구하고, 몬테벨로 군도를 방문할 예정인 사람들이 그곳의 정체를 어떻게 이해할지는 불분명하다. 웹사이트의 글을 읽어보면 확실히 그곳에서 핵실험이 있었고 분명하지 않은 어떤 수준의 오염물질이 아직 잔존하는 점을 알 수 있다. 하지만 웹사이트에서 몬테벨로 군도는 자연적인 명소라는 점이 강조되고, "자연 그대로의 땅과 바다 경치, 보초堡礁와 거초裾礁, 각종 야생 동물과 풍부한 해양 유산"을 갖춘 섬이자 잠수나 낚시나 카약타기를 즐기는 사람들을 유혹하는 관광지로 소개된다. 웹사이트에 나오는 사진들을 보면 자연이 번창하는 곳, 즉 얼핏 인간의 손길이 닿지 않은 듯한 해변과 만이 보이고 열대어가 산호초 사이를 누비는 곳이라는 점이 연상된다. 웹사이트에서 간략하게 언급된 벙커나 탐지소일 것으로 보이는 조그만 언덕 위의 콘크리트 구조물이 담겨있는 풍경 사진도 있다. 그러나 그것을 봐도 수십 년 전 원자폭탄이 터지며 생긴 둥근 불덩어리의 이미지가 좀처럼 떠오르지 않는다. 내가 직접 오스트레일리아 북서부 지역을 방문했을 때 관광업체들과 현지 기업들은 세계 최대의 산호초 복합체 중 하나에서 볼 수 있는 자연 그대로의 상태를 강조했고, 수십 년 전에 대륙에서 비교적 멀리 떨어진 그곳으로 관심이 쏠리도록 했던 핵실험은 전혀 언급하지 않았다.

몬테벨로 군도와 그곳의 역사를 바라보는 최근의 시선은 몬테벨로 군도에서 처음으로 핵실험이 실시된 다음 날인 1952년 10월 4일에 발행된 신문《웨스트 오스트레일리안 *West Australian*》의 제1면과 현저한 대조를 이룬다. "영국, 서부 오스트레일리아 해안에서 최초의 핵실험 실시"라고 대문자로 강조된 제목이 신문 제1면의 맨 위를 장식했고, 24킬로톤의 플루토늄 코어가 폭발하면서 3.66킬로미터 높이로 치솟은 구름 덩어리의 사진이 뒤를 이었다. 몬테벨로 군도에서 수행된 핵실험은 사실 오늘날의 해양공원 방문객들이 인식하는 것보다 한층 더 주목할 만하고 논란의 여지가 있는 사건이었다. 1952년의 그 핵실험은 영국 최초의 핵실험이었고, 영국이 당시 미국과 소련만 누리고 있던 핵보유국의 지위에 오르는 계기가 되었다. 이후 1956년에 실시된 두 차례의 핵실험인 모자이크 작전Operation Mosaic은 영국이 수소폭탄 개발에 다가가는 첫 번째 걸음을 상징했다. 모자이크 작전 이후 오스트레일리아 본토 쪽으로 방사성 구름이 날아갔고, 두 차례의 핵폭발 중 하나의 규모를 둘러싼 지루한 논쟁이 시작되었다.[34] 1985년에 작성된 오스트레일리아 왕립 위원회 보고서의 결론에 의하면 "지배적인 기후 유형과 안전한 폭발의 한정적 기회 때문에 몬테벨로 군도는 핵실험에 적합한 장소가 아니었다."[35] 모자이크 작전의 두 번째 핵실험으로 발생한 폭발 위력이 60킬로톤인지 98킬로톤인지의 여부는 정보 출처에 따라 다르지만, 어느 경우든 간에 그 핵실험으로 당시 영국은 자국 역사상 가장 강력한 폭탄을 터트린 셈이었고, 오스트레일리아에서 진행하는 핵실험 규모와 관련해 설정된 50킬로톤이라는 한계를 확실히 뛰어넘었다.

오늘날의 몬테벨로 군도 관광 자료에서는 가볍게 다루고 있지만 핵무기 실험의 의미심장한 역사가 분명히 드러나 있다. 그러나 핵실험이 원주민들과 그들의 땅에 미친 영향에 대한 설명은 훨씬 더 찾아보기 어렵다.[36] 해양공원 웹사이트의 맨 밑에는 다음과 같이 짧은 언급이 있을 뿐이다. "우리는 원주민들을 몬테벨로 군도 해양공원의 전통적인 수호자로 인정합니다."[37] 일련의 핵실험이 벌어질 당시, 이미 약 8천 년 전부터 원주민들은 그곳에 살고 있지 않았지만, 몬테벨로 군도에서 비교적 가깝고 바람이 불어가는 쪽의 본토에는 수천 명의 원주민들이 살고 있었다. 1985년의 왕립 위원회 보고서에서는 지금 핵실험 장소와 매우 가까운 섬들에 거주하는 원주민들을 철저하게 외면하는 태도를 이렇게 꼬집었다. "핵무기연구소Atomic Weapons Research Establishment나 안전위원회Safety Committee는 몬테벨로 군도 근처의 본토에 거주하는 원주민들과 그들이 방사능 낙진에 추가적으로 영향을 받을 가능성을 인정하지 않았다."[38] 왕립 위원회 보고서는 다음과 같은 결론으로 마무리되었다. "폭발실험이 벌어질 때 원주민의 소재에 대한 관심이 부족했다. 왕립 위원회는 일정한 수준의 방사능으로 인해 위험이 증가할 수 있는 그들의 독특한 생활방식을 고려했다고 볼 만한 증거를 전혀 발견할 수 없었다."[39] 위험인자들로는 "부적절한 복장, 방사성물질에 오염된 음식물 섭취, 이동 유형, 언어 장벽(영어로 작성된 경고문을 읽을 수 없는 원주민들이 많았다), 전반적 건강상태" 등을 꼽을 수 있었다.[40]

몬테벨로 핵실험 현장 인근에 주둔했던 오스트레일리아 군인들의 가족들은 지난 수십 년 동안 높은 암 발병률과 조기 사망률을 호소해왔다. 2006년에 발표된 어느 연구를 통해 핵실험에 참여한 군인들의 암 발병률 증가 현상이 드러났고, 이후 오스트레일리아 정부는 1천 명의 군인 출신 생존자들의 암 치료에 나서고, 약 7천만 달러의 보상금과 의료비를 지원하기로 했다.[41] 1986년, 오스트레일리아 정부는 방사능에 오염된 토지의 보상금으로 원주민들에게 30만 달러 정도만 지급했고, 1990년대에 영국 정부는 핵실험 현장을 정화하고 원주민에게 추가로 보상하기 위한 비용으로 4,500만 달러를 제공했다.[42] 오스트레일리아 원주민에 대한 처우가 전반적으로 형편없다는 것을 고려할 때, 그들의 이해관계가 핵실험을 계획하고 실행하는 단계와 그 이후의 과정에서 별다른 영향력을 행사하지 못했다는 점은 전혀 놀랍지 않은 사실일 것이다. 이처럼 열악한 원주민의 지위는, 냉전 시대의 오스트레일리아 최고의 핵과학자 중 한 사람으로 꼽혔을 뿐 아니라 자국의 핵실험을 감시하는 안전위원회의 위원장으로 활동했던 어니스트 티터튼 경Sir Ernest Titterton의 발언에서 신랄하게 드러났다. 티터튼은 원주민들이 핵실험을 싫어했다면 투표를 통해 정권을 교체했어야 한다는 투로 말했다.[43] 그러나 티터튼 자신도 확실히 알고 있었듯이, 문제의 핵실험이 있었을 때 원주민들에게는 참정권이 없었다. 그들은 1967년에야 비로소 공식 인구조사에 포함되었고 참정권을 얻었다. 게다가 원주민 인구는 오스트레일리아 전체 인구의 3퍼센트에 불과하기 때문에 정치적 영향력이 미미한 편이다.[44]

비키니 환초

물론 몬테벨로 군도만 원자폭탄 폭발의 영향을 겪지는 않았고, 오스트레일리아 원주민만 핵무기 실험에 따른 피해를 입은 것은 아니다. 1954년 3월 1일, 미국은 역사상 최대인 15메가톤 위력(히로시마에 투하된 폭탄 위력의 약 1,500배)의 폭탄을 터트렸다. 그 결과 서부 태평양의 비키니 환초의 섬 3개가 지도에서 사라졌다. 지리학자 사샤 데이비스Sasha Davis가 《제국의 변방*The Empires' Edge*》에서 지적하듯이 비키니 환초에서의 핵실험은 그곳을 버려진 무인도로 지칭해야만 가능한 일이었지만, 약 200명의 비키니 환초 원주민들이 그곳을 고향으로 불렀다는 사실을 고려하면 그것은 다소 설득력이 떨어지는 처사였다. 1958년, 비키니 환초에서의 마지막 핵실험이 실시되었다. 이후 10년에 걸쳐 미국 정부는 원주민들을 비키니 환초로 송환하겠다는 약속을 지키려고 했다. 비키니 환초에서의 복원 노력은 주로 방사성 군용 폐기물을 청소하고, 기존의 식생을 제거한 뒤 야자나무 같은 식량자원을 대량으로 심는 데 집중되었다.[45] 비키니 환초의 토양 시료에서 고농도의 방사능이 검출되었지만, 미국 정부 보고서의 결론은 다음과 같았다. "토양의 최상층을 제거함으로써 현재의 수준을 낮추려고 시도하면 이 지역의 유한한 농업 역량이 소실될 것이라는 공감대가 있었기 때문에 기본적으로 대부분의 지역을 그대로 방치했다."[46]

1968년, 미국 정부 관계자들은 비키니 환초의 상태가 원주민들이 복귀하기에 안전하다는 결론을 내렸고, 1972년에 원주민들이 자발적으로 돌아오기 시작했다.[47] 아직 토양이 오염되어있었기 때문에, 비키니 환초의 여러 섬에서 자라는 코코넛 야자, 판다누스 야자, 빵나무 같은 식량자원에도 방사성물질이 흡수되었다. 몇 년이 지나지 않아, 원주민들의 소변을 분석한 결과 세슘-137 같은 고농도의 방사성 원소들이 검출되었다.[48] 1978년, 미국 정부는 비키니 환초가 아직 인간이 거주하기에 안전하지 않다는 결론을 내렸고, 또 다시 원주민 전원을 퇴거시켰다. 사샤 데이브스가 지적한 것처럼, 공교롭게도 오늘날의 비키니 환초는 군사정책 입안자들이 1950년대 초반에 상상했던 모습인 열대의 무인도와 똑같다.[49] 마셜 제도 피폭선량평가 및 방사생태학 프로그램 Marshall Islands Dose

Assessment and Radioecology Program의 분석 결과에 의하면 2010년에 섬으로 돌아가는 가상 모집단의 체내 방사능 부하량은 줄여 잡아도 마셜 제도의 자체 기준에 근접할 것으로 보이고, "비키니 환초로의 재정착은 한층 더 타당하고 저렴한 방안이 될 수 있을 것이다."[50]

그러는 동안, 비키니 환초는 핵실험 장소로서의 국제적 중요성과 냉전 확대 과정에서 차지한 역할을 인정받아 유네스코 세계유산 으로 지정되었다. 유네스코의 웹사이트는 비키니 환초를 이렇게 묘사한다. "평화의, 그리고 지상낙원의 역설적 이미지에도 불구하고 이 환초는 핵무기 시대의 서막을 상징한다."[51] 비키니 환초를 열대의 낙원으로 여기는 이 관점은 지금 비키니 환초에서 누릴 수 있는 세계 수준의 잠수 기회를 강조하는 여행 관련 출판물에서 단호하게 드러난다. 1996년부터 비키니 환초는 잠수를 즐기려는 여행객들에게 개방되었다. 그 조치는 비키니 환초를 살기에 적합한 상태로 복원하기 위한 원주민들의 활동에 자금을 대기 위한 목적도 있었다. 개방되자마자 비키니 환초는 세계 일류의 잠수 명소 중 하나로 손꼽혔다. 2000년, 여행잡지《콘데 나스트 트레블러 *Conde Nast Traveler*》는 비키니 환초를 "세계 50대 휴양지" 목록에 넣었고, 지구에서 비키니 환초만큼 "에덴동산처럼 보일 수 있는" 곳은 거의 없다고 격찬했다.[52]

비키니 환초로 향하는 잠수 애호가들은 아마 지상낙원을 떠올리겠지만, 군사적 유물이나 유적 때문에 일부러 그곳을 선택하는 사람들도 있다. 열대지방의 다른 잠수 여행지에서 더 멋진 해양생물을 구경하고 더 편안한 관광을 즐길 수도 있지만, 거기에는 일련의 핵실험으로 탄생한 비키니 환초의 "핵"난파선 "함대"에 견줄 만한 것은 없다(핵실험 당시, 핵폭탄을 운반하고 핵폭발의 효과를 시험할 목적으로 선박이 쓰였다). 비키니 환초에서의 잠수 여행 상품은 침몰한 폐선의 선체를 열렬히 홍보하고("비키니 환초, 난파선을 만나는 궁극의 잠수를 경험하다!"), 종종 그 매력적인 환초 위로 피어오르는 거대한 버섯구름의 이미지를 이용한다.[53]

피해 지우기, 역사 지우기

잠수 애호가들의 낙원과 대비되는 수소폭탄의 이미지는 특이하다. 하지만 과거의 군사화와 현재의 관광이 뒤섞인 이미지는 한반도의 비무장지대, 유럽의 철의 장막 국경지대, 미국의 야생동물보호지구 같은 곳에서 엿볼 수 있는 것과 흡사한 탈군사적 야생동물보호지구화나 탈군사적 관광화의 풍경을 연상시킨다. 비키니 환초에서, 핵실험의 황폐한 흔적은 (잠수 애호가들에게) 매력적인 부분이고, 동시에 방사능에 대한 우려 때문에 원주민의 복귀가 실패로 돌아간 문제가 핵심으로 남아있다. 인디애나주의 빅 오크스는 관련된 사람들과 장소의 측면에서 비키니 환초와 큰 차이점이 있다. 그러나 빅 오크스에서도 비키니 환초와 마찬가지로 폭넓은 궤도가 작동하고 있다. 즉 지역 주민들이 추방된 상태에서 군사적 실험이 광범위한 오염으로 이어지고, 결국 원주민들이 복귀하지 못하고, 현장은 "자연"이 번창하도록 따로 관리되고 있다. 비키니 환초와 빅 오크스에서 이뤄진 용도 전환 과정의 핵심에는, 현장을 군사적 영향을 받기 이전의 상태에 근접할 만큼도 복원시키지 못하는 군사적 요소의 부적절한 제거 작업이 자리 잡고 있다.

이 점은 내가 일찍이 생태복원과 관련해 제기한 몇 가지 우려와 일맥상통한다. 이를테면 심각하게 오염된 현장에서 얼마나 철저하게 정화 작업을 진행할 수 있는가, 공중보건 목표를 비롯한 더 사회지향적인 목표와 생태적 목표 간의 균형을 어떻게 유지할 수 있는가, 무엇을 "참된" 복원으로 간주해야 하는가에 대한 우려이다. 특정 현장에서 일어나는 변화가 정화 프로젝트 같은 인간의 노력을 통해 의도적으로 시작되든 아니면 지형이 자연화되면서 더 우발적으로 시작되든 간에 종종 우리는 어느 시점이 되면 현장의 과거 역사를 기념하는 방법을 둘러싼 문제와 마주친다. 복원 과정과 자연화 과정은 흔히 질이 떨어졌거나 심각한 타격을 입은 현장을 개선하는 조치로 간주되고, 사실 유럽의 그린벨트를 제쳐놓고 죽음의 띠를 선택하기는 힘들다. 그러나 특정 지형에서의 이 같은 변화에는 여러 가지 형태의 삭제를 동반하기 마련이다. 경우에 따라서는 삭제를 바탕으로 변화가 진행되기도 한다. 현장에서 환경오염물질을 제거하는 작업을 진행하는 경우나 복원 프로젝트를 통해 생태적 피해를 제거하는 작업을 펼칠 경우에는 삭제의 비중이 무척 크다. 생태적 특성뿐 아니라 인간 활동의 역사라는 측면에서 중요성을 띠는 장소에서 그런 작업을 실시할 때는 삭제가 실질적 우려의 대상일 수 있다.[54]

군사화에 따른 충격이나 영향이 보전이나 관광 같은 새로운 사안과 분명히 공존하고 있는 장소에서, 우리는 삭제의 매끄러운 가장자리만 본다. 한반도의 비무장지대를 찾는 관광객들, 그리고 비키니 환초 근처의 난파선이나 몬테벨로 군도 주변의 바다를 탐사하는 잠수 애호가들은 거기서 경험하는 자연과 고독과 평화가 그 독특한 환경을 빚어낸 철책, 지뢰밭, 무장 순찰대, 폭탄 등과 직접 연결된다는 점을 인식할 가능성이 높다. 그처럼 충격적인 대비는 흔히 그런 장소가 발산하는 매력의 일부분이다.[55] 그러나 군사화와 보전이나 관광이 공존하는 현장에서도, 그 새로운 자연은 그간의 충격을 완화하고 역사적 교훈의 힘을 약화시킬 수 있다. 역사학자 아스트리드 에커트Astrid Eckert는, 철의 장막으로 향하는 수많은 냉전 관광객들이 그 잔인한 장벽의 사회적 승인에 지장을 초래하지 않으면서 점차 그것을 중앙유럽 지형 일부분으로 정상화하는 과정에 대한 우려를 표명했다.[56]

비키니 환초를 찾는 방문객들은 브라보Bravo 화구의 규모나 해저에 가라앉은 폐선의 흔적에 충격을 받을지 모르지만, 수정처럼 맑은 바닷물, 자연 그대로의 해변, 찾아볼 수 없는 인기척 등에 이끌리기도 한다. 이 점에 비춰보면 잠수 홍보 웹사이트가 비키니 환초를 "세계에서 가장 원시적인 열대 해양환경에서 즐기는 세계 최고의 난파선 잠수 탐사 장소"로 묘사하는 것은 전혀 놀랍지 않다.[57] 웹사이트는 세계 곳곳의 해양환경 파괴와 산호초 표백 현상을 한탄하며 비키니 환초를 포함한 마셜제도를 "현존하는 마지막 에덴동산"으로 묘사한다. "물속의 모든 것이 무탈해 보여 안도한다!"[58] 웹사이트에는 핵실험과 비키니 환초 위에 피어오른 버섯구름에 대한 역사적 설명도 실려있다. 그러나 핵실험의 공포로 간주할 만한 것이 비키니 환초의 매력으로 바뀌어있다. 즉 아무도 비키니 환초에 오지 않기 때문에 그곳은 흠이 없는 에덴동산으로 남아있는 셈이다. 이렇게 미국 최대 규모의 수소폭탄 실험의 폭력성은 간담 서늘한 스쿠버다이빙 장소를 만들어내는 편리한 방법으로 스며든다.

한반도의 비무장지대를 찾는 방문객들도 그곳의 실제적 폭력성과 평화와 자연의 안식처라는 최근의 이미지 사이에서 비슷한 단절현상과 마주칠 수 있다. 나는 비무장지대를 얼마 전에 방문했다가 초현실적 경험을 겪었다는 사람과 대화를 나눴다. 그가 털어놓은 바에 의하면 일단 관광버스를 타고 공동경비구역에 도착했는데 관광안내원이 그곳이 나비 및 야생동물을 보호하는 역할도 한다는 점을 강조하는 바람에 군사분계선에 늘어서 있는 무장 순찰대와 요새는 보는 둥 마는 둥 했다고 한다. 하지만 실제로 비무장지대 관광안내원들은 방문객들에게 한국전쟁의 개요를 설명해주고, 아직 적용되고 있는 보안조치(예를 들면 사진촬영 제한)를 상세히 알려주며, 남북한 군인들과 침투용 땅굴 같은 경비가 삼엄한 국경선의 여러 가지 특징을 확인할 수 있는 기회를 준다. 관광객들이 교전지역 방문에 따른 위험을 인정하는 면책동의서를 작성해야 한다는 점을 고려하면, 많은 관광객들이 비무장지대의 풍경을 체험하면서 그곳을 지속적 군사화의 현장으로 느끼지 않기는 어려울 것이다. 그러나 지금 비무장지대에 초점을 맞추고 있는 평화와 자연의 확산이라는 이야기와 그곳에 즐비한 기념품 판매대는, 그곳의 실제적 폭력성에 대한 방문객들의 올바른 판단을 저해하는 역할을 할 수 있다. 한 언론 보도는 비무장지대 관광 경험을 이렇게 묘사했다. "사람들 눈에 띄는 것은 무서움보다는 촌스러움일 것이다."[59] 비무장지대를 찾는 많은 방문객들은 자연이 점점 번창하는 관광지이자 안전하게 경험할 수 있는, 위험하고 중무장을 갖춘 국경선이라는 혼란스러운 메시지 같은 것을 전달받을 뿐이다.

아마 이 혼란스러운 메시지는 철의 장막 국경지대에서 균형을 잡기가 훨씬 더 어려울 것이다. 지금 철의 장막 국경지대에는 위험하고 중무장을 갖춘 국경선이라는 부분이 없기 때문이다. 철의 장막 국경지대를 둘러싼 역사에서 그 부분이 사라져서 발생한 문제는 무엇일까? 냉전 시대 죽음의 띠의 유산을 어떻게 유럽의 현재 세대와 미래 세대가 이로운 방식으로 유지할 수 있을까?

유럽연합을 확대하고 강화하기 위한 지속적 노력에 힘입어, 유럽의 여러 지도자가 범유럽적 단일성과 정체성 프로젝트를 진전시키는 데 매진하고 있다. 철의 장막 길을 주창한 미하엘 크라머는 독일 정치인이자 유럽의회 의원이다. 그는 유럽의 통일을 장거리 자전거길 노선의 목적으로 여긴다. 앞서 언급했듯, 크라머가 펴낸 철의 장막 길 안내서에는 그 길에 대한 여러 가지 문화적, 역사적 특징이 상세하게 기술되어있다. 철의 장막 국경지대를 유럽의 그린벨트로 탈바꿈시키려는 한결 폭넓은 활동에서도 보전뿐 아니라 기념과 기억이라는 목표가 중시된다. 현재 진행 중인 유럽 그린벨트 계획이라는 이름의 대중운동에서는 철의 장막 국경지대를 "기념물 지형"으로 부르고, 생태적 목표뿐 아니라 역사적, 인도주의적 성격의 목표도 중심에 놓고 사업을 진행하고자 주의를 기울인다.

> 유럽의 그린벨트는 유럽 역사의 이례적 상징이다. 이 살아있는 기념물은 냉전과 철의 장막을 평화롭게 극복한 점을 일깨운다. 이것은 20세기의 험난하고 종종 비극적이었던 역사의 지형에 자리 잡은 물리적 상기 수단이

> 다. (…) 유럽 그린벨트 계획의 주요 목표 중 하나는 이 생명선을 기념물 지형으로 보존하는 것이다. 국경 요새의 유물(망루, 순찰로, 수로, 각종 건물)에서 국경 관리체제의 비인간성이 생생하게 나타난다. 유럽의 그린벨트에서는 역사를 목격하고 경험할 수 있도록 하는 여러 가지 프로젝트와 활동이 펼쳐질 것이다. 그 결과물로는 유럽 그린벨트의 군사적 유산을 일목요연하게 정리한 지도, 그리고 라트비아의 발트해 연안에서의 자연관광 여행과 연계된 군사적 유물을 안전하게 이용하고 관리하는 데 필요한 지침을 들 수 있다. 또 독일 내의 유럽 그린벨트를 대상으로 하는 "그린벨트 체험" 프로젝트도 있다. 프로젝트 관계자들은 파괴된 마을을 되살리는 한편, 냉전 시대의 목격자들이 직접 들려주는 구술 역사를 수집하도록 학생들과 협조하는 방법을 활용하고 있다.[60]

이처럼 중앙유럽 국경지대에서 군사화의 물리적 유산을 간직하고자 애쓰는 자세는 과거에 군사적 용도로 쓰인 대부분의 역사적 유물이 생태복원과 용도 변경의 첫 단계에서 제거된 미국의 탈군사적 야생동물보호지구화와 뚜렷하게 대조된다. 철의 장막을 따라 형성된 역사적 지층을 간직하거나 그것의 가치를 드높이려는 노력은 그 국경지대의 교육적 본보기가 된다. 뿐만 아니라 아직 보전에 대한 공식적인 약속이 없고 통일이 찾아오지 않은 한반도의 비무장지대처럼 군사화가 활발히 진행 중인 장소에서 비슷한 과정이나 궁극적 전환이 일어날 수 있는 방법에 관한 해답이 될 수도 있다.

철의 장막을 기념하기

유럽 그린벨트 계획과 철의 장막 길, 그리고 여타의 지역 및 지방 단위 활동을 기획한 사람들은 각자 국경지대에서 엿보이는 문화적, 생태적 변화와 거기서 얻을 수 있는 교훈을 부각시키기 위해 웹사이트, 출판물, 회의, 관광 여행, 관광 홍보, 대중매체 행사 등 각종 수단을 활용한다. 유럽이 적대적으로 분열되었던 냉전 시대를 경험한 사람들이나 자신의 가족사가 유럽의 분열에 영향을 받은 사람들 시각에서 볼 때, 철의 장막은 매우 확고한 유산을 남긴 듯하다. 나는 1980년대 중반에 학생 신분의 관광객 자격으로 체코슬로바키아와 동독을 비교적 쉽게 드나들었던 기억이 생생하다. 정말 위험천만하게 철의 장막 동쪽에서 서쪽으로 탈출한 사람들은 철의 장막의 폭력성과 공포를 결코 잊지 못할 것이다. 그러나 나는 최근 철의 장막 국경지대에서 겪은 경험을 통해 특정 지형의 의미가 정말 쉽게 사라질 수 있음을 절실히 느꼈다. 만일 평범한 자전거 여행자가 철의 장막 길을 따라가며 느긋한 몽상에 빠지고 자연보호구역의 아름다움을 느끼고 생태적(그리고 문화적) 자각을 경험한다면야 그리 문제가 없겠다. 그러나 확실한 사실은, 과거의 역사적 교훈이 스며들 수 있을 법한 철의 장막 국경지대에 영향을 주는 한층 위협적인 사회 정치적 흐름이 있다는 점이다.

이 책을 집필하고 있는 지금 이 시간에도, 세계 각국 언론매체는 동유럽에서 서쪽으로 밀려드는 이주자들의 물결을 대서특필한다. 분열된 유럽에 대한 반응으로 터져 나온 "결코 되풀이하지 않겠다."라는 외침은,

헝가리가 이주자들의 접근을 막기 위해 남쪽 국경을 따라 철책을 서둘러 설치하는 바람에, 안쓰러울 정도로 저 멀리서 들릴 뿐이다.[61] 이 같은 역설은 1989년 오스트리아와의 국경을 개방함으로써 철의 장막을 처음으로 무너트린 나라가 바로 헝가리였다는 사실에 비춰볼 때 훨씬 뼈아프게 다가온다.

유럽에서 지금 일어나는 사건들 또는 미국과 멕시코 간 국경과 이스라엘에서 추진되는 장벽 세우기 작업을 고려하면,[62] 철의 장막 요새화를 둘러싼 역사와 의미는 우리에게 한층 더 절실하게 다가와야 한다. 여기서 다음과 같은 질문을 던질 만하다. 유럽인들은 어떻게 해야 철의 장막의 역사를 의미 있게 간직할 수 있을까? 그리고 무장 국경지대의 파열적 폭력성을 나타내는 동시에 새로운 이야기와 의미가 펼쳐질 여지를 마련하는 쪽으로 그 역사를 간직하는 일이 가능할 수 있을까? 철의 장막 국경지대에서 겪은 경험에 비춰볼 때, 나는 그곳의 역사를 간직하는 세 가지 폭넓은 수단을 제안하고 싶다. 그것은 바로 텍스트와 서술적 설명, 물리적 흔적, 예술품이다.

텍스트와 서술적 설명

변화하는 철의 장막 국경지대의 성격에 대한 서술적 설명은 미하엘 크라머의 상세한 자전거여행 안내서, 신문과 웹사이트와 잡지의 기사, 도로와 자전거길 노선의 표지판 같은 갖가지 형태를 띤다.[63] 대부분의 서술적 설명에서는 냉전 시대에 철의 장막 국경지대에 설치한 장벽과 그로

그림 5.5 독일 내의 옛 국경선.

인한 분리의 폭력성을 논의하고, 오늘날 휴양, 관광, 보전 계획을 통해 이루어지는 복구 문제도 다룬다. 아마 중앙유럽 국경지대의 성격을 규정하는 데 보탬이 되고 냉전 시대의 역사를 상기시키는 가장 명백한 텍스트는, 독일 내의 옛 국경선의 대다수 교차로에 설치된 대형 갈색 표지판일 것이다(그림 5.5).

비교적 밝은 색조로 독일을 동서로 가르는 구불구불한 선에 해당하는 철의 장막이 그려진 유럽 지도 표지판에는 다음과 같은 짤막한 독일어 안내문이 적혀있다. "독일과 유럽은 1989년 12월 21일 오전 8시까지 여기를 경계로 나뉘어있었다." 각 표지판에서는 독일 내의 옛 국경선이

해당 장소에서 개방된 구체적인 날짜와 시간이 중요하게 다뤄진다. 사실 단절과 무관해 보이는 현재의 지형을 지켜보다보면 일련의 치명적 요새화로 경치가 망가진 모습을 상상하기 어려운 경우가 많다. 현재와 과거의 대조적인 모습은 충격적일 수 있지만, 그것은 역사가 얼마나 쉽사리 흐릿해질 수 있는가, 또 지형과 기억이 얼마나 순식간에 변할 수 있는가를 일깨우기도 한다.

물리적 흔적

철의 장막을 상기시키는 물리적 유적은 형태와 크기가 다양하다. 아울러 우리가 그런 자취를 간직하거나 외면하는 방식도 다양하다. 철의 장막 국경지대에는 아직 수십 개의 망루가 경비가 삼엄한 옛 국경선을 표시하듯 언덕 꼭대기와 들판에 솟아있다. 페인트가 벗겨지고, 창문이 깨지고, 판자를 덧대 문이 막히면서 여러 망루가 차츰 망가지고 있다. 그러나 다른 망루들은 관광지가 되었거나 아침 식사가 나오는 숙소나 경치가 좋은 식당으로 재탄생했다(그림 5.6과 5.7). 학자들은 망루를 이처럼 활용하는 방식이 어떻게 이용자들에게 강렬한 경험의 기회를 제공할 수 있는가, 혹은 오래 지속되는 의미와 기억을 확실히 의식하도록 얼마나 효과적으로 유도할 수 있는가를 논한다.[64] 하지만 군사화된 경계와 감시의 현장이라는 중요성을 새기지 않은 채 철의 장막 국경지대에 아직 서 있는 망루는 지나가는 여행자들이 거의 없을 만큼 독특하면서도 버려진 장소이다.

그림 5.6 독일 철의 장막 국경지대에 버려진 망루.

그림 5.7 독일 철의 장막 국경지대에 새로 단장한 망루.

망루 외에 콘크리트 및 목조 검문소, 콘크리트 슬래브 순찰도로, 버려진(또는 새로 단장한) 건물과 마을, 그리고 한때 말끔히 정리되었다가 지금은 관목과 숲에 힘입어 녹색을 띠고 있는 길쭉한 띠 모양의 땅을 비롯한 더 미묘한 흔적도 있다. 국경지대의 여러 공동체는 철의 장막에 물리적 형태를 부여한 요새화와 냉전 시대를 기념하고 해석하고자 야외 박물관을 만들었다. 그 가운데 몇몇 야외 박물관은 관광지가 되었다. 예컨대 철의 장막 박물관을 세심하게 관리해온 독일의 뫼들라로이트Mödlareuth에는 그 작은 마을이 겪은 강제 분단이라는 통한의 역사를 눈으로 확인하고 교훈을 얻으려는 학생들과 관광객들이 몰리고 있다(뫼들라로이트는 그 마을을 둘로 쪼개는 콘크리트 장벽 때문에 "작은 베를린"이라는 별명을 얻었다)(그림 5.8과 5.9).

예술품

철의 장막의 의미와 그 국경지대에 대한 해석은 방문객의 경력이나 배경, 개인적 연관성, 방문 장소나 계절 같은 여러 요인에 따라 확실히 달라진다. 철의 장막을 둘러싼 갖가지 가능성에서 비롯된 몇몇 메시지가 요란하게 울려 퍼지는 듯싶지만(아마 "결코 되풀이하지 않겠다."라는 외침이 가장 일관성 있을 것이다), 철의 장막이라는 지형에 대한 여러 가지 반응을 수용하는 것도 이치에 맞는 태도일 것이다. 반응을 수용하는 과정에서, 텍스트와 물리적 유적은 무장 국경지대의 폭력성을 효과적으로 나타내는 방식으로 쓰이지만, 예술품은 기념하는 동시에 새로운 이야기와 의미가 펼

그림 5.8 독일 뫼들라로이트의 야외 박물관.

그림 5.9 독일 뫼들라로이트의 야외 박물관.

쳐질 여지를 마련하는 인상적인 방식으로 쓰인다.

직접 철의 장막을 따라 여행했을 때, 내가 가장 놀란 것은 다른 형태의 의미와 기념과 해석을 촉발하기 위한 예술의 독특한 활용법이었다. 과거의 군사화와 관련한 텍스트와 물리적 유적과 마찬가지로 예술품도 형태와 크기가 다양하다. 일부 예술품은 표시나 제목 같은 해석의 실마리와 함께 있지만, 많은 예술품은 감상자들이 자유롭게 마주치고 독자적으로 이해할 수 있도록 그냥 지형 속에 던져져 있다. 예술이 철의 장막 국경지대에서 어떻게 이런 방식으로 나름의 역할을 할 수 있는지 생각해볼 수 있는 예술품이 있는 철의 장막 길 세 곳을 간단히 소개하겠다.

오스트리아, 슬로바키아, 체코의 삼각 국경

오스트리아와 슬로바키아와 체코 세 나라의 영토가 만나는 삼각 국경은 관광 명소로 보기 힘들다. 타야강Thaya과 모라바강이 합류하면서 체코 영토에는 좁은 삼각형 모양의 습지대가 형성되고, 그 양쪽에 슬로바키아와 오스트리아의 숲과 들판이 자리하고 있다. 삼각 국경에 가기 위해, 나는 자전거를 타고 제방을 따라 나있는 적당히 포장된 길을 달렸고, 얼마 뒤 흙길로 접어들어 제방 옆의 강이 다른 강과 만나는 지점에 이르렀다. 여기저기 눈에 띄는 낚시용 오두막들이 두 강의 제방을 우아하게 장식했고, 금속 표지판에는 세 나라의 국경이 만나는 위치가 표시되어있었다. 그곳에서 몇 미터 떨어진 곳에는, 쇠로 주조한 사람의 양 무릎 아래쪽 부분이 비바람을 맞으며 콘크리트 받침대에 고정된 채 서 있었고, 조형물의 양쪽 발목에는 녹슬어가는 쇠사슬이 감겨있었다(그림 5.10).

그림 5.10 오스트리아, 슬로바키아, 체코의 삼각 국경에 설치된 조형물.

내게 놀라움으로 다가온 조형물은 특유의 단순함 속에서 꿈틀거리고 있었다. 슬로바키아의 어느 유명한 텔레비전 프로그램을 선전하는 낙서 외에 다른 표시나 이름표가 없었기 때문에 조형물은 해석과 의문에 그대로 노출되었다. 이 조형물의 의미는 무엇일까? 동유럽인들을 옭아매는 족쇄를 묘사함으로써 냉전 시대의 저항 행위를 의미하는 것일까? 아니면 억압에 대한 냉전 시대 이후의 기억을 의미할까? 녹슬어가는 사슬이 곧 끊어지리라는 점을 기뻐하는 것일까? 혹시 녹슨 사슬은 단순히 세월과 외면의 산물에 불과할까? 예술사학자 권미원이 공공예술에 의해 증진될 수 있는 광범위한 교감으로 묘사한 조형물의 성격과 배치 방식이 우리 시야에 들어온다. "공공예술의 현장은 지리적 위치나 건축상의 배경일 뿐 아니라 사회관계의 네트워크이자 하나의 공동체이기도 하다."[65] 이 같은 시각은 정치성과 역사성이 강하고 고도로 군사화된 지형에서 펼쳐지는 공공예술의 영향과 가치를 향한 손짓으로 볼 수 있다. 공공예술은 질문, 교감, 의미를 증진할 뿐 그 세 가지의 범위를 한정하지 않는다. 만일 효과가 있다면, 공공예술은 이들 지형을 새로운 경험에, 즉 다른 맥락과 상태가 등장하는 상황에서도 과거의 상태를 상기시키는 경험에 문을 열 수 있을 것이다.

독일의 오이센하우젠-헤네베르크 Eußenhausen-Henneberg

오스트리아와 슬로바키아와 체코의 삼각 국경에서 약 700킬로미터 떨어진 독일 헤네베르크의 어느 언덕 꼭대기에서, 나는 또 다시 예술과 그 의미의 유동성에 깊은 감동을 받았다. 한때 요새화되었던 바이에른(서쪽)과 튀링겐(동쪽) 사이의 옛 국경선은 근처의 조각 공원과 8미터 높이의 "통일 황금다리 Golden Bridge of Reunification" 위로 불쑥 솟아있는, 버려진 망루를 통해 드러난다. 그 "다리"는 도로나 강에 설치된 것이 아니라 독일의 분열이 아닌 통합의 기념물을 만들고자 했던(베를린을 중심으로 활동 중인 예술가인) 지미 펠 Jimmy Fell의 작품이다.[66] 그러나 통일 황금다리의 커다란 아치 안쪽에 설치된 여러 개의 물건과 작은 조형물인 목발 한 쌍, 관절이 빠진 채 피를 흘리는 인체, 소총 그림, 옛 동독 비밀경찰 Stasi의 수장 에리히 밀케 Erich Mielke의 역할을 비난하는 내용 등 여러 글귀가 새겨진 양초 그림, 양초 조각상, 양초 실물, 녹여서 조각한 양초는 옛 철의 장막으로 빚어진 공포와 정신적 충격을 떠올리게 한다.

통일 황금다리 주변의 들판에 있는 여러 조형물은 그 지역의 뼈아픈 역사, 즉 1952년의 "해충 작전Operation Vermin"으로 헤네베르크 주민들이 새벽에 갑자기 쫓겨난 사건을 상기시킨다. 조형물들마다 작품의 제목과 간략한 설명을 담은 조그만 이름표가 붙어있지만, 방문객이 개별적으로 작품을 해석하고 나름의 방식대로 그곳과 충분히 대면할 만한 여지가 있다. 예를 들어 들판에는 붉게 칠한 돌무더기 위로 붉은 깃발이 튀어나온 모양의 작품이 있다. 작품 옆 표지판에는 "우리를 잊지 마세요! 공산주의에 희생된 1억 명을", "돌을 좀 쌓아주세요!" 같은 문구가 적혀 있다 (그림 5.11). 뼈대만 앙상한 집과 그 옆으로 쓰러진 의자가 있는 또 다른 조

그림 5.11 독일 헤네베르크의 조형물.

형물은 의자의 모습을 통해 독일인들이 국경지대에서 쫓겨난 충격적 사건을 증언하는 것만 같다. 한때 말끔히 정리되었다가 지금은 점차 수목으로 다시 뒤덮이고 있는 땅이나 텅 빈 하늘과 대비되는 그런 작품들은 방문객들에게 바라봐달라고, 또 상상해달라고 손짓한다.

독일 곰페르츠하우젠-알슬레벤Gompertshausen-Alsleben

철의 장막 길은 바이에른과 튀링겐 간의 국경지대를 따라 자전거를 타고 가던 나를 소도시 치메라우Zimmerau에서 국경선까지 뻗어있는 숲길로 이끌었다. 숲길 곳곳에는 하이킹과 크로스컨트리 스키를 즐기는 사람들을 위한 표지판이 서 있었다. 그곳은 평화로웠으며, 나는 겨울에 스키를 타고 숲을 가로지르는 상상에 빠져들었다. 하지만 탁 트인 들판에 접어들자 곰페르츠하우젠과 알슬레벤 사이의 포장도로가 나왔다.

독일 내의 옛 국경선에는 5.4미터 높이의 강철 십자가가 커다란 바위와 벤치를 거느린 채 우뚝 솟아있다(그림 5.12). 십자가에는 두 개의 작은 액자가 부착되어 있는데, 첫 번째 액자에는 십자가 조형물이 옛 동독에 속했던 알슬레벤의 어느 주민이 디자인해서 만든 것이라는 내용이 적혀 있다. 두 번째 액자에는 다음과 같은 헌정사가 독일어로 적혀있다. "1945~1990년. 국경선에서 살해된 사람들을 기억하기 위해. 살아있는 사람들에게 미래를 경고하기 위해."

십자가는 멀리서 봐도 놀랄 만큼 멋지다. 그물 모양의 강철 틀은 투명하면서도 햇빛을 반사한다. 그러나 가까이서 살펴보면 아름다움에 아픔이 덧대어져 새롭고 더 통렬한 의미를 드러낸다. 철의 장막 국경지대에

그림 5.12 독일 알슬레벤 인근의 십자가.

쓰인 철책은 사람들이 기어올라 넘어가지 못하도록 특별히 설계되었다. 철책은 손으로 잡기에는 가장자리가 너무 날카롭고 발을 딛기에는 너무 좁은 다이아몬드 모양의 작은 틈이 나 있다. 견고하고 잔인한 그물은 알슬레벤의 주민인 조각가가 십자가를 만들려고 선택한 재료였다. 나는 조각가가 1990년 겨울에 숲길에서 스키를 타기보다 주변의 들판을 돌아다니며 철책선에 관한 정보를 수집했으리라고 생각하면서 감동에 젖어 본다. 이 기념물은 부활의 약속(되살아난 국경 철책!)과 망각의 위험을, 그리고 지도 위에 그려진 기다란 선에서 생기는 여러 겹의 의미를 효과적으로 일깨우는 작품이다.

물론 오늘날 철의 장막 국경지대를 찾는 방문객들은 각자 그곳에서 시간을 보내며 겪는 다양한 경험을 통해 무언가 얻는 것이 있으리라. 많은 이들은 그곳의 상태를 직접 확인하면서 개인적 요소와 정치적 요소를, 그리고 동시대성과 역사성을 뒤섞는 관념과 정서와 인식을 목격한다. 불과 수십 년 만에 과거의 상당 부분을 잊어버리는 일이 실제로 가능한가 싶을 정도로 중앙유럽 지역 대부분에서 지금까지 일어난 변화는 토지 용도의 변화와 생태계 역동성의 측면에서 의미심장한 것이었다. 이주나 민족주의 혹은 고립주의와 같은 새로운 위기가 계속 찾아오는 이때, 수십 년간 이어진 냉전적 분열의 역사와 정치와 폭력성을 기억하려는 직접적 노력이 없다면, 우리는 철의 장막 국경지대에서 얻은 이 중요한 교훈을 잃어버릴 것이다.

06

녹색 군대

태평양 낙도 국가해양기념물군Pacific Remote Islands Marine National Monument은 약 127만 제곱킬로미터 넓이의 열대 태평양에 펼쳐진 영해와 해산海山 및 환초를 아우르는 세계 최대의 해양 보호구역이다. 2009년에 이임을 앞둔 조지 W. 부시 대통령이 처음으로 보호구역으로 지정한 뒤 2014년에 버락 오바마 대통령이 4배 확장한 이 기념물군에는 독일, 프랑스, 영국 등을 합친 면적보다 더 넓은 중앙 태평양 곳곳에 산재한 일곱 개의 국립야생동물보호지구가 포함되어있다.[1]

태평양 낙도 국가해양기념물군은 오바마 대통령이 2014년에 취한 조치를 강조하는 백악관 보도 자료에서 "세계에서 가장 자연 그대로인 열대 해양환경 중 하나"로 평가되었다.[2] 어류 및 야생동물관리국은 새로 확대된 이 보호구역을 "이 세상 야생동물의 마지막 한계이자 안식처 중 하나 (…) 지구상에서 가장 규모가 크고 자연 그대로인 산호초 및 바닷새 보호구역의 집합체"로 선전한다.[3]

주요 도시에서 가장 가까운 보호지구인 존스턴 환초Johnston Atoll가 하와이 호놀룰루 남서쪽 1,368킬로미터 지점의 공해상에 있듯이, 태평양 낙도 국가해양기념물군은 확실히 멀리 떨어져 있지만, 그 해양 보호구역에 "자연 그대로"라는 수식어를 붙이려면 엄청난 수준의 낙관론이나 끔찍한 역사에 대한 이해가 필요하다. 70여 년 동안, 태평양 낙도 국가해양기념물군의 여러 작은 섬은 미군이 화학무기, 생물학무기, 핵무기 따위를 시험하고 비축하고 폐기하는 데 쓰였다. 그 가운데 일부는 가설 활주로나 군사작전용 부지를 마련할 목적으로 확장된 섬이거나 아예 새로 만든 인공섬이다. 태평양 낙도 국가해양기념물군에서 거둔 보전상의 성과를 격찬하는 최근의 분위기에도 불구하고, 그곳에는 세계에서 가장 개탄스러운 사례 중 하나로 꼽히는 군사적 오염의 유산이 묻혀있다. 여러 해에 걸쳐 남용과 군사적 오염이 자행된 뒤, 갑자기 그곳의 섬들과 해양 서식지를 보전하는 데 관심을 쏟는 미국 정부의 태도 때문에 일부 비평가들은 부시 대통령이 2009년에 내린 보호구역 지정 조치를 환경보호의 탈을 쓴 채 중앙 태평양 지역에서의 군사적 통제를 강화하려는 은밀한 움직임에 불과한 것으로 폄하했다.[4]

이 보호구역의 여러 섬 중 하나인 존스턴 환초는 1962년에 특별한 고초를 겪었다. 그해 6월, 존스턴 환초에서 발사된 핵무장 미사일이 1분 만에 이상이 생기면서 목표물 도달 전에 파괴되었고, 플루토늄에 오염된 미사일과 1.4메가톤 위력의 탄두가 존스턴 환초와 인근 해역에 떨어졌다.[5] 7월에 핵무장 미사일이 다시 불발해 발사대에서 폭파되는 바람에 심각한 플루토늄 오염이 초래되고 화재가 일어나 섬 곳곳이 불탔다. 10

월, 세 번째 핵실험이 발사장 상공에서 실패로 돌아갔고, 존스턴 환초는 다시 방사성 잔해로 오염되었다.

이 "태평양 낙도" 지역에서 펼쳐진 군사 활동의 역사를 감안할 때, 지역의 자연적 특성을 의심의 눈초리로 바라보게 되지만, 곳곳에서 자연이 번창하고 풍부한 서식지가 조성되어있다는 백악관 관계자들의 장담은 평범한 관광객들에 의해서도 확증될 수 있다. 다른 여러 군사화의 현장과 마찬가지로, 격렬한 무기 실험과 그로 인한 오염이 벌어지는 동안, 그곳의 동식물과 환경적 과정Environmental Process(인간의 개입이나 도움 없이 자연환경에서 자연스럽게 일어나는 과정-옮긴이)도 여러모로 번창하고 활성화되는 것으로 평가할 수 있다. 당연히 이 양면적 매력의 역설은 주목을 끈다. 실제로 요즘 "군사적 환경주의", "카키색 보전", "생태적 군사화" 같은 개념을 논하는 문헌이 점점 늘어나고 있다.[6] 이들 개념의 핵심적인 전제는 군사적 실험과 활동이 환경보전과 양립할 수 있다는 점이다. 가장 적극적이고 관대한 형태의 생태적 군사화에서는, 군사화와 보전의 양립성이 전제될 뿐 아니라 군사 활동의 배타적 정책을 통해서만 보전상의 성과가 달성될 수 있다는 점도 강조된다. 이렇게 볼 때, 태평양 낙도의 열대 환초들은 주로 휴양시설 개발, 상업적 이용, 그리고 심지어 원주민 같은 세속적 위협요소를 방지한 핵폭발과 군사적 배제 조치 덕분에 이처럼 야생동물이 가득하고 개발의 손길이 닿지 않은 곳으로 남아있다고 볼 수 있다. 그러므로 생태적 군사화의 열성적 지지자들이 볼 때 군사적 통제와 오염은 파괴가 아니라 구원의 원천이다.[7]

물론 인권침해, 환경오염, 냉전적 군비 경쟁, 또는 군사화 과정의 역사 삭제 같은 희생이 따르기는 해도 군사 활동이 특정 서식지 보호에 보탬이 되는 역학관계를 좀 더 비판적 시각에서 인정할 수도 있다. 이런 시각에서 보면, 군사화를 정당화하는 현실적 위험이 수반되기는 해도 생태적 군사화는 보전에 대한 정당한 접근법으로 간주될 수 있을 것이다. 이미 국방 활동의 환경적 책무 자격을 강조하려는 다양한 자금조달 및 홍보 작업이 펼쳐지고 있는 점을 고려하면 이런 시각은 추상적 관심의 차원을 뛰어넘는 것으로 볼 수 있다.

환경적 책무와 국방부

2015년 4월, 내셔널 지오그래픽National Geographic의 웹사이트에는 "폭격 훈련장은 야생동물 보전의 국가적 본보기"라는 제목의 기사가 실렸다. 기사는 "면적이 3배 정도 더 넓은 국립공원 전체"보다 더 많은 멸종위기종이 서식하는 미국 군용지에서 엿보이는 생물학적 다양성의 인상적인 농축 수준을 강조했고, 플로리다주의 에글린 공군기지에 있는 오래된 왕솔나무숲을 둘러보면서 취재한 내용을 실었다. 기자는 우선 에글린 공군기지와 미국 남동부 지역의 여러 군사시설이 붉은벼슬딱다구리, 오칼루사시어矢魚, Okaloosa darter, 그물무늬저지대도롱뇽reticulated flatwoods salamander, 이스턴인디고뱀, 걸프철갑상어 같은 멸종위기종을 복원하는 과정에서 수행하는 역할을 거론한 뒤, 이렇게 결론을 내렸다. "내가 하늘을 쳐다봤을 때, 이 중 틸트로터형 V-22 오스프리Ospery(항공기)가 나무

꼭대기 위로 나타나 활 모양을 그리며 강을 따라 내려가더니 시야에서 사라졌다. 그 인상적인 금속 조류가 국가 방어뿐 아니라 자연 방어도 상징한다는 생각이 들었다. 에글린 공군기지 곳곳을 살펴보며 군대가 보호하는 희귀 서식지와 생물다양성에 대한 새로운 통찰을 얻었기 때문이다."[8]

군용지의 환경적 기여를 한결 체계적 방식으로 입증하려는 콜로라도 주립대학교 산하의 군용지 환경관리센터는 "국방부 소유지의 자연 자원과 문화 자원의 보전과 지속 가능한 관리 분야에서 경험을 쌓은 환경전문가 팀"으로 구성된다.[9] 군용지 환경관리센터는 주로 국방부의 보조금과 콜로라도 주립대학교의 포트 콜린스Fort Collins 캠퍼스에서 근무하거나 미국 전역에 산재한 40개 이상의 군사시설에 소속된 200여 명의 생물학자나 자원관리자와 맺은 계약을 바탕으로 운영된다. 군용지 환경관리센터는 생태적 군사화 개념에 명시적으로 공감한다. "군용지 환경관리센터는 군용지의 용도와 자원 보전은 지속 가능한 토지관리 관행의 통합을 통해 달성할 수 있는, 양립 가능한 목표들이다."[10] 이와 비슷한 의도는 용도 전환 과정을 호의적으로 평가하는 기사 "폭탄은 가고 새가 온다"[11]와 스스로 전환을 지향하는 보호지구에서 찾아볼 수 있는 표지판 "무기에서 야생동물로From Weapons to Wildlife"[12]에도 나타난다.

폐쇄 후 용도 전환 중인 군용 부지에서만 군사화와 보전 간의 상호보완적 연관성이 강조되지는 않는다. 국방부, 육해공군과 해병대, 그리고 국방부 산하의 각종 시설들에서도, 군사적 관행이 지속가능성이나 환경보전의 관행과 긴밀하게 연관되어있다는 시각이 강조된다. 인류학자 리사 메이에로토Lisa Meierotto는 이렇게 지적한다. "군사화와 보전은 동기가 서로 다를지 모르지만, 국가와 국가 자원의 수호라는 공동의 목표를 갖고 있다."[13] 생태적 군사화의 복합적 속성과 마찬가지로 제도화된 군사적 환경주의의 특징에는 환경 목표에 대한 헌신적 태도와 실질적 성과가 포함된다. 하지만 환경 목표와 관련한 행동이나 프로그램으로 인해 자칫 군사화의 핵심적인 특징이 불분명해지거나 정당화될 우려가 있다.[14] 미군의 핵심 사명이 전 세계에 걸친 막강한 영향력의 치명적 활용에 초점을 맞추고 있다는 점을 고려하면,[15] 환경적, 사회적, 경제적 지속가능성을 둘러싼 주장을 매우 면밀하게 검토하는 것이 현명할 듯싶다.

2016년의 국방 환경 프로그램 예산 요구안을 통해 국방부는 환경복원, 환경품질, 환경기술 등의 분야에 지출할 43억 달러 이상을 의회에 요청했다.[16] 국방부 지지자들은 국방부의 환경예산이 그 어느 환경보호단체의 예산보다 훨씬 많다는 점을 재빨리 지적한다. 일례로 시에라클럽 Sierra Club이 2014년에 지출한 총비용은 6천만 달러 미만이었다.[17] 하지만 국방부가 환경 관련 비용을 책정한 이유를 더 주의 깊게 살펴보면 중요한 세부사항이 드러난다.

2016년에 국방부가 13억 달러의 예산을 요구한 "환경복원" 분야에는 가동 또는 전환 중이거나 폐쇄된 시설에서 "위험한 물질이나 오염원이나 오염물질로 인한 오염 문제를 처리"하는 일, 그리고 불발탄 같은 군수품 관련 오염을 정화하는 일이 포함된다.[18] 3,400개 이상의 시설에서 진행되는 환경복원은 일반적으로 적극적 위험요인과 공공안전상의 위험을 줄이기 위한 정화 및 정리에 초점을 맞춘다. 지하수 및 토양 오염은 국방부의 환경복원 프로그램이 해결하고자 애쓰는 가장 흔하고 고질적인 문제이다. 이 환경복원 작업은 대체로 군대의 자발적 의사에 따른 것이 아니라 정화를 강제하는 소송의 결과로 시행되는 것이다. 이미 드러난 사실이겠지만, 환경복원 예산은 사실 군대가 훈련 및 병기시험의 일환으로 초래한 피해를 처리하는 데도 쓰인다.

국방부는 환경 관련 법률 및 규제 준수(약 14억 달러), 자연 자원과 문화 자원 보호(3억 9천만 달러), 오염 예방(1억 2백만 달러) 같은 세부항목으로 구성된 "환경품질" 분야의 예산으로 약 19억 달러를 요구했다. 오염 예방은 국방 활동상의 위험물질 사용과 위험한 폐기물의 유출을 줄이는 데 집중하는 항목이다.

국방부가 2016년에 "환경기술" 분야의 예산으로 요구한 금액은 2억 달러였다. 그 예산은 지하수 정화 작업에 도움이 되는 신기술과 더 효율적인 군용기 유지보수 수단인 "로봇과 레이저를 이용한 페인트 제거" 장치와 세제 같은 다양한 항목에 지출된다. 국방부는 이들 프로젝트가 환경뿐 아니라 국방부의 군사적 사명에 보탬이 되는 경우가 많다고 평가한다.[19]

이렇듯 국방부의 적극적인 자원보호 예산 규모는 수십억 달러에 이르는 환경 프로그램 예산 총액의 12퍼센트에 미치지 못하고, 국방부의 자원보호 활동도 군대가 중시하는 "임무 우선" 접근법에 큰 영향을 받는다. 국방부는 다음과 같이 선언한다. "국방부는 현행법을 준수하는 동시에 시험 및 훈련 부지를 지속적으로 이용할 수 있도록 자연 자원과 문화 자원을 관리함으로써 임무 대비태세와 훈련 유연성을 뒷받침한다."[20]

사실 국방부의 환경 프로그램 예산의 대부분은 지난 수십 년간 군사작전으로 야기된 피해를 복구하는 데, 기본적인 환경 규제를 준수하는 데, 가급적 향후의 혼란을 최소화하면서 군사 활동을 진행할 수 있도록 그 영향을 완화하는 데 쓰인다. 이 같은 예산 할당은 국방부가 국가의 군사적 역량을 운영하고 유지해야 할 의무가 있다는 국방부 내부의 논리에서 볼 때 매우 타당해 보이지만, 환경문제에 대해 국방부가 취할 수 있는 태도의 한계를 드러내기도 한다. 적어도 군사 예산과 관련되는 한 생태적 군사화는 확실히 "생태적" 측면보다 "군사화" 측면을 훨씬 더 중시한다.

그렇다고 해서 국방부가 환경문제에 전혀 관심을 기울이지 않는다는 말이 아니다. 분명히 국방부는 관심을 쏟는다. 그러나 국방부가 환경과 맺고 있는 관계는 흔히 도구주의적 특성을 띤다. 군사 지도자들은 환경법이나 여론을 거스르지 않으면서 일상적 운영 방식을 유지할 수 있으면 국방부의 임무 우선적 기조와 장기적 예산 확보와 정치적 전망에 보탬이 된다는 사실을 점점 더 깨닫고 있다.

미 국방부는 지구상에서 가장 파괴적이고 환경소모적인 존재라는 악평에 시달리고 있다. 하지만 최저 수준 이상으로 환경을 보호하고 지속가능성을 증진한다는 주장을 당당하게 펼칠 수 있을 때가 가끔 있기도 하다. 지속가능성과 임무수행능력 간의 연관성은 육해공군이 발표한 계획과 보고서에서 점점 더 뚜렷하게 재확인되고 있다. 2004년, 미 육군은 육군 환경전략Army Strategy for the Environment에서 이렇게 선언했다. "우리는 과거 수십 년간의 경험을 통해 단순히 환경 규제를 준수한다고 해서 임무를 지속할 수 있다는 보장이 없을 것이라는 점을 깨달았다."[21] 2007년의 공군 작전지속가능성 보고서Air Force Operational Sustainability Report에서도 임무와 환경의 연관성이 조명되었다. "임무 수행에 필수적인 예산과 제도와 기반시설에 대한 이례적 수준의 요구가 있는 상황에서, 우리는 위탁받은 소중한 자원에 대한 책무를 수용하고 실행해야 한다."[22] 2009년, 해군성 장관 레이 메이버스Ray Mabus는 해군이 해안과 바다에서 소비하는 모든 에너지의 절반을 대체에너지원을 통해 마련하는 방안을 발표했다.[23]

2010년에는 장기적 지속가능성 방안을 보유한 육군의 주요 시설이 30여 개였고, 지금은 여러 시설이 2020년까지 용수와 에너지의 생산 및 소비의 균형을 이루고 재활용을 통해 고형폐기물을 배출하지 않으려는 넷-제로 프로그램net-zero program을 수립하려는 목표를 두고 있다.[24] 육해공군과 해병대는 각자 법규 준수의 수준을 훨씬 뛰어넘는 환경 프로그램을 운영하고 지속가능성 관련 활동을 펼치고 있다. 군대의 지속가능성 활동은 개별 군사기관 차원에서 가장 명백히 드러나지만, 군별 차원의 주도적 기획과 광범위한 국방부 전략 재수립 같은 다양한 차원에서도 나타난다. 예를 들어 이 폭넓은 범위는 군사 지도자들이 2016년의 지구의 날에 발표한 메시지에서 분명히 확인할 수 있다. "이번 기회에 우리는 환경을 보호하고 위탁받은 토지, 우리가 전투 대비태세와 이 위대한 나라를 수호할 능력을 갖출 수 있는 원동력인 토지를 보존하겠다고 다시 약속합니다. (…) 앞으로도 우리는 서식지 유지 계획에 대한 연방정부의 역할을 유도할 생각입니다."[25]

개별 군사기관 차원에서 추진되는 지속가능성 계획의 더 인상적인 사례는 내가 거주하는 콜로라도스프링스Colorado Springs에서 자동차로 20분 거리에 있는 곳에서 찾아볼 수 있다. 미국 공군사관학교US Air Force Academy는 콜로라도스프링스 바로 북쪽에 위치한, 총면적 75제곱킬로미터의 생도 교육 및 훈련 단지이다. 해마다 8,200여 명의 생도들을 교육하고 훈련시키는 공군사관학교 부지는 각종 시설이 포함되어있는데, 시설 총면적이 0.56제곱킬로미터가 넘는다. 2008년, 공군사관학교는 두 가지 야심찬 지속가능성 목표를 채택했다. 2025년까지 전기의 생산과 소비가 균형을 이루는 "넷-제로" 군사기관이 되는 것과 탄소중립적 군사기관이 되는 것이다.[26] 전기 관련 넷-제로 목표의 대략 3분의 1은 보전 활동, 이용 유형상의 변화, 에너지절약형 기반시설 등을 통해 달성할 예정이었고, 전체 목표의 나머지 부분은 6메가와트 규모의 태양광전지판을 비롯한 부지 안팎의 설비에서 생산한 11메가와트의 재생에너지로 채워야 했다.

공군사관학교는 이미 에너지 집약도 감소 측면에서 상당한 진전을 이뤘다. 공군사관학교가 2015년의 목표를 달성하기 위해서는 에너지 집약도를 1975년의 수준에 비해 60퍼센트 줄여야 했다. 부지 안의 모든 신규 건설공사는, 에너지효율성과 지속 가능한 설계상의 특징을 척도로 건물의 등급을 매기는 미국녹색건물협의회US Green Building Council의 친환경 건축물인증제Leadership in Energy and Environmental Design의 2급 기준에 부합하는 것을 목표로 삼고 있다. 더 폭넓게 보자면, 오늘날 지속가능성은 많은 공군사관학교 생도들의 교과과정에 편입되고 있다. 2009년에는 최초로 지속 가능한 설계 과정이 개설되었고, 생도들은 콜로라도주 골든Golden에 소재한 국립재생에너지연구소National Renewable Energy Lab와의 공동연구과정을 개발했고, 국경 없는 공학자회Engineers without Borders의 지부를 설립했으며, 신규 건설공사에 대한 친환경건축물인증제 시험을 통과했다. 공군사관학교의 수뇌부는 생도들과 교수진에게 연구 및 강의 기회를 제공할 재생에너지센터Academy Center for Renewable Energy 신설안을 내놓았다.[27] 공군사관학교는 2013년 8월부터 2014년 8월까지 시간당 전기 사용량을 330만 킬로와트 정도 줄였다고 발표했다.[28]

콜로라도스프링스 바로 남쪽에 위치한 육군기지 포트 카슨Fort Carson은 면적 554제곱킬로미터의 본기지와 면적 959제곱킬로미터의 피뇬 협곡 기동훈련장Piñon Canyon Maneuver Site으로 이루어져 있다. 2006년 현재, 1만 6천여 명의 현역군인들과 1만 2천여 명의 콜로라도주 방위군, 육군 예비군, 해군 예비군 병력을 수용하는 포트 카슨에 있는 건물의 총면적은 0.74제곱킬로미터 이상이다. 군 병력과 민간인 직원과 그 부양가족을 포함해 포트 카슨에 의존해 생활하는 사람들은 10만 명이 넘는다.[29] 1988년에 시작된 기지 재편 및 폐쇄위원회의 폐쇄 결정과 군대 구조조정의 결과로, 포트 카슨 관계자들은 2000년대 초반에 전투 여단을 추가했고, 2009년부터 2014년까지 건물 총면적을 약 50퍼센트 늘렸다.[30] 지난 10년 동안 포트 카슨은 미 육군의 지속가능성 활동의 선두주자로 발돋움했으며, 2006년에는 육군 최초로 친환경건축물인증제의 2급 기준을 통과한 건물을 보유하게 되었다. 2015년에는 친환경건축물인증제의 3급, 2급, 1급 기준에 부합하는 총 80개의 건물을 신축하거나 개조했다.[31]

2008년, 포트 카슨에는 2메가와트 규모의 태양광전지판 시설이 들어섰다. 그것은 당시 육군에서 크기가 가장 컸고, 미국의 10대 태양광전지판 시설로 손꼽혔다. 포트 카슨에는 지금 총 4.7메가와트 규모의 태양광전지판 시설이 10개 있다.[32] 최근의 활발한 건설 경기에 힘입어, 포트 카슨 관계자들도 자전거 및 보행자 겸용 도로 체계를 확대했고, 빗물을 이용한 정원과 물이 스며드는 주차장 포장용 벽돌을 개발했고, 고밀도 개발과 복합용도 개발을 통해 기지의 운송 패턴을 바꾸고자 노력해왔다.[33]

포트 카슨 관계자들은 영내 훈련장의 친환경 인증을 받기 위해 애쓰기도 했다. 이라크식의 마을을 재현해놓은 훈련장에는 자체적으로 개발한 압축식 흙벽돌 기계로 현장에서 만든 진흙벽돌이 쓰였기 때문에 콘크리트 벽돌 같은 건축자재를 밖에서 들여올 필요가 없었다. 최근 포트 카슨 관계자들은 피뇬 협곡 기동훈련장을 확장하려는 움직임을 보였다가 콜로라도주 남동부 지역 목축업자들의 격렬한 저항을 초래했지만, 현재의 기동훈련장을 잘 관리하고 환경적 책무에 관심을 기울인 덕분에 육군 당국뿐 아니라 몇몇 비정부기구로부터 상도 받았다.[34] 더 범위를 넓혀보자면, 포트 카슨의 2007년 지속가능성 목표는 폐기물 무배출 수준에 도달하는 것, 재생가능자원으로 에너지 수요를 충당하는 것, 용수 소비량을 현격하게 줄이는 것, 지속 가능한 운송, 조달, 훈련장 관리 분야에서 성과를 내는 것 등이었다.[35] 이 같은 수행 목표에는, 각 부대에 환경보호 담당 장교를 임명하려는, 그리고 모든 병력이 매년 환경 및 지속가능성 의식과 관련한 현황 보고를 하도록 유도하려는 과정 지향적 지속가능성 활동이 수반된다. 2015년, 포트 카슨 관계자들의 노력은 2003년에 비해 에너지 효율성이 16퍼센트 향상된 결과로 나타났다. 식수 사용량은 55퍼센트 감소했고(2002년에 비해), 고형 폐기물의 절반 정도가 용도 전환되었으며, 매달 1만 명 이상의 군인들이 영내 무료셔틀버스를 이용하게 되었다.[36]

포트 카슨 관계자들은 개별 군사기관 차원에서도 자치단체 당국이나 대학교 같은 비슷한 규모의 가장 친환경적인 기관에서 기울이는 노력에 버금가는 지속가능성 목표를 정했고, 그것을 달성하려는 헌신적 태도를 보여줬다. 넷-제로 계획Net-zero Initiative의 일부분으로 지정된 포트 카슨과 나머지 16개의 군사기관을 바탕으로, 육군은 일회용 사용 줄이기, 재활용, 기존제품 재사용 등을 통한 고형폐기물의 용도 전환 활동, 그리고 재생에너지 생산과 에너지 효율성의 측면, 끝으로 용수 보전과 용수 효율성 대책의 측면에서 선두주자가 되고자 힘써왔다. 이 여러 가지 목표는 칭찬받을 만하다. 포트 카슨 같은 군사기관은 넷-제로 목표와 관련해 일정한 성과를 보여줬다. 하지만, 2016년에 회계감사원이 분석한 결과 국방부의 넷-제로 계획에는 국방부 조직 차원의 통합적 전략이나 정책이 전혀 없었다. "국방부와 군 관계자들에 의하면 넷-제로는 육해공군 같은 군종軍種 단위의 재정으로 추진되는 프로그램이 아니다."[37] 회계감사원이 넷-제로 국방 프로그램을 조사하면서 면담한 국방부 관계자들은, 넷-제로 목표를 달성하는 데는 엄청난 비용이 들겠지만 넷-제로 목표를 강조하면 "현재 진행 중인 보전과 지속가능성 프로젝트에 대한 관심을 유발하는 데 보탬"이 될 수 있다고 지적했다.[38] 다시 말해 군 관계자들은 넷-제로 프로그램을 쓸모 있는 홍보 수단으로 여기지만, "대부분의 경우 감당하기 어려울 정도의 막대한 비용이 들기 때문에 넷-제로 목표를 완전히 달성하기란 힘들다."[39]

넷-제로 및 지속가능성 프로그램을 바라보는 이 같은 시각은 내가 육군의 지속가능성 담당자들과 나눈 대화를 통해서도 확인할 수 있었다. 내게 밝힌 바에 의하면 그들은 소속 기관에서 실망스러울 정도로 입지가 좁았다. (원래 군대에서 경력을 쌓은 경우가 많았지만) 기본적으로 민간인의 역할을 수행하는 지속가능성 담당자들은 태양광전지판, 재활용 프로그램, 친환경건축물인증제를 통과한 건물, 용수 보전 활동, 현장교육 활동 등에 대한 확고한 자긍심을 드러내지만, 군 지휘부가 지속가능성을 군인들의 일상적 관행에 녹아들도록 하는 데 무관심하다는 점을 인정한다. 군대의 "임무 우선" 신조는 특히 대규모 병력 동원 및 배치를 앞둔 며칠 동안 군인들이 값비싼 전자기기와 가정용품을 쓰레기처럼 여길 때 뚜렷해진다. 하지만 그 물건들 중 상당수는 안전하게 폐기하거나 재활용하기 위해 특별한 취급이 필요하고, 영내에서 타인이 재사용하도록 쉽게 기증할 수도 있다. 군 지휘부는 기증과 재사용을 병력 배치 과정의 일부분으로 편입하기로 결정할 수 있지만, 그런 조치는 통상적으로 군인들의 전투 대비태세 확립이라는 우선사항 때문에 뒷전으로 밀린다.

이렇듯 군대에서 추진하는 지속가능성 계획은 군대의 전투와 훈련 임무에 종속되기 마련이다. 이것은 군대의 핵심 임무를 감안하면 이해할 만한 점이다. 하지만 여기서 우리는 다음과 같이 물을 수 있다. 과연 지속가능성 대책은 국방부의 더 광범위하고 본질적인 활동에 얼마나 걸림돌로 작용하는가? 만일 육군이 지속가능성 활동으로 비용을 절감하거나 직접적인 전술상의 이익이 발생하는 경우에만 친환경적 방침을 고수한다면 그것은 기관 차원의 목표나 가치의 변화를 의미하는 태도로 보기 힘들 것이다. 오히려 지속가능성 계획은 최소한의 군 인력과 예산으로 만성적인 군사적 문제를 관리하는 또 다른 수단으로 등장한다.

당연한 말이지만 인간의 안전과 재정 상태는 중대한 고려사항이어야 한다. 사실, 막대한 금전적 비용을 초래하는 경우에도 군대에 복무하는 남녀 인력의 복리와 그들에 대한 따뜻한 배려는 지상 목표가 되어야 한다. 그러나 애석하게도 남녀 인력을 보살피는 국방부의 자세는 항상 칭찬할 만하지는 않다. 환경보호, 경제발전, 사회적 형평성이라는 지속가능성의 세 가지 강조점을 염두에 두면서 군대의 다양한 환경적, 경제적, 사회적 영향을 검토해보면 군대의 운영 방식에 대한 현실적 우려가 제기된다. 내가 살고 있는 콜로라도스프링스 또는 대학 학위를 따려는 퇴역군인들이 눈에 띄는 대학교 교정과 강의실로 다시 시선을 돌리기만 하면, 퇴역군인들이 군사훈련과 전투에서 가정생활로 복귀할 때 직면하는 외상 후 스트레스 같은 여러 가지 장애물로 인한 피해 사례를 손쉽게 확인할 수 있다. 나는 지속 가능하고 생태적인 군대를 오늘날의 국방부가 모범으로 삼는 상황의 매력적인 효과를 이해한다. 하지만 그것은 많은 군인출신 학생들이 겪는 현실이 아니고, 귀향하는 퇴역군인들이나 현역군인들에 관한 보고서에 반영되는 현실도 아니다.[40] 여기서 생태적 군사화가 진정으로 대변하는 바를 더 충실히 평가할 수 있는 방법이 무엇인가라는 중요한 문제가 제기된다.

생태적 군사화

생태적 군사화의 핵심 개념은 군사적 영향과 군사 활동이 환경보전 목표와 양립하도록 할 수 있다는 것이다. 이런 틀 속에서 오늘날의 군대는 환경을 보전하고 보호하는 데 도움이 되는 새로운 기술, 새로운 훈련 및 전쟁수행 방법, 새로운 조달 및 생산 접근법, 요컨대 국방부의 업무를 수행하는 새로운 방법을 현대화를 통해 동원한다. 핵심 요지 차원에서 볼 때, 생태적 군사화는 생태적 현대화라는 더 광범위한 정책 구조 안으로 수월하게 편입된다.

생태적 현대화는, 기술적, 절차적 혁신을 통해 오늘날의 환경위기를 극복할 수 있다는, 그리고 기존의 각 기관들이 환경문제에 충분히 대처할 수 있다는 견해를 근거로 삼고 있다.[41] 생태적 현대화는 환경문제를 둘러싼 기술적, 성장지향적 대처를 요구한다. 그리고 언론매체의 보도나 정치인의 가식적인 주장과 달리, 환경보호와 경제적 생산성을 상반되는 목표로 간주하지 않고 환경적, 사회적 진전이라는 단일 프로젝트를 향한 상호보완적 노력으로 바라본다. 간단히 말해 생태적 현대화는 정책입안자들에게 경제성장이 지속되고 환경의 질적 저하가 회피되거나 복구되는 상생적 시나리오를 제시한다. 당연히 정책입안자들과 선출직 공무원들 모두에게, 생태적 현대화는 산업사회 또는 탈산업사회를 통과하는 길을 제공할 수 있고, 그 길은 정치적으로나 환경적으로나 매력적으로 보인다. 사실 이런 관점은 독일 같은 유럽연합 국가들에서 탄소 배출과 경제성장을 분리하려는 여러 가지 지속가능성 활동이 벌어지는 이유의 실마리이기도 하다.

하지만 회의론자들은 생태적 현대화와 생태적 군사화 같은 대처 방식이 기존의 관행과 이념에 대한 철저한 수정을 대변하는 것인지, 아니면 증상에 대한 피상적 처치에 불과한 것인지 궁금해 한다. 즉 새로운 군사적 환경주의는 군사 활동의 영향을 완화하려는 정당한 노력인가? 아니면 미 육군의 넷-제로 계획처럼 더 제한적인 방식으로 보전 및 지속가능성 프로젝트를 둘러싼 관심을 촉발하면서 군사적 영향에 대한 인식을 바꾸는 데 주력하는 시도일까?

생태적 현대화가 기존의 제도와 가치를 포용하는 자세도 비판의 도마에 오른다. 생태적 현대화는 기본적인 자본주의 이념에 도전하지 못하고, 미사여구에 의존하는 위장 전략에 불과할지 모른다는 것이다. 환경정책학자 피터 크리스토프Peter Christoff는 생태적 현대화를 이렇게 설명한다. "현대성의 저항적이고 비판적인 생태적 성분보다 그것의 산업적, 기술관료제적 담론을 더 중시하는 그 용어는 현재 계속되는 환경에 대한 도구적 지배와 파괴를, 그리고 비교적 민주성이 결여된 통치형태의 선전을 정당화하는 역할을 맡을 위험이 있다."[42] 이에 대해 정치학자 존 드리젝John Dryzek은 생태적 현대화가 "산업사회를 그것과 근본적으로 다르고 환경적 변호가 가능한(그러나 여전히 자본주의적인) 대안사회로 바꾸는 그럴 듯한 전략"을 제공할 수 있다고 반박한다.[43] 산업사회를 정당화하는 전략으로서의 생태적 현대화와 산업사회의 개선에 주력하는 전략으로서의 생태적 현대화 간의 긴장관계는 뜨거운 논쟁거리로 남아있다. 이 긴장관계는 군용시설의 민간화 과정이라는 맥락에서 자주 나타난다.

왜냐하면 군용지 전환과 토지용도 변경이 군사 활동으로 야기된 피해를 만회하려는 피상적이고 비용을 최소화한 조치 또는 국방부의 합리적이고 환경문제에 민감한 태도를 나타내는 변화의 신호탄으로 보일 수도 있기 때문이다.

생태적 현대화가 상생적 시나리오의 역할을 맡는 모습은 군용지의 용도가 바뀌는 과정에서도 자주 나타난다. 이때 운영상의 혁신과 기술혁신으로 군사적 성격의 환경상품이 생산될 수 있다. 국방 목표와 환경 목표가 하나로 묶일 수밖에 없다고 언급한 딕 체니 국방부 장관의 1990년 발언에서 알 수 있듯이, 이 같은 군대와 환경의 양립성은 미국 정부의 가장 핵심적인 관계자들에게서 나타나는 경우도 있다.

개선책으로서의 현대화와 수사적 표현으로서의 현대화 간 충돌을 해석하는 한 가지 방법은, 고강도 현대화와 저강도 현대화를 분간하는 것이다. 크리스토프는 고강도의 생태적 현대화와 저강도의 생태적 현대화를 구분하고, 서로 연관된 두 가지 접근법의 차이점을 강조한다. 저강도의 생태적 현대화는 기술관료제적이고, 편협하고, 억압적인 체계를 정당화하는 역할을 할 수 있는 반면 고강도의 생태적 현대화는 민주적 과정을 다양하고 생태적으로 민감한 방식으로 전개할 수 있다.

생태적 군사화가 사회적 과정과 환경적 과정의 맥락에서 어떻게 작동하는지 더 깊이 이해하기 위해서는, 현재 군사화를 둘러싸고 일어나는 몇 가지 변화를 두 가지 형태의 현대화와 비교할 필요가 있다. 군사 활동과 환경보전 간의 관계를 다루는 다양한 자료 — 이를테면 학술 출판물, 국방부와 어류 및 야생동물관리국의 기관 보고서, 신문 기사와 대중매체의 보도, 환경보호단체가 펴낸 간행물, 의회 청문회와 입법 내용[44] — 를 검토한 끝에 나는 생태적 군사화를 규정하는 3대 요소를 확인했다.

첫째, 군사적 관행과 환경보전은 국가를 수호하고 생물학적 다양성을 보호하면서 양립할 수 있는 활동으로 등장한다. 특히 오늘날의 지정학적 상황에 맞게 군사작전을 합리화하고 현대화하면 식물과 야생동물과 서식지를 보호할 새로운 기회가 생긴다. 둘째, 기존의 여러 기관들, 계속 발전하는 기술, 중앙집권적 관리 방식을 감안할 때, 용도 전환 중인 군용 부지에서의 청소, 정화, 공공안전, 보전과 관련한 요건은 적절히 충족될 수 있다. 바꿔 말해 군사적 환경주의의 조건을 창출하고 관리하는 데는 근본적인 제도상의 변화가 전혀 필요 없다. 예컨대 국방부를 해체하고 평화환경부를 새로 만들 필요는 없다는 말이다.[45] 대신 국방부와 어류 및 야생동물관리국이 토지용도 전환 과정을 책임지고 담당하면 된다. 셋째, 경제적, 전략적 고려에 따라 군사기지에서의 토지관리 목표에 변화가 촉발되지만, 군사화된 장소의 본질은 종종 군사기지가 국립야생동물보호지구로 재분류되는 데 영향을 준다. 군사기지가 문을 닫는 것이 기지 재편 및 폐쇄 과정의 결과이든, 입법 행위를 비롯한 다른 조치의 결과이든 간에, 아무도 군사기지 폐쇄라는 일이 벌어진 가장 큰 이유를 희귀한 식물이나 동물을 보호하려는 욕구에서 찾지 않는다. 그러나 일단 경제적, 군사적 고려에 따라 특정 현장의 폐쇄 결정이 내려지면 흔히 야생동물보호지구 지정에 대한 동의를 이끌어내기 위해 생태적 요인이 활용된다.

주로 미국, 독일, 영국, 오스트레일리아 같은 고도로 산업화된 나라들의 사례를 참고할 때, 생태적 군사화는 군사 활동의 여러 영향을 외부화할 능력이 있는 국가들의 발전 전략과 비교적 쉽게 조화를 이룬다. 기술적 한계, 중앙집권적 국가 자금의 부족, 핵심 기술의 낙후성 같은 요인 때문에 군용 부지 해체 과정이 일어난 옛 소련의 사례에도 불구하고, 다수의 개발도상국들은 군사화의 현장을 공식적으로 해체할 동기도 느끼지 못하고 그렇게 할 수단도 없다. 미국 연방정부가 추진하는 국내의 군사적 기반시설과 미국 밖의 미군기지의 "군 합리화"는 대체로 세 가지 주요 과정을 통해 이뤄진다. 첫째, 중앙아시아와 동남아시아 같은 저개발 지역으로 미군기지를 확대 설치한다. 둘째, 군사화의 현장을 토양이 척박하고 비교적 인구밀도가 희박한 서부와 남서부 지역 같은, 미국 내부의 저개발 지역으로 옮긴다. 셋째, 군사보안, 급식, 에너지 공급과 교통수단 제공 따위의 필수 서비스를 핼리버튼Halliburton, 블랙워터Blackwater(나중에 XE 서비스XE Services로, 2011년에 아카데미Academi로 사명을 변경했다), 웨큰헛Wackenhut (현재 G4S 시큐어 솔루션G4S Secure Solutions) 등의 외부 민간 도급업체에게 위탁한다. 예를 들어 이라크 전쟁에서 작전이 가장 활발하게 펼쳐질 때, 미군은 약 13만 명의 병력을, 민간 도급업체는 5만 명의 인력을 동원했다.[46]

따라서 군 합리화, 그리고 그것과 연관된 기지 폐쇄와 용도 전환은 결코 비군사화 과정과 동의어가 아니다. 미국의 국방비 지출 규모가 회계연도 2001년부터 2007년 사이에 48퍼센트 증가한 사실에서, 국내의 군사시설이 폐쇄되고 재분류될 때조차도 지속적으로 군사화에 몰두하는 행태가 드러난다.[47] 기지 재편 및 폐쇄 과정이 미국 전역에서 실시된

2005년이 포함된 이 기간에 미군은 아프가니스탄과 이라크에서 전쟁을 벌였고, 그 두 나라와 인근 국가들에서 기지를 확대했다. 내가 이 책을 쓰고 있는 2016년에도 미국은 이라크, 아프가니스탄, 파키스탄, 시리아, 예멘, 소말리아 등지에서 원격조종 무인기 공습을 비롯한 군사작전을 연이어 수행하고 있다. 이미 2013년에 오바마 대통령이 끝없어 보이는 테러와의 전쟁, 즉 2001년 이후의 군사정책에 활력을 불어넣은 전쟁에서 손을 뗐지만 말이다.

이 같은 전쟁과 전투작전의 여러 가지 참담한 사회적, 정치적, 생태적 결과는 다른 곳에서도 충분히 입증되었지만, 종종 우리는 이 대외적 군사 활동과 군사력 팽창의 시기가 군사적 자산 및 전략의 대대적 구조조정에 집중하는 국내정책 의제에 들어맞은 기간이라는 점을 놓친다. 처음에는 국방부 장관으로서 나중에는 부통령으로서, 딕 체니가, 가장 적극적으로 이끈 그 구조조정 작업은 취임 초기 그가 국방부의 "새로운 업무"를 주제로 열었던 회의의 가시적 성과였다.[48] 인류학자 데이비드 바인David Vine을 비롯한 여러 전문가들이 입증했듯이, 해외에서 추진된 군사적 구조조정은 다양한 배경을 지닌 세계 각국의 현장과 주민에게 심각한 피해를 주었고, 대체로 미국에서의 구조조정 사례에 비해 환경적 영향에 대한 제약 수준이 낮았으며(감시나 단속이 거의 없었다), 군사기지와 군사작전을 둘러싼 현지의 대중적 관심도 적었다.[49] 예를 들어 미 육군에서 유출된 어느 기록에 의하면 고형폐기물의 노천 소각으로 인해 아프가니스탄의 바그람 공군기지Bagram Airfield에 근무하는 수만 명의 인력은 심장 및 폐와 호흡기 관련 문제를 유발할 수 있었다.[50] 하지만 몇 년 동안 군 당국은 표면적으로는 노천 소각이 명백한 건강상의 위험을 전혀 초래하지 않는다는 주장을 굽히지 않았다.

군사화, 기술, 과학

생태적 현대화가 국가나 기업에 의존하듯이,[51] 생태적 군사화도 군사기지 폐쇄에 대한 일종의 기술관료제적, 중앙집권적 대처 방식에 따라 진행된다. 기지 폐쇄 과정을 통해 흔히 군용 부지는 새로운 수준의 공공적 검증을 받게 된다. 여론을 수렴하기 위한 국가환경정책법National Environmental Policy Act뿐 아니라 방문객에 대한 서비스 제공과 공공적 이용을 공식화하는 조치에 의해, 기지 폐쇄 과정에 필요한 향후의 청소 및 관리 행태가 다양하게 결정될 수 있다. 예컨대 로키산 군수공장의 용도 전환 과정에서는 그곳의 정화와 공공적 쓰임새에 영향을 주는 소송, 연방정부와 주 정부의 개입, 대중매체의 관심, 시민운동 등의 역할이 무척 컸다.

하지만 거의 대부분의 탈군사적 야생동물보호지구화의 사례에서, 최종적 의사결정 권한은 여전히 국방부와 어류 및 야생동물관리국(국방부보다는 중앙집권화의 정도가 낮은 기관) 같은 중앙집권적 기관에 있다. 다시 로키산 군수공장의 사례로 돌아가 보면, 육군과 어류 및 야생동물관리국과 쉘의 관리자들이 구성한 컨소시엄인 정화사업단RVO, Remediation Venture Office이 평소에 가장 강력한 권한을 보유했고, 그 3인방 중에서 육군이 주도권을 행사했다. 정화사업단의 영향력은 법원 판결, 규제, 입법 행위 등에 의해 견제를 받았지만, 그 세 가지 견제 수단도 콜로라도주 정부, 미국 법무부, 환경보호청, 미국 의회 같은 중앙집권적 당국의 산물이었다.

생태적 현대화와 마찬가지로, 탈군사적 야생동물보호지구로 재분류되는 데 필요한 처방전은 시민 참여나 현지 차원의 활동이 아니라 과학과 기술에 계속 의존하는 경향이 있다. 그런 경향은 빅 오크스 국립야생동물보호지구의 열화우라늄 관리 정책에서 찾아볼 수 있다. 세이브더밸리Save the Valley라는 이름의 현지 시민단체가 오염 구역에 불을 지르는 작업으로 인해 유발될 법한 악영향을 우려했을 때 당국은 일리노이주에 있는 에너지부 산하의 아르곤 국립연구소Argonne National Laboratory가 수행한 연구를 간략히 언급하며 우려를 일축했다.[52] 국방부의 파란만장한 과거를 돌이켜보고, 각종 사례에서 드러나듯 군사적 오염의 영향과 작업자 안전 문제에 대한 국방부의 무관심에 비춰볼 때, 그런 식으로 안전을 호언장담하는 태도는 의심의 눈초리를 피하기 어렵다.[53] 일반인의 출입이 금지된 노먼스랜드섬이나 태평양의 옛 군사기지 같은 현장에서는 다른 형태의 대처 방식, 즉 기술과 통제라는 편협한 시각에 기대는 대처 방식이 엿보인다. 그곳의 여러 보호지구에서는 안전 현황에 관한 짤막한 설명을 듣고 연방정부 공무원들의 안내를 받는 일정한 자격의 과학조사관들만 접근이 허용된다. 일반인이 이용할 수 없기 때문에, 각 현장의 상태나 특성과 향후의 관리 방식을 둘러싼 논의는 선별된 연구자들에게만 국한된다.

그렇다고 해서 과학적 조사가 이들 보호지구를 이해하는 부적절한 방법이라는 말은 아니다. 분명히 과학과 기술에 힘입어 우리는 탈군사적 야생동물보호지구에서 오염도를 평가하고, 생태적 상태와 기능을 판단하고, 오염지대와 생물다양성 위험지대를 찾아내고, 정화 전략을 수립하고, 불발탄 탐지에 필요한 수단과 통찰을 얻을 수 있다. 대부분의 경우, 옛 군용 부지의 위험요인을 탐지해 제거하는 데 필요한 전문적 소양은 그런 위험요인을 유발하는 과정과 불가분의 관계인 화학, 토양학, 폭발물 관련 기술, 군사학, 핵공학 같은 분야에서 쌓을 수 있다. 그러나 이러한 점을 모두 인정한다고 해도, 만약 군사화 지형을 조성하는 데 쓰인 전문지식과 관점에만 입각해 군사화 지형 내부의 의사결정권을 행사하고 그 지식기반을 활용하면 군사화 지형을 새로운 가치나 새로운 정치적 조건에 확실히 노출시키기 어렵다.

이 같은 현상유지적 태도가 얼마나 만연해있는가는 과학이 어떤 방식으로 관리되는지에 일부분 좌우된다. 몇몇 과학기술학자들이 지적하듯이, 만일 과학이 "쟁점의 본질을 결정하는 자동적 권한을" 부여받으면 군사화의 현장은 대체로 중앙집권적 과학 및 기술 담당 기관에 의해 통제되고 그 성격이 규정되는 장소로 남을 공산이 크다.[54] 하지만 과학은 최종 권한을 지닌 존재로서가 아니라 "공적 쟁점의 핵심 자원"으로서 더 활발하게 복무하며 더 민주적으로 응용될 수도 있다.[55] 《샌드 카운티 연감*A Sand County Almanac*》의 저자이자 우리에게 지대한 영향을 미친 자연보호론자인 알도 레오폴드Aldo Leopold는 자연정복 목적으로 이용되는 과학과 "생명을 지닌 시민"의 발전을 육성하는 데 쓰이는 과학을 구분했다.[56] 레오폴드가 약술한 환경윤리에 의하면 과학은 인간의 우월적 지배를 강화하는 역할 — 이른바 "칼을 가는 수단으로서의 과학" — 을 맡거나, 아니면 우리의 호기심을 추구하는 수단 — 이른바 "우주를 비추는 탐조등으로서의 과학" — 으로 작용할 수도 있다.[57]

기술관료제적, 권위주의적 형태의 과학에 의존하면 자칫 인간의 창의력이 달성할 수 있는 것에 한계가 없다는 믿음을 부추기게 될 수 있다. 어떤 맥락에서 그런 믿음은 자극제가 될 수 있겠지만, 애석하게도 오만으로 이어질 수도 있다. 기술혁신에 대한 낙관적 전망은 예방이나 경계보다 경솔함을 유발하는 시각을 부추길 수 있다. 만일 모든 쓰레기를 말끔히 없애는 기술을 개발할 수 있다고 믿는다면, 우리는 미리 쓰레기가 생기지 않도록 하는 데 신경을 덜 쓸 것이다. 이 장밋빛 전망은 일찍이 제시된 복원 이론의 기본적 전망, 즉 우리가 환경에 초래한 모든 피해는 생태복원을 통해 교정될 수 있고 다시 온전해질 수 있다는 전망이기도 하다.

탈군사적 야생동물보호지구의 상황을 고려할 때, 사회가 장기적으로는 환경을 복구하고 복원할 수 있다는 이 믿음은 종종 군사 활동의 모든 영향을 무시하는 고질적 행태로 이어진다.[58] 이런 행태의 원인이 현지 상태를 전혀 감안하지 않은 채 명령을 따르는 군 관계자들의 안일한 자세인지, 군사행동은 환경규제나 안전수칙을 고려할 필요 없다는 식의 밀실행정적 태도인지, 환경상태는 군대의 국가안보 임무와 무관하다는 견해인지, 아니면 앞서 언급한 세 가지 요인과 다른 요인이 결합된 것인지는 아직 논의의 여지가 있다. 하지만 이 여러 가지 원인이 맞물린 결과는 다수의 군사시설과 주변 지역을 괴롭히는 만성적 오염 문제에서 매우 분명하게 나타난다. 회계감사원의 추산에 따르면 국방부는 지금까지 약 6

만 70제곱킬로미터 넓이의 땅을 군수품으로 오염시켰고, 그 넓은 땅을 청소하려면 2013년 기준으로 80~350억 달러의 비용이 들 것으로 추정된다.[59] 국립보건원의 2010년 보고서에 의하면, 미국 내에서 독성이 가장 심각한 것으로 평가되는 장소인 슈퍼펀드 현장 약 900~1,300곳이 군용 제품이나 물질을 생산한 시설이거나 "버려진 군사시설"이다.[60]

여러 군사화 현장의 실태를 감안할 때, 이들 부지에 남아있는 화학물질이나 폭발물이나 핵물질과 관련한 위험요인에 충분히 대응할 수 있는 기술은 아직 없다는 사실이 분명해졌다. 예를 들어 비에케스섬에 있는 미 해군 훈련장의 경우, 현재의 기술로는 지표면이나 지표면 근처, 그리고 일정 깊이의 지표면 아래에 남아있는 군수품만 청소할 수 있다. 해변이나 수중 지표면 밑 120센티미터보다 더 깊은 곳에 숨어있는 불발탄은 더 향상된 기술과 한층 단호하게 추진될 정화 작업을 기다리고 있다. 앞으로 새로운 기법이 개발되거나 활용될지는 더 지켜봐야 할 것이다. 로키산 군수공장의 독성 폐기물을 격리해 유출을 억제하고 있는 현실이 향후 천년을 내다본 계획에 따른 결과라는 사실은, 규제기관이 오염의 장기적 위험을 심각하게 여긴다는 다행스런 신호로 볼 수 있지만, 동시에 화학적 오염을 신속하게 중화하는 기술적 해결책을 기대할 만한 근거가 없다는 징후일 수도 있다.[61]

탈군사적 야생동물보호지구화와 위험

일부 기술은 장기적으로 통제가 불가능하다는 점을 인식하면 여러 탈군사적 야생동물보호지구에서 드러나는 위험사회에 대한 주요 교훈 중 하나를 얻을 수 있다. 사실 그곳의 부지 관리자들은 아무리 그럴싸한 정화 계획으로도 해결할 수 없을 만큼 널리 퍼져있는 불발탄, 화학적 오염, 방사능, 열화우라늄 같은 위험요인을 완전히 예방할 수 없다는 점을 깨달았다.[62] 바로 이 부분에서 위험사회 개념을 둘러싼 몇 가지 견해, 특히 노쇠해지는 현대의 선진국들은 산업화 과정에서 생기는 위험요인을 예방할 수 없을 것이라는 견해와 생태적 현대화를 바라보는 더 낙관적인 시각, 즉 발전이 환경보호나 보건 개념과 서로 조화를 이룰 수 있다는 시각이 부딪힌다. 정책입안자들은 생태적 현대화(더 구체적으로는 생태적 군사화)의 유익한 효과를 통해 탈군사적 야생동물보호지구화를 설명하고자 하지만, 기본적으로 대다수의 탈군사적 야생동물보호지구는 위험사회식의 위험요인이라는 허약한 토대 위에 놓여있다. 이것은 탈군사적 야생동물보호지구를 포함한 모든 군사화 지형에 적용되는 얘기이다. 물론 여기에는 지금 우리가 생태적 가치를 지키는 사회와 고도로 군사화된 선진사회라는 한 쌍의 열매를 맛볼 수 있는 것이 오직 군사적 위험요인 덕택이라는 역설이 숨어있다.

사실, 위험사회와 생태적 현대화는 오늘날의 환경 관련 정치 활동과 공공정책에 대한 서로 연관된 설명으로 볼 수 있다. 둘 다 과학과 기술을 둘러싼 특정한 해석에 의존하기 때문이다.[63] 이 두 가지 시각이 서로 조화를 이뤄 환경적으로 안전하고 생산적이고 영속적인 사회에 기여할 수 있는지의 여부는 앞으로 지켜봐야 할 것이다. 그렇게 하기 위해, "고강도" 형태의 생태적 현대화는 환경 및 보전 문제에 충실히 접근하고, 현대기술을 신중하게 통합하고, 의사결정을 더 확실하게 시민사회에 맡기는 진정한 변화의 가능성을 제시할 수 있다.[64]

앞서 간략히 설명했듯이, 가장 고강도 형태의 생태적 현대화는 기존의 제도와 기술을 수용하는 데 머물지 않고, 산업화를 둘러싼 가설이 더 포괄적이고 다양한 환경 우선사항에 발맞춰 새로운 방향으로 나아가도록 이끈다. 그 우선사항은 저강도 형태의 생태적 현대화를 제한한 종래의 환경적, 사회적, 문화적 한계를 뛰어넘을 수밖에 없을 것이다.[65] 고강도 형태의 생태적 현대화는 위험사회의 존재를 무시하거나 그에 반대하는 개념이 아니라 위험사회라는 비판적 기술관技術觀과 위험 및 권한 문제를 향한 그 관점 특유의 민감성이 충분히 녹아든 하나의 틀 역할을 맡는다. 일부 학자들은 과학과 기술에 대한 일반인들의 한결 비판적인 인식이 전문지식의 민주화를 촉진할 수 있다고 주장한다. 만약 그렇게 된다면 소수의 전문가들이 과학과 기술을 독점하는 대신 더 많은 사람들이 과학과 기술을 더 충분히 논의하고 이용할 수 있게 될 것이다. 가장 긍정적인 형태의 생태적 현대화는 위험사회의 가장 나쁜 영향을 억제할 수 있고, 더 개방적이고 인간적이면서 기술 수준이 높은 미래로 나아가는 데 보탬이 될 수 있다.[66]

따라서 위험사회와 생태적 현대화 개념을 더 깊이 이해한 채 현장에서 일할 수 있어야 한다는 점을 인식한다면, 군사화와 군용시설 민간화 과정의 구체적 장소를 살펴봄으로써 이 두 가지 개념의 관계가 어떻게 전개되는지 확인할 필요가 있다. 특정한 군사화 지형에 초점을 맞추면서 우리는 이렇게 물어야 한다. 탈군사적 야생동물보호지구화는 지금 현대화와 위험에 대한 낙관적 시각이 기대한 만큼 통합적이고 생산적인 변화의 사례를 제시하고 있는가?

현대화와 위험의 사례

군사화와 현대화를 긍정적으로 바라보는 시각이 꿈꾸는 한결 개방적이고 민주적인 사회의 주요 특성에는 공적 의사결정 과정에 대한 일반인의 적극적 참여와 사회정의가 포함된다. 제2차 세계대전 때 미군의 정책입안자들은 전력 강화를 위해 농촌 지역의 농지 및 삼림지와 가족 농장을 수십 개의 군사시설로 탈바꿈시켰고, 그 과정에서 종종 촉박한 통보와 토지수용권 같은 압박 수단을 활용했다. 최근에 야생동물보호지구로 용도가 바뀐 현장을 비롯한 여러 지역의 수많은 주민들은 아직도 강제퇴거의 이야기에 공감하고 있다. 푸에르토리코의 비에케스섬, 콜로라도주의 커머스시티, 인디애나주의 매디슨 같은 곳에서는 정신없이 몰아친 전시 토지수용 조치에 피해를 입은 가족들의 사연을 비교적 쉽게 들을 수 있다.

다른 곳에서도, 제2차 세계대전 이후에는 냉전에 대응하고자 전력을 강화하고 비교적 최근에는 이라크와 아프가니스탄에서의 분쟁에 대비함에 따라, 비슷한 변화가 찾아왔다. 메인주의 라임스톤Limestone 외곽에 위치한 로링 공군기지Loring Air Force Base는 1947년에 미국 최초의 작전용 핵무장 부지이자 최대의 전략공군사령부 기지로 창설되었다.[67] 로링 공군기지가 1994년에 기지 재편 및 폐쇄 과정의 일환으로 문을 닫았을 때, 국방부는 그 부지를 메인주 방위군, 국립공원관리청, 어류 및 야생동물관리국 등에게 넘기겠다고 제안했지만 세 기관은 정중히 사양했다. 나중에 어류 및 야생동물관리국이 태도를 바꿨고, 양도에 앞서 모든 군용 구조물이 제거되어야 한다는 조건으로 부지를 인수하기로 했다. 20년 뒤, 어류 및 야생동물관리국 관계자들이 밝힌 바에 의하면 약 70개의 건물과 그 밖의 군용 구조물이 현장에서 제거되었고, 로링 공군기지는 아루스툭 국립야생동물보호지구Aroostook NWR로 이름이 바뀌었다. 하지만 그런 노력에도 불구하고, 아직 57개의 대형 콘크리트 벙커가 옛 핵무기 저장소에 남아있다. 그 대형 구조물들이 자랑하는 특징은 소련의 핵 공격에 대비한 3.6미터 두께의 콘크리트 벽이다. 아사벳강 국립야생동물보호지구의 탄약 보관용 벙커와 마찬가지로, 그 강력한 군용 구조물은 지금 역사 애호가들과 보호지구 방문객들의 이목을 끌고 있다. 2012년에 아루스툭 보호지구의 한 관계자는 다음과 같이 말했다. "누구나 여기 와서 벙커를 보고 싶어 합니다." 현재 아루스툭 보호지구에는 부지의 일부분을 가로지르는 자동차 투어 노선이 있다. 아루스툭 보호지구의 웹사이트에는 다음과 같은 설명이 나온다. "4.8킬로미터의 투어 노선은 이 역사적인 무기 저장구역까지 이어집니다."[68]

아루스툭 보호지구의 보전 사명을 더 충실히 이행하고자 어류 및 야생동물관리국은 콘크리트 벙커가 인공적인(그리고 안전한) 박쥐 서식용 동굴로 쓰일 수 있는지 검토해왔다. 흰코 증후군으로 북미 박쥐의 개체수가 지속적으로 크게 줄어든 점에 비춰볼 때, 오염이 제거될 수 있고 치명적인 진균병이 예방될 수 있는 안전한 동면 장소를 찾아내는 것은 보호지구 관계자들과 박쥐 보호단체의 주요 관심사였다. 2011년부터, 아루스툭 보호지구 소속 생물학자들은 콘크리트 벙커 내부의 습도와 온도 상태를 조사하기 시작했다. 2013년, 관계자들은 박쥐에게 물을 공급하고 내부의 적절한 습도를 유지하는 용도의 얕은 물웅덩이와 각종 보금자리용 재료를 마련해 개조한 벙커에 이미 진균병에 감염된 박쥐 30마리를 옮겨놓았다. 이후 30퍼센트의 박쥐만 강제이주와 겨울추위를 이겨내고 살아남았지만, 지금 미국 북동부 지역에 산재한 자연 동면 장소에서의 박쥐 사망률은 90퍼센트 이상이다. 계절별로 오염을 제거하고 상태를 관리할 것이라는 가능성을 감안할 때, 그 낡아가는 군용 구조물은 여전히 박쥐 개체수 감소 추세를 늦추고 궁극적으로 개체수를 회복시키기 위한 활동에서 중요한 수단이 될 여지가 있다.[69]

버려진 군용 벙커를 동면 생명선으로 이용하는 박쥐의 사연은, 군대와 보전의 양립성을 바라보는 생태적 군사화의 관점을 뒷받침하는 측면이 있다. 보전 목표를 달성하고자 불필요한 군사적 기반시설을 활용하는 것은 표면적으로는 전형적인 상생 방안으로 보일 것이다. 그러나 로링 공군기지가 아루스툭 국립야생동물보호지구로 전환되는 과정과 그 보호지구의 현재 모습을 더 철저히 살펴보면 폐기된 군사시설을 인수하는 필승 전략의 타당성을 의심할 수밖에 없다.

2008년에 내가 아루스툭 보호지구를 처음 방문했을 때, 보호지구 사무실과 방문객 안내소의 역할을 병행한 연락사무소는 아루스툭의 친구들Friends of Aroostook이라는 단체의 자원봉사자들이 출근해 있을 때만 운영되었다. 2016년에도 사정은 비슷하다. 연락사무소 안에서 자원봉사자들이 운영하는 자연기념품가게는 화요일부터 금요일까지 매일 4시간만 문을 연다. 자동차 투어 노선과 하이킹용 오솔길은 일출 시간부터 일몰 시간까지 개방되지만, 두 곳 모두 안내원이 없다.[70] 그동안 아루스툭 보호지구는 1명의 상근 직원인 중장비 기사만을 고용해왔다. 공식적으로 아루스툭 보호지구는 그곳에서 240킬로미터 이상 떨어진 곳에 있는 무스혼 국립야생동물보호지구Moosehorn NWR 소속의 직원들이 관리하고 있다. 비록 국방부가 군용 구조물을 제거할 것이라는 조건으로 그 옛 공군기지를 인수했지만, 어류 및 야생동물관리국 관계자들이 2012년에 밝힌 바에 의하면 그동안 공군은 정화 작업에 "한 푼"도 쓰지 않았다. 물론 이전에 국방부는 로링 공군기지에서 방사성물질을 모아둔 5개의 쓰레기 처리장을 정화했지만, 이후 그 폐기물 매립장의 상태를 검증하거나 조사하지 않았다.[71]

국방부에서 어류 및 야생동물관리국으로 넘어갈 무렵, 로링 공군기지에서 오염이 우려된 장소로는 앞서 언급한 5개의 쓰레기처리장, 3개의 슈퍼펀드 현장(주로 폴리염화비페닐 오염원과 화학 오염원에 주안점이 있었다), 1개의 주방위군 사격훈련장, 1개의 불발탄이 널려있다고 알려진 구역 등을 꼽을 수 있다(그때는 땅속 30센티미터 깊이까지만 불발탄이 제거된 상태였다). 그런 위험한 장소들은 대부분 어류 및 야생동물관리국이 야생동물 보전을 위해 보호지구를 효과적으로 관리할 수 있는 능력 — 어류 및 야생동물관리국은 너구리와 민물송어 개체군에 대한 오염 부하량과 토종 양서류의 기형 현황을 적극적으로 조사하고 있다 — 에 전혀 악영향을 끼치지 않겠지만, 여러 가지 군사적 유적은 계속 거기 남아있을 것이기 때문에 앞으로 오랫동안 관심을 기울여야 할 것이다. 국방부는 아루스툭에서의 탈군사적 야생동물보호지구화를 합리화 조치의 상상적 결과로 홍보할 수 있겠지만, 어류 및 야생동물관리국의 일부 관계자들은 그 신생 보호지구를 원치 않은 선물로 바라본다. 아루스툭과 마찬가지로 오염, 불발탄, 버려진 군사적 기반시설, 장기적 청소 작업에 대한 국방부의 미온적 태도 따위에 시달린 어느 탈군사적 야생동물보호지구 관계자는 내게 이렇게 말했다. "군대를 상대로는 결코 공정한 경기를 하지 못합니다."[72] 이 같은 심정은 그 관계자가 근무하는 보호지구 사무실 벽에 걸린 포스터 문구에서 좀 더 솔직하게 드러나 있었다. "억지로 떠맡은 짐을 생태적 전시물로 바꾼다!"

피뇬 협곡과 희생의 지리학

지난 수십 년 동안 콜로라도주에서 일어난 사건들은, 보전의 대변자로 자부하는 국방부와 그것을 바라보는 외부의 시선 사이의 큰 격차를 다른 방식으로 드러냈다. 콜로라도주 남동부의 우리 집으로부터 자동차로 2시간 조금 넘는 거리에 있는 곳에서 피뇬 협곡 기동훈련장을 대대적으로 확장하려는 미 육군의 계획을 둘러싼 논쟁이 벌어졌고, 더 친환경적

이고 생태적 책임감을 더 느끼는 기관이라고 자처하는 군 당국의 주장을 검증해왔다. 1983년, 육군은 포트 카슨에서 근무하는 군인들을 위한 훈련장을 추가로 확보하기 위해 토지구입과 강제수용을 병행함으로써 955제곱킬로미터의 부지를 마련했다. 2006년, 육군은 피뇬 협곡 기동훈련장을 단일 훈련장으로는 최대 규모로 만들기 위해 면적을 1,619제곱킬로미터 이상 확장하기를 바란다고 발표했다.[73] 육군이 고려한 확장 대상 구역에는 5천 명 이상의 주민이 살고 있었고, 2개의 소도시와 몇 개의 학교가 자리 잡고 있었다.[74]

육군이 피뇬 협곡 기동훈련장을 확대하고 싶다는 의향을 공식적으로 밝힌 뒤 얼마 지나지 않아 지역신문인《라 훈타 데모크랫 트리뷴 *La Junta Democrat Tribune*》에 육군 관계자를 통해 입수했다는 지도가 실렸다. 지도에는 피뇬 협곡 기동훈련장의 훈련구역을 콜로라도주와 캔자스주와 오클라호마주가 만나는 지점까지 늘려 최대 면적 9,308제곱킬로미터를 확보하려는 추가 확장 계획이 담겨있었다. 실제로 훈련 부지를 그 규모로 확장하게 되면 지역 목우업牧牛業의 기반이 무너지고, 수백 개의 가족 농장, 코만치 국립초지 Comanche National Grassland, 수많은 역사적, 고고학적 유적지가 사라지고, 1만 7천 명 이상의 주민이 희생을 감수할 수밖에 없을 것이다.[75] 당연히 콜로라도주 남동부 지역의 목축업자들은 화들짝 놀랐다. 특히 육군이 1983년에 피뇬 협곡 기동훈련장을 창설할 때 우려를 표한 주민들에게 앞으로 기지를 확장할 생각이 전혀 없다고 장담했기 때문에 목축업자들의 충격은 더 컸다.

피뇬 협곡 기동훈련장을 둘러싼 논쟁은 다양한 형태의 군사적 환경주의가 수면 위로 떠오르는 계기가 되기도 했다. 지역의 목축업자들은 여러 세대에 걸친 토지관리자로서의 책무를 주장했고, 국방부는 훈련구역을 둘러싼 세심한 군사적 관리 덕분에 환경보전 부문의 상을 받은 점과 그 구역에 대한 생물학적 연구에서 드러나는 친환경적 업적을 강조했다. 목축업자들을 포함해 기지 확장에 반대하는 사람들은 목축업자들의 지속 가능한 방목장 관리 방식을 강조하는 내용의 피뇬 협곡 기동훈련장에 관한 소책자를 만들었다. "따라서 피뇬 협곡 기동훈련장 인근에 남아있는 사람들은 가문의 유산인 토지를 후손들에게 그대로 물려주고자 돌보고, 고이 간직하는 용감한 인물들이다."[76] 한편 국방부는 피뇬 협곡 기동훈련장을 잘 관리한 점을 들어 포트 카슨 관계자들을 표창했다. 예컨대 1996년에는 문화자원관리상을, 1998년에는 오염방지상을 수여했다. 1988년, 국립야생동물연합National Wildlife Federation도 "국가 자연자원의 현명한 이용과 관리에 크게 기여한 점"을 높이 평가하며 포트 카슨 관계자들에게 환경보전 업적 부문의 상을 수여했다.[77]

육군이 피뇬 협곡 기동훈련장의 훈련구역을 확장하고자 기울인 노력은, 탈군사적 야생동물보호지구화가 비무장으로 나아가기 위한 조치가 아니라 군사적 우선사항과 지리학적 요소의 변화를 대변하는 시도라는 점을 다시 한 번 강조하는 사례이다. 농촌 주민들의 거주지에서도 아주 멀리 떨어진 대규모의 통합 기지를 마련하려는 방안은 사람들의 눈에 띄지 않는 곳에서 군사훈련을 실시하겠다는 말이나 진배없다. 환경사회학자 발레리 쿨레츠Valerie Kuletz는 미국 서부 지역 곳곳의 폐쇄적 군사화 지형을 "희생의 지리학"으로 일컫는다.[78] 한편 국방부는 오지에 대규모의 통합 기지를 건설하는 쪽으로 선회하면 각종 활동을 수행해도 주변의 반발을 사지 않을 것이라고 여겼다. "여러 지역에서, 기동작전구역과 실탄사격훈련장 근처에서 발생하는 권리침해 문제 때문에 우리 군 병력의 훈련 능력이 위축된다. 몇 가지 사례로는 소음으로 인한 항공작전상의 제약, 각종 군수품 관련 제한, 실탄사격훈련장 이용도 감소 현상, 상륙훈련용 해변의 이용 제한, 포격과 공습 같은 훈련활동을 중지하라는 지역사회의 압력 등을 꼽을 수 있다."[79]

기지 재편 및 폐쇄위원회가 처음으로 소집된 1988년부터 체계적으로 간간이 추진된 미군 군사시설의 폐쇄와 용도 전환 과정은 군용 부지를 공공적 검증과 더 개방적이고 민주적인 절차에 맡기는 기회, 그리고 때로는 보전이라는 새로운 취지에 맞게 바꿀 수 있는 기회로 종종 호평을 얻었다. 일부 현장에서 군사시설 폐쇄 및 용도 전환 과정이 실제로 진행되었지만(화학물질을 활발하게 생산하던 시절이었다면 아마 나는 제자들을 로키산 군수공장으로 데려가지 않았을 것이다), 그런 변화의 지리학적 결과는 불균등하고 일관성이 결여된 채로 남아있다. 7장으로 넘어가기 전에 밝혀두지만, 다채로운 특성을 띠는 군사화 지형이 지금까지 일반인의 시야와 해석에 노출된 방식을 살펴보는 것이 중요하다. 그 방식은 군사 활동이 중단됨에 따라 물리적으로 확인할 수 있고, 혹은 훈련이나 실험 같은 각종 군사적 통제의 영향이 꾸준히 감지되는 현장에서 상상력을 발휘해 확인할 수도 있다.

07

군사화 지형의 기억과 복원

지난 20여 년 동안 나는 북미 전역과 유럽과 동남아시아의 일부 지역에 자리 잡은 군사화 지형을 의도적으로 찾아갔다. 때때로 우리 아이들을 데려가서 그리고 역사와 자연이 서로 단단히 얽혀있는 이 복잡하고 다층적인 현장과 연관된 여러 프로젝트를 아내와 함께 자주 진행해왔다. 친구들과 동료들은 우리가 왜 콜로라도주와 로키산맥 서쪽 산악지대와 황무지 대신에 옛 폭격훈련장과 화학무기공장으로 가족여행을 떠나는지 궁금해 한다.

그들의 궁금증은 이해할 만하고, 나는 그것을 조금 가볍게 받아들이고 싶은 마음도 있다. 그러나 사실 대다수 사람들은 생각보다 군사화 지형에서 많은 시간을 보낸다. 내가 살고 있는 도시 콜로라도스프링스는 화강암으로 이뤄진 산에 깊숙이 위치한 대규모의 여러 군사시설로 둘러싸여 있다. 가장 유명한 관광명소 중 하나면서 우리 집에서 몇 블록 떨어진 곳에 있는 미국 올림픽 훈련센터의 부지에는 원래 엔트 공군기지Ent

Air Force Base가 있었다. 가동 중이거나 폐쇄된 각종 시설, 군대 관련 직종의 과도한 영향력, 군대친화적 도시라는 평판 등에도 불구하고, 콜로라도스프링스 주민 중 자신이 군사화 지형에서 살고 있다고 말하는 사람은 무척 드물 것이다. 하지만, 내가 이 책의 출발점에서 제시한 군사 활동이나 국방 활동에 상당한 영향을 받아온 장소라는 군사화 지형의 정의를 적용하면 콜로라도스프링스는 쉽게 군사화 지형에 포함될 것이다. 이 도시는 군대와의 연관성에 자긍심을 품고 있고(2015년 《USA 투데이 *USA Today*》는 콜로라도스프링스를 미국에서 두 번째로 퇴역군인 숫자가 많은 도시로 꼽았다)[1], 콜로라도스프링스에는 군사화와 관련한 특징이 쉽게 눈에 띈다. 그러나 전 세계의 탈군사적 야생동물보호지구화에 따른 토지 용도상의 변화 사례를 여럿 검토해보면, 다른 곳에서는 군사화의 동시대적 영향과 역사적 영향이 종종 시야에서 흐릿해지거나 사라진다는 점을 확인할 수 있다.

확실히 한반도의 비무장지대, 유럽의 철의 장막 길, 탈군사적 야생동물보호지구 같은 장소에서는 군사화와 보전과 복원의 정체가 지속적으로 흐릿해지는 사례를 찾아볼 수 있다. 그런데 미국에서 가장 귀중한 몇몇 자연보호구역조차 부분적 또는 역사적으로 군사화 지형의 자격을 갖추고 있다. 세계 최초의 국립공원인 옐로스톤은 개장 후 수십 년 동안 미 육군 소속 부대가 관리했다. 순찰도 병행한 그 부대는 상업적 이익이나 휴양을 목적으로 하는 방문객들이 훼손하는 간헐천 같은 여러 가지 자연계의 불가사의에 대한 일종의 보호 수단으로 창설되었다.[2] 요세미티를 비롯한 미국의 초창기 국립공원들도 나중에 군대 조직을 노골적으로 모방한 민간 관리경비대가 발족할 때까지 군대의 보호를 받았다. 옐로스톤과 요세미티 국립공원뿐 아니라 그랜드캐니언 같은 곳에서도 19세기의 자연경관 개념에 부합되도록 현지 주민들을 쫓아내는 군사적 방식이 쓰였다.[3]

이렇듯 우리가 일상생활에서나 휴가 중에 군사화 지형에 들르는 것은 그리 놀랄 일이 아닐 것이다. 오히려 우리는 군사화 지형을 방문하고 있는지 자각하지 못할 때가 너무 많다. 작가 비엣 탄 응우옌Viet Thanh Nguyen은 우리의 수많은 일상적 행동과 우리가 평소 이용하는 수많은 공간에 군사화의 자취가 남아있다는 점을 지적하며 마틴 루터 킹 목사의 사상을 소환한다. "이곳들은 전쟁의 기억이 묻어있는 장소들이다. 가장 곤란한 부분은, 미국이 베트남에서 벌인 전쟁이 어떻게 저기뿐 아니라 여기에서도 벌어지는 전쟁이었는가를 둘러싼 기억이다. 왜냐하면 전쟁은 총을 쏘는 행동뿐 아니라 총알을 만드는 사람들, 총알을 건네주는 사람들, 그리고 아마 가장 중요하겠지만, 총알 값을 내는 사람들과도 관계있기 때문이다."[4]

전쟁에 일조하는 여러 활동과 그런 활동이 벌어지는 다양한 역사적, 지리적 배경에 더 촉각을 곤두세우면 그 다채로운 역사적 사건과 지형이 한층 뚜렷하게 드러나는 경우가 있다. 그처럼 예민한 자세는 자연과 문화에게 강요된 희생을, 아니 더 정확하게는, 자연과 문화의 융합을 기리는, 군사화에 대한 새로운 인식을 촉진할 수 있다. 어떤 의미에서 이 같은 자세는 비非망각의 아름다움이다. 그리고 나는 우리가 생태적 피해를 제거하는 것뿐 아니라 문화적 의미를 보호하고 재완성하는 것에도 집중하는 방식으로 복원의 본질을 이해하는 법을 배울 수 있다고 생각하고 싶다.

만일 군사화 지형이 어디서, 어떻게, 왜 현재 상태로 존재하게 되었는지를 이해하는 것, 그리고 군사화 지형이 자연화되고 새로운 특징, 이름, 용도를 지니게 되는 상황에서도 그곳을 유의미한 장소로 유지하고자 애쓰는 것이 향후의 과제라면, 앞으로의 행보에 참고할 만한 사례를 살펴보는 과정이 필수적일 것이다. 군사화를 둘러싼 역사의 측면에서도, 군사화에 따른 생태의 측면에서도 의미심장한 이들 장소에 대해 내가 느끼는 관심사와 매력은, 군사화 지형을 매개로 우리가 주변 세계에 대해 더 비판적이고, 창의적으로 생각하게 된다는 점이다. 만일 이들 장소에서 일어난 문화적 의미가 깊은 토지의 용도 변화의 역사를 삭제하는 우를 범하지 않을 작정이라면, 우리는 복원과 보전상의 이익을 위해 생태적 피해를 제거하는 방식으로, 그 변화의 역사를 간직하지 않을 수 있을까?

일본의 재건과 기억

2015년 봄, 나는 혼슈本州 지역의 옛 군사화 지형을 조사하는 새로운 연구 프로젝트를 시작하려고 일본에 6주 동안 머물렀다. 나는 군사적 준비와 계획 또는 영향이 명확하게 연관이 있는 여러 현장들이 어떤 식으로 재개발되거나 기념되고 있는지 직접 방문해 판단할 생각이었다. 장기적인 내 목표는, 일본에 있는 군사화 지형과 탈군사화 단계의 지형이 미국의 탈군사적 야생동물보호지구와 유럽의 철의 장막 국경지대 같은 해외의 비슷한 지형과 어떤 차이점과 공통점이 있는지 평가하는 것이었다. 애초 나는 탈군사적 야생동물보호지구화와 동일한 종류의 과정을 겪은 일본의 특정 현장에 대해 잘 몰랐지만, 고도의 산업화를 이룩한 다른 나라, 특히 미국과는 다른 방식으로 제2차 세계대전과 냉전을 경험한 국가들에서, 자연화 과정이 어떤 식으로 일어나는지 확인하고 싶었다.

나는 생전 처음 일본을 방문했고, 얼마 지나지 않아 기존의 연구 방향을 근본적으로 바꿔야 할 필요성을 느꼈다. 방문 전에 이미 일본 현대사를 다룬 유익한 글을 포함해 일본에 관한 글을 꽤 많이 읽었지만, 일단 도쿄도東京都에 위치한 "군사화의 현장"을 찾아가자마자 방일 전 조사하기로 계획했던 군사지리학적 대상을 둘러싼 내 이해수준이 아직 미흡하다는 점을 확실하게 깨달았다. 미국에 있을 때 찾아간 용도 전환 중인 여러 군사시설에서, 나는 해당 시설의 범위를 비교적 간단하게 구별할 수 있었다. 철의 장막 국경지대에서도, 추방과 요새화의 역사를 지닌 구역은 그 범위가 명확했다. 종종 그런 구역은 표지판이나 철책으로 구분되었고, 간선도로 지도에도 표시되었다. 그렇다고 해서 20세기에 미국이나 중앙유럽에서 이뤄진 군사화가 서로 분리된 장소에 국한된 현상이었다는 말은 아니다. 사실 미국이나 중앙유럽에서의 군사화는 다양한 사회정치적, 경제적, 지리적 연관성을 통해 훨씬 더 광범위하게 이뤄졌다. 그러나 물리적 지형의 관점에서 볼 때, 군사적 자취는 그 경계가 아주 분명한 경우가 많다.

현대적 군사력의 폐해에 시달린 여러 나라처럼, 일본에서도 군사화의 물리적 영향력과 충격이 훨씬 더 폭넓게 각인되어있다(이것은 유럽을 포함한 세계 각 지역에서 벌어지고 있는 전쟁의 여러 현장에도 적용되는 말이다). 물론 일본에는 비행장, 제조공장, 막사, 훈련장 등 미국에 있는 비슷한 용도의 장소들과 유사한, 군사적 생산과 준비에 쓰였던 현장들이 남아있다. 하지만 일본에서는 전쟁으로 개별 현장과 지역 전체의 형태가 바뀐 군사적 영향의 범위가 뚜렷하다. 아니, 더 적절하게 표현하자면, 한동안 뚜렷했었다. 일본에 도착했을 때 내가 깨달은 것은, 전쟁의 영향이 여러 지역에 너무 광범위하게, 너무 심하게 미쳤기 때문에 오늘날 그 영향을 확인하기 어려울 지경이라는 점이었다. 이것은 직관에 어긋나는 말처럼 들리겠지만, 전쟁의 흥미로운 역설 — 전쟁의 영향이 충격적이고 광범위할수록 전쟁의 흔적을 기념하고 유지하기가 힘들다 — 과 관계있다.

이 같은 역설은 내가 6주 동안 머물렀던 도쿄 서쪽 변두리의 어느 자치단체에서 뚜렷하게 드러났다. 그 지역에 처음 도착했을 때 나는 건물과 기반시설의 현대성에 깜짝 놀랐다. 애초 나는 그것이 비교적 최근에 일어난 도시 확산 현상의 결과임에 틀림없다고, 도쿄는 수십 년 전 만해도 그처럼 현대적인 모습을 갖추지는 않았을 것이라고 여겼다. 그런 현대성은 이상해 보였다. 내가 머물던 집 바로 근처에 1,300년의 역사를 자랑하는 국립사찰이 있었기 때문이다. 하지만 서기 700년대에 이미 도로와 사찰이 들어섰듯이 1970년대 이전에 도쿄권의 개발업자들이 그 지역에 진출했을 것이라고 짐작할 수 있다. 물론 그들은 그렇게 했다. 그러나 그들보다 미국의 폭탄이 먼저 나타났다.

내가 깨달은 점, 아니 더 빨리 알아채야 했던 점은, 그때 내가 머물고 있던 지역의 대부분 그리고 도쿄 광역도시권의 약 3분의 2가 1945년 3월 9일과 10일에 미국 군용기들이 집중적으로 투하한 소이탄으로 파괴되었다는 사실이었다. 약 24시간 동안 B-29 폭격기 300여 대가 6,500개 이상의 폭탄을 투하하는 바람에 일본 최대의 도시를 집어삼킬 만한 대화재가 일어났고, 결국 15만 명 이상이 사망했다. 일본의 대다수 주요 도시들도 비슷한 정도로 파괴되었고, 일본열도는 향후 수십 년 동안 재건의 길을 걸어야 했다.

피해 범위와 정도는 헤아릴 수 없을 만큼 끔찍했지만, 장기적으로 보면 기념의 측면에서도 현실적 난관이 생겼다. 물론 군사적 영향을 받은 비교적 고립된 현장들에서도 기억과 기념 방식을 둘러싼 어려움이 생길 수 있지만, 이제 더는 따로 구분할 만한 특정 현장이 아니라 광역도시권 전체가 남아있는 상황에서는 넘어야 할 산이 많아진다. 기념물을 어디에 설치할 것인가? 기념의 대상은 특정 지역이나 폭탄이어야 할까? 아니면 범위를 넓혀 일련의 공격 및 파괴 과정 전체여야 할까? 광범위한 군사화의 지리학을 마주한 상황에서, 어떻게 해야 의미와 장소가 가장 적절하게 연결될 수 있을까?[5]

나는 질문들을 곱씹으면서 깨달았다. 바로 이 질문들에 내가 그동안 일본 이외의 나라에서 진행되고 있는 탈군사적 야생동물보호지구화와 관련해 고민해온 의미와 기억과 삭제를 둘러싼 중요한 의문이 담겨있었던 것이다. 분명히 미국의 탈군사적 야생동물보호지구와 일본의 황폐화된 도시들은 구체적 맥락이 서로 다르다. 그리고 모든 측면에서 군사적 영향을 비교할 수 있다고 가정하는 태도는 부적절할 것이다. 그러나 세월이 흐르며 일어난 해당 장소의 정체성과 토지 용도상의 중대한 변화를 무릅쓰고 의미 있는 역사를 가장 효과적으로 간직하고 우리 시야에 드러내는 방법을 알아내려는 노력의 관점에서 볼 때, 이 두 가지 군사 지리적 현장은 서로에게 귀감이 될 수 있다.

일본의 여러 군사화 지형은 제2차 세계대전(다수의 일본인은 1931년부터 1945년까지의 격렬한 분쟁 기간을 거론할 때 아시아태평양전쟁Asia Pacific War이라는 용어를 쓴다)의 충격을 받은 이래 70년 넘는 세월 동안 변화를 겪어왔다. 지난 70여 년 동안, 연합군 폭격으로 파괴된 일본의 도시지역이 대부분 재건되었다. 강제로 무장이 해제된 일본은 군사력 대신 경제적 생산력에 초점을 맞췄다. 가장 집중적인 영향을 받은 군사화 지형에서는 다양한 복원 활동, 즉 요요기공원과 국영쇼와기념공원 같은 대규모 공원에서, 기차역, 쇼핑센터, 이케아Ikea 지점 등으로 구성된 다치카와立川시의 상업 및 교통 거점에서, 그리고 비행장, 공원, 경기장 등으로 구성된 조후調布시의 민간용 복합시설에서 이뤄진 재건 사업이 펼쳐졌다(그림 7.1~7.3).

오늘날 이들 군사화 지형을 찾아가보면 황폐화의 정점을 찍은 1945년의 모습을 상상하기 무척 힘들 수 있다. 1945년 이후 두 세대가 지나간 점과 전쟁의 직접적 생존자 수가 매년 줄어드는 점을 고려할 때, 집단적 기억상실의 가능성을 우려할 만하다(이 점은 대학살과 나치 시대를 학교 교과과정에 의무적으로 포함시키는 독일에도 적용되는 얘기다).[6] 이런 문제는 최근 몇 년 동안 20세기 전반기 동안 일본이 저지른 침략 행위의 역할을 축소하

그림 7.1 쇼와기념공원의 꽃밭.

그림 7.2 이케아의 다치카와 지점.

그림 7.3 조후시의 비행장과 공원.

기 위해 사회과 교과서를 재집필하도록 압력을 가하고, 군사적 영향력 확대의 길을 열기 위해 평화헌법(1945년에 미국이 입안한 평화헌법에 따라, 일본은 "자위대"만 보유할 수 있게 되었다)을 개정하도록 압박하는 일본의 민족주의적 정권에 의해 악화되어왔다.

특히 군사화와 관련하여 과거가 돋보이는 이들 군사화 지형을 직접 방문해 살펴보면서 나는 오늘날 그 현장들이 얼마나 쉽게 휴양용, 상업용, 민간용 공간으로 정상화될 수 있는지 절실히 느낄 수 있었다. 지금 쇼와기념공원을 우아하게 장식하는 운동장과 수상공원, 정원과 초지는 공원이 처음에는 일본군에 의해 나중에는 점령군인 미군에 의해 공군기지로 쓰였다는 역사를 덮어버리는 새로운 연상관계를 쉽게 불러일으킨다. 히로히토裕仁(죽은 뒤로는 쇼와 천황으로 불린다)에게 헌정한 그 공원은, 수십 년에 걸쳐 만주 침공, 진주만 공습, 제2차 세계대전 같은 치열한 국제전을 벌이며 일본을 이끈 그의 치세를 기리는 정부기념물로 관리된다. 오늘날 쇼와기념공원을 찾아가 봐도 어두운 과거의 흔적은 전혀 찾아볼 수 없다. 오히려 그곳을 방문하는 것은 쇼와昭和라는 칭호의 의미인 "평화롭거나 조화로운 계몽기"의 징후를 대변하는 행동으로 비춰질 듯싶다.

일본에 있는 그 밖의 여러 군사화 지형을 둘러싼 재개발 과정에 의해서도, 오늘날 그 장소들이 상징하는 바가 달라지고, 방문객들이나 주민들이 그 현장들과 의미 있게 연결되는 방식이 바뀐다. 미국의 탈군사적 야생동물보호지구와 마찬가지로, 요즘 일본의 여러 군사화 지형에서는 예전에 강조된 군사적 생산과 군사훈련 또는 군사적 영향 같은 요소를 체험하기가 점점 힘들어지고 있다. 그런 과거의 지층이 시야에서 사라지는 바람에, 이들 장소의 문화적 의미도 바뀌기 시작한다. 한때 우리가 희생의 장소로 인정하거나 방문했던 곳이 이제 휴양이나 보전의 장소로 탈바꿈한다.

이런 식의 전환 과정을 감동적인 것으로 바라보고 싶은 사람들도 있으리라. 사실 한 사회가 전쟁에 매달리다가 이제 평화를 지향하려는 모습을 보기 싫어하는 사람은 드물 것이다. 누구나 평화롭거나 조화로운 계몽기를 간절히 바라겠지만 여기서 문제는 간절함이라기보다 그것이 조장하는 오해이다. 히로히토의 치세는 결코 평화와 조화의 시기로 규정할 수 없다(여러 명의 총리대신과 정치지도자들이 암살당한 데서 알 수 있듯이, 내부적으로도 평화나 조화와 거리가 멀었다). 군사화의 물리적 유적을 제거하는 행위가 한 사회와 주변 세계 간의 관계를 오래도록 망치는 길이라면, 그것은 확실히 감당하기 힘들 만큼의 대가를 초래하는 행동일 것이다. 세계에서 가장 상징적인 군사화 지형으로 여길 만한 곳을 살펴보면 이 점이 더욱 분명히 드러날 수 있다.

히로시마

1945년 8월 6일 아침, 미군의 B-29 폭격기 에놀라 게이Enola Gay가 원자폭탄을 투하했고, 일본의 도시 히로시마는 영원히 핵시대의 서막과 연관되고 말았다. 핵폭발로 초래된 파괴의 강렬함과 폭탄의 독특함 때문에 히로시마는 세계에서 가장 악명 높은 군사화 지형 중 하나로 꼽히게 되었다. 히로시마에서는 마치 도시의 성격을 규정하는 것처럼 보일 정도로 순식간에 군사 활동과 군사적 영향이 만연했다.[7] 오늘날까지, 많은 방문객은 주로 히로시마가 폭격 이후 수십 년 동안 꾸준한 재건과 변화와 현대화의 길을 걸어오면서도 그 극적이고 심각하게 파괴적인 사건에 대한 기억에 어떻게 대응해왔고, 그것으로부터 어떻게 회복되어왔으며, 또 어떤 식으로 그것을 간직해왔는가를 기준 삼아 이 도시를 바라본다.

폭발의 파괴성과 그로 인해 세계 군비경쟁의 성격이 바뀐 점을 고려할 때, 히로시마에서 원폭투하 사건은 반드시 기억해야 하고 결코 망각하지 말아야 하는 일처럼 보였다. 원폭투하 이후, 세계인들은 히로시마와 나가사키를 단순한 지도상의 장소가 아니라 그 두 도시가 남긴 유산인 세계 핵무기경쟁의 상징으로 인식하게 되었다. 의미심장하게도, 히로시마와 나가사키는 미국의 발 빠른 중재를 거쳐 특별한 의미를 대변하는 기념의 대상이 되었다.

원폭투하는 우리가 일본과 미국의 제국주의를 둘러싼 각자의 시각에 따라 매우 다양하게 평가하는, 논란의 여지가 큰 행동이었고, 여전히 뜨거운 논쟁거리로 남아있는 행동이다. 많은 일본인은 원자투하를 미국이 전시에 저지른 잔학 행위로 여겨왔다. 반면 미국인들은 원자폭탄을 군사기술의 최고봉으로 평가하고, 아무리 나쁘게 봐도, 전쟁을 끝낸 필요악, 일본 본토를 점령하려다가 희생되었을지 모르는 무수한 생명을 구한 필요악으로 간주한다. 일본이 1945년에 항복한 뒤 미국은 1945~1952년까지 일본의 점령과 재건 과정을 감독했던 연합국 대일이사회에서 주도적 역할을 맡았고, 1948년에는 히로시마 평화기념도시건설법Hiroshima Peace Memorial City Construction Law을 통과시켰다. 이후 히로시마 평화기념공원이 조성되었다. 이 공원은 현재 원폭투하로 가장 큰 피해를 입은 히로시마 중심지 인근 구역의 일부분을 차지하고 있다(그림 7.4).

히로시마에 원자폭탄이 투하된 지 얼마 뒤, 재건 방식을 둘러싼 중요한 논쟁이 펼쳐졌다. 논쟁에는 아예 재건을 반대하는 의견인 폐허로 전락한 지형을 일종의 기념공동묘지로 유지하자는 목소리부터 원폭투하의 모든 흔적을 가급적 완전히 제거하는 방안에 이르기까지 온갖 견해가 개진되었다.[8] 일설에 의하면 미국은 최소한 부분적으로는 원폭투하와 전후의 평화 간 연관성을 강조하기 위해 재빨리 평화기념공원을 조

그림 7.4 히로시마 평화기념공원과 원폭 돔.

성하고자 했다고 한다. 그 연관성은 원자폭탄이 일본의 항복을 담보하는 데, 그리고 일본 본토를 장기간 공략하다가 희생되었을 법한 수많은 연합군의 목숨을 구하는 데 필수적인 계기였다는 견해를 뒷받침한다. 문화학과 교수인 리사 요네야마Lisa Yoneyama는 미국의 그 정책을 다음과 같이 간추려 설명한다. "히로시마를 세계 평화의 '메카'로 되살아나는 원폭 피해 도시로 표현하는 것은, 국제연합에서의 신중한 논의나 국제적 외교협상에 의해서가 아니라 미국의 지속적인 기술적, 군사적 패권에 의해 세계의 평화와 질서가 확보되었고 앞으로 유지될 수 있을 것이라는 견해를 확산시키는 데 보탬이 되었다."[9]

히로시마를 둘러싼 평판의 폭넓은 역할 이면에서 작동한 한 가지 추가적인 요인이 히로시마 기념사업의 성공에 기여했을지 모른다. 그것은 바로 지표면 상공에서 폭탄이 터진 위치인 폭심지를 파악해 표시한 정확성이다. 오늘날 히로시마의 폭심지를 중심으로 반경 약 2킬로미터 이내의 구역에는, 해당 장소와 폭심지 간의 거리와 그 장소에 있었던 건물의 상태를 알려주는 현판과 사진이 수십 개 설치되어있다. 폭심지에서 반경 약 2킬로미터 안에는 핵폭발에도 살아남은 나무 몇 그루가 "피폭수목被爆樹木" 표지판을 통해 조심스럽게 기념되고 있다(그림 7.5와 7.6). 지금 나가사키에는 플루토늄 폭탄의 폭심지 바로 아래의 지점을 표시하는 검

그림 7.5 폭심지와의 거리가 표시된 현판.

그림 7.6 "피폭수목" 표지판.

은 돌기둥이 서있다.

이들 사례를 통해 우리는 군사화 지형의 복원과 기념이 그저 자연적 과정이나 정치적으로 중립적인 과정이 아니라 문화적 가치, 정치, 더 폭넓은 의미의 지리학 등과 깊이 연관된 과정이라는 점을 알 수 있다. 즉 우리가 군사화 지형을 처리하는 방식이 중요하고, 그 방식은 우리가 장기적으로 군사화 지형과 관계를 맺고 그것을 이해하는 방식에, 또 군사화 지형에 대한 정책에 지속적인 영향을 미칠 수 있다는 말이다.

삭제의 우를 범하지 않기

히로시마가 무엇을 의미하는지, 그리고 히로시마가 어떻게 해석되어야 하는지를 둘러싼 특정한 인식적 틀을 짜는 작업은 계속 난관에 봉착하겠지만, 히로시마처럼 세계적으로 중요한 현장은 언제나 군사화 지형으로 기억될 것이다. 그러나 폐쇄 후 용도 전환 중인 미국 내의 군사시설의 경우, 과거에 거기에서 펼쳐진 활동과 그 활동이 국가적 가치관과 정치와 환경의 측면에서 기여한 점에 관한 기억이 사라질 위험이 훨씬 더 크다. 탈군사적 야생동물보호지구화는 군사적 생산의 현장을 자연화하기 위해 두 배로 힘쓰는 과정이다. 왜냐하면 그 과정을 거쳐 군사적 생산의 장소들이 일단 야생동물보호지구로 널리 알려지게 되는데, 이때 야생동물보호지구는 대체로 문화의 영역 밖에서 조성되는 자연적 장소로 간주되어야 하기 때문이다.[10]

뒤집어 말하자면, 탈군사적 야생동물보호지구화는 지금 우리가 신규 야생동물보호지구로 여기는 군사화 지형이 탄생하는 과정에서 주도적 역할을 담당한 제도와 행위에 대한 우리의 문화적 기억을 안전하게 간직하는 데 일조할 수도 있다. 이미 앞에서 슬쩍 암시했듯이, 군사화 지형의 혼종적 특성은 우리가 자연과 사회를 서로 분리된 대상이 아니라 군사화 지형을 함께 만들어내고 군사화 지형에서 일어나는 변화를 함께 유발하는, 서로 연결된 주체로 여기도록 유도하는 자극제가 될 수 있다. 그러나 아마 이 군사화와 자연화의 현장을 "야생동물보호지구"로 부르면 앞서 언급한 의미를 충분히 담지 못할 것이다. 확실히 그런 명칭에 취해 군사화 지형과 그 지형이 탄생한 과정에 대한 너무 단순화된 인식에 빠질 우려가 있다. 로키산 군수공장을 야생동물보호지구로 전환하는 문제로 열린 청문회에서 바로 그런 우려가 제기되었다. 미국 야생협회 Wilderness Society를 대표해 나온 어느 참석자는 로키산 군수공장을 국립야생동물보호지구로 부르지 말아야 한다는 식으로 말했다. 보호지구라는 토지 체계에 대한 일반인의 이해 수준을 떨어뜨릴 우려가 있다는 이유였다.[11]

그런데 야생협회가 제기하는 우려에는 모종의 역설이 담겨있다. 사실 야생 개념은 자연과 사회의 이원론과 문화 삭제에 일조할 가능성 때문에 공격을 받아왔다. 환경역사학자 윌리엄 크로넌William Cronon은 의미심장한 평론 〈야생의 문제The Trouble with Wilderness〉에서 사회적 요소가 배제된 상태의 공간만 자연으로 여기는 듯싶은 토지 보존 활동과 연관된 더 광범위한 위험을 강조한다.[12] "야생에는 인간이 땅으로 생계를 꾸릴 만한 곳이 전혀 없다."[13]

탈군사적 야생동물보호지구에 내재된 복잡한 사회적 관계의 영속적 의미가 사라질 가능성은, 탈군사적 야생동물보호지구화 과정에서 드러나는 근본적인 위험 중 하나로 꼽을 수 있다. 앞서 내가 강조하려고 애썼듯이, 그런 가능성은 굳이 실현될 필요가 없다. 옛 군사시설을 보전 용도의 시설로 재지정한다고 해도 굳이 과거에 거기서 일어난 다양한 단계의 일을 우리가 집단적으로 망각할 필요는 없다. 그러나 만일 옛 군사시설의 이름을 바꾸고 그곳을 생태적으로 복원하는 임무에만 집중하는 데 그치면 그곳을 둘러싼 영속적 의미가 사라질 위험이 있을 것이다. 어떤 의미에서는 자연적이기도 한(또는 자연화되고 있기도 한) 역사적, 사회적, 정치적 지형이라는 복잡성을 고려하며 군사화 지형을 식별하고 관장하고자 애쓰는 자세는 이 같은 의미 상실을 방지할 수 있다.

브라보 20 환경기념물

예술가인 리처드 미즈락Richard Misrach은 이 사회정치적 기억상실의 함정을 통과할 수 있는 적어도 한 가지 방법을 내놓는다. 그것이 바로 브라보 20 국립공원Bravo 20 National Park이라는 도발적 방안이다.[14] 하지만 브라보 20 현장을 두고 미국의 경치 좋은 국립공원을 연상하는 사람은 드물다. 네바다주의 폭격훈련장은 폭탄이 터져 생긴 구덩이, 폭탄 외피, 불발탄, 그리고 통학버스와 송신탑 같은 검게 탄 채 남아있는 군사 표적물이 어지럽게 널려있는 황량한 지형이다. 브라보 20 폭격훈련장 같은 여러 장소에 서로 뒤섞인 채 남아있는 사회적, 환경적 속성을 간직하고 기념하고자, 미즈락은 방문객들이 폭력성, 권력, 정치, 자연 등이 결합되어있는 그곳을 탐험하고 대면하고 검토하도록 손짓하는 환경기념물을 기획하고 있다.

> 브라보 20은 현재의 공원 체계에 추가될 독특하고 설득력 있는 자산일 것이다. 이처럼 환경적 우려가 큰 시기에 브라보 20은 군과 정부, 기업과 개인의 관행이 지구에 해를 입힐 수 있다는 점을 늘 일깨우는 역할을 맡을

> 것이다. (…) 브라보 20은 우리 역사의 복잡하고 어지러운 시기를 국가 차원에서 인정하는 데 따른 결과일 것이다. (…) 브라보 20은 우리가 비교적 유명세가 낮은 지형을 처리한 방식에 대한 생생한 기록을 제공할 뿐 아니라 앞으로 그 지형이 파괴되지 않도록 하는 데도 보탬이 될 것이다.[15]

미즈락이 꿈꾸는 미래상은 확실히 정치적이고 비판적이다. 그의 제안에 의하면 브라보 20의 자료관은 "평시에 벌어진 군사적 오용의 역사를 중심으로 꾸며져야 하고", "진열 및 전시의 대상에는 태평양의 마셜제도에서 실시된 방사능 실험, 네바다 핵실험장에서 실시된 핵실험으로 오염된 미국 대륙, 콜로라도주의 로키 플래츠 핵무기공장, 워싱턴주의 핸포드Hanford 핵처리 구역, 화학무기 비축, 독성 폐기물 처리, 미국 전역에서 이뤄진 토지 및 공역空域 징발 행위 등이 포함되어야 한다."[16] 그러나 그의 기획안에 수록된 사진과 글을 보면 브라보 20에는, 오용된 토지를 기념하고 환경을 보호하는 역할을 통해 프로젝트 자체에 기여하는 미적 요소도 담겨있다. 미즈락의 설명에 의하면 환경기념물은 그곳의 물리적 특징뿐 아니라 그런 지형을 만들어낸 과정과 제도의 의미도 보존할 수 있다. 즉 환경기념물은 그 지형에서 펼쳐진 군사적 생산의 가시성可視性을 유지하고, 일반인들이 그것을 통해 교훈을 얻도록 자극한다.

미즈락이 제시하는 미래상에 공감하는 사람이 없지는 않다. 아울러 그는 어떤 점에서 보면 괴짜도 아니다. 빼어난 풍광의 국립공원으로 가장 유명한 미국 국립공원관리청은 현재 미국의 국가유산에 그다지 어울리지 않는 군사적 전투와 학살 같은 사건들을 인정하고 기념하는 역사적 현장 수십 곳을 관리하고 있다. 그런 역사 유적지로는 샌드크릭 학살 국립사적지Sand Creek Massacre National Historic Site, 눈물의 길 국립역사탐방로, 빅홀 국립전투유적지Big Hole National Battlefield 같은 곳을 꼽을 수 있다. 국립야생동물보호지구의 몇몇 관리자들은 실제로 국립공원관리청의 그런 목적의식을 감탄의 눈길로 바라본다. 메인주 북쪽의 아루스툭 보호지구에서 근무하는 한 관계자는 만약 문화유산을 보존할 목적이었다면 아마 그곳이 훌륭한 국립공원이 되었을 것이라고 말했다. 무엇보다 옛 로링 공군기지는 미국 최초의 전략공군사령부 기지이자 냉전 시대 내내 모스크바와 가장 가까운 핵무장 미군기지였다.[17]

이 지점에서 역사적 교훈의 가치를 논하는 가장 흔한 해석 중 하나 ─ 우리는 과거를 통해 현재와 미래에 필요한 지혜를 얻을 수 있다 ─ 가 떠오른다.[18] 지리학자 켄 푸트Ken Foote는 폭력성을 띤 지형이 기념되거나 제거되는 방식에 관한 연구에서 이 문제도 다룬다. 그는 특히 20세기 후반의 군사화와 연관된 장소들이 일반인의 시야에서 사라지고 있는 과정에 주목하며 다음과 같이 고심에 잠긴다. "전 세계가 핵 파멸을 코앞에 둔 듯싶었던 시기를 기념하기 위해 이 냉전을 상기시키는 요소들을 더 많이 간직하는 편이 낫겠다. 바라건대 지난 50년 동안 대부분 망각된 이 현장들이 언젠가 후세대를 일깨우고 경각심을 심어주는 장소로 부각되면 좋겠다."[19]

기념과 역사 삭제 간의 이 대립과정에서 중요한 전환점은, 국방부가 과거의 문제를 이미 극복했다는 점을 대중에게 납득시킬 수 있을 때 찾아온다. 울리히 벡이 주장한 위험사회론의 관점에서 말하자면, 국방부는 역사상의 국가안보적 위험으로부터 사회를 지킨 것 같은 모습을 보여줌으로써 대중의 신뢰를 이끌어내고자 한다.[20] 군사기지를 녹화하고 군사기지를 환경보전 프로젝트의 대상으로 삼는 방법을 통해, 연방정부는 화학무기와 핵폭탄 따위의 기술을 낳은 군사적 관행이 성공적으로 관리될 수 있다는, 또 그런 위험요인이 생태적으로 유리하거나 심지어 유익한 수단이 될 수 있다는 확신을 대중에게 심어주고자 애쓴다. 매우 현실적 의미에서 무기를 자연화하는 이 같은 태세 전환은[21] 미국이 히로시마 평화기념공원을 설립하는 과정에서 추진한 의미의 재조정과 무척 비슷하다. 이렇게 볼 때, 군사화와 군사무기, 그리고 심지어 가장 소름끼치는 황폐화를 일으키는 군사무기도 더 이상 문제가 아니다. 이제 그것은 해결책이다.

오포드 네스 국립자연보호구

영국 동부 해안의 오포드 네스Orford Ness는 북해의 파도에 의해 내륙으로 떠밀려온 수석燧石 파편이 흩어져있는, 다소 평범한 해안선에 자리 잡고 있다. 엄밀히 말해, 오포드 네스는 식물이 생장하는 유럽 최대의 자갈 사취沙嘴이지만, 이 작은 섬의 진짜 자랑거리는 1990년대 초반부터 확실하게 보존된, 아니 더 적절하게 표현하자면, 소멸과 진화가 허용된 자연과 문화의 매력적인 조합이다. 영국의 문화유산과 공터를 보호하고자 노력하는 민간 자선단체인 내셔널 트러스트National Trust가 1993년부터 주관하고 관리해온 오포드 네스는 놀라운 대비를 이루는 곳이다.

내셔널 트러스트는 오포드 네스를 "흥미진진한 군사적 역사가 담긴 국제적으로 중요한 해안 자연보호구"로 내세운다.[22] 방문객들은 오포드 네스와 처음 마주치는 순간부터 이곳이 노란뿔양귀비, 갯장구채, 갯배추, 그리고 자갈 둑에서 많이 사는 숲멧토끼와 하늘 위의 개구리매를 보호하는 구역일 뿐 아니라 수십 년 동안 기관총과 수소폭탄 같은 영국의 첨단 무기 체계 몇 가지를 개발하고 시험했던 중요한 역사 유적지의 역할도 한다는 점을 알아차리게 되고 나중에도 계속 그 점이 머릿속에 떠오를 수밖에 없다. 완전한 기능을 갖춘 핵무기는 주로 인도양과 오스트레일리아에서 시험했지만, 핵심 부품과 탄도학적 특성에 대한 시험은 이곳 오포드 네스에서 진행되었다.

오포드 네스에서 이뤄진 일부 작업은 아직 기밀 대상으로 분류되고 있지만, 1950년대 초반에 이곳은 훗날 영국의 핵무기 개발에 공헌한 것으로 평가된 초기 발사체 시험에 쓰였다. 1955년, 오포드 네스에 영국 핵무기연구소가 설립됨에 따라 발사체 시험이 공식화되었다. 핵무기연구소는 1971년 10월까지 관련 연구를 계속 수행하였다. 그 20여 년 동안, 핵무기연구소와 그 전신인 기관들은 특히 진동이나 극한 온도에 대한 무기체계의 내성, 그리고 잠수함, 항공기, 미사일 같은 각종 전달체와의 호환성을 개선하기 위한 각종 시험을 실시함으로써 영국의 핵무기 전력 강화에 기여하였다.[23]

오포드 네스를 주도적으로 관리하는 과정에서, 내셔널 트러스트는 현장의 생태적 가치뿐 아니라 군사적 역사의 유물도 간직하고자 애쓰고 있다. 어느 관광안내 책자에는 다음과 같은 글귀가 있다. "지난 역사의 소름끼치는 흔적이 남아있는 신기하고 희귀한 야생동물의 국제적 보고인 오포드 네스에서 당신의 오감을 채우고 당신의 인식에 도전장을 내미세요."[24] 관광안내책자에 나오는 안내원 동반 도보관람과 투어로는 우선 "폭탄과 동물들Bombs & Beasties"이라는 프로그램을 꼽을 수 있고, 그 밖에 "영국에서 일반인에게 개방된 최초의 핵무기 현장과 직접 대면"하는 프로그램도 있다.

오포드 네스를 찾은 방문객들은 지정된 탐방로에서 "벗어나도록 유혹하는 휘어진 금속과 콘크리트의 서서히 낡아가는 모습"을 언급한다.[25] 아직 현장에는 불발탄이 있기 때문에 원칙적으로 방문객들은 탐방로를 벗어나지 말아야 하지만, 불발탄이 없는 안전구역에서는 붕괴, 튀어나온 금속, 느슨한 밧줄 따위의 위험요인을 지닌 갖가지 폐건물을 살펴볼 수 있다(그림 7.7). 이러한 방치와 몰락의 상태를 직접 대면하는 것은 내셔널트러스트가 방문객들로 하여금 너무 부자연스럽거나 가식적인 체험을 하지 않도록 구상한 계획의 일부분이다. 현장의 어느 표지판의 내용에서 알 수 있듯이, 그 버려진 연구소는 허물어질수록 매력이 빛나는 곳이다.[26]

오포드 네스의 경우, 몰락 과정은 자연화 과정과 통합되기도 한다. 미국의 탈군사적 야생동물보호지구에서의 더 갑작스럽고 용의주도하게 진행된 자연화와 달리, 오포드 네스에서 보전 목표의 주도성은 군용 건물이나 기반시설의 점진적 쇠퇴 현상과 더 철저하게 뒤섞여있다.[27] 최소한 지금 현장에서는 두 가지 요소 모두가 눈에 띈다. 결과적으로 방문객

그림 7.7 오포드 네스의 폐건물.

들은 과거와 현재, 군사화와 보전, 자연과 문화 간의 불확실한 관계를, 그리고 오포드 네스가 국립보호구로서 정확히 무엇을 대변하는지를 더 직접적으로 고민할 수밖에 없다.

주도적 관리와 직무유기가 뒤섞인 이 접근법은 여러 가지 면에서 너무 충격적인 것일 수 있다. 실제로 내셔널 트러스트는 오포드 네스에서 혼란스럽고 의심스런 일을 겪을 가능성을 염두에 두라고 방문객들에게 미리 주의를 준다. 물론 이런 자세는 미국 어류 및 야생동물관리국이 탈군사적 야생동물보호지구를 찾는 방문객들을 맞이하는 방식과 크게 다르다. 일례로 캐도호 보호지구 웹사이트의 "방문계획 짜기"란에는 고요한 호수에서 카누를 탄 사람들이 노를 저으며 커다란 수련 꽃잎 사이를 지나가는 모습이 나온다. 웹사이트는 복원된 옛 무기고 경비실도 살짝 언급한다(그러나 오염이나 무기생산 등 한때 그곳에서 펼쳐진 군사적 용도의 활동에 관한 설명은 전혀 찾아볼 수 없다). 웹사이트에서는 캐도호 보호지구에 "국제적으로 중요한 습지대"가 있다는 점과 거기서 휴양을 즐길 수 있다는 사실도 강조된다. "일주일 내내 일출 시간부터 일몰 시간까지 무료로 야생동물 관찰, 하이킹, 자전거타기, 사냥, 야생동물 사진촬영 따위의 야생동물 관련 활동을 즐길 수 있습니다. 공유지에서 마음껏 즐기세요!"[28] 비교하자면 오포드 네스를 찾는 방문객들은 자연보호구와 할로윈 유령의 집을 합쳐놓은 것과 비슷한 장소를 기대하게 되는 셈이고, 캐도호를 비롯한 미국의 보호지구로 향하는 사람들은 야생동물보호지구와 어드벤처 파크가 뒤섞인 것과 비슷한 장소를 예상하게 된다고 볼 수 있다.

이런 식의 비교가 너무 가벼워 보일 수 있겠지만, 아직 나는 오포드 네스만큼 군사적 잔류물이 공공적 접촉면에, 그리고 현장의 의미구조에 분명히 녹아들어있는 미국의 보호지구를 발견하지 못했다. 앞서 내가 유럽연합의 적극적인 기념 활동과 관련해 강조한 철의 장막 국경지대에서도, 대부분의 개인과 국가가 애초에 가장 뜨겁게 느낀 충동은 오랫동안 군사화를 통해 분리된 중앙유럽의 상황을 규정했던 장벽과 요새를 제거하려는 것이었다. 상징적인 베를린 장벽을 비롯한 여러 장벽의 유적과 잔해를 보존하자는 목소리는 대체로 한발 늦게 들려왔고, 넓지 않은 몇 군데의 장벽만 제거 위기에서 구할 수 있었다. 그렇게 생존한 장벽은 지금 대부분 야외 박물관의 형태로 남아있다(그림 7.8).

지금도 나는 1989년 수십 년간 죽음과 분열을 상징했던 장애물인 장

그림 7.8 베를린 장벽 기념물.

벽을 망치와 정으로 과감히 부순 베를린 시민들의 충만한 열정이 또렷하게 떠오른다. 나는 그런 충동을 이해한다. 그리고 현장에 있었다면 아마 나도 그렇게 하려고 했을 것이다. 하지만 나는 모두가 그렇게 하지는 않았다는 사실을 무척 다행스럽게 여긴다. 나는 동서로 분단된 베를린을 1985년에 처음 방문했고, 2013년에 다시 찾아갔다. 첫 번째 방문했을 때는 하루 종일 동베를린의 장벽 "뒤"에서 시간을 보냈지만, 이후 베를린은 너무나도 많이 변했기 때문에 두 번째 방문했을 때는 계속 길을 잃을 정도였다. 내가 어느 쪽에 있는지 알 수 없었고, 그 치명적이고 무서웠던 장애물이 어떻게 그토록 완벽하게 시야에서 사라질 수 있는지 궁금했다.

물론 베를린 장벽이 완전히 사라지지는 않았다. 지금의 베를린 장벽 길Beriln Wall Trail(이것은 철의 장막 길을 만든 주역인 미하엘 크라머가 쏟은 노력의 산물이기도 하다)이 옛 장벽의 배치 상태를 대략적으로 재현하고 있고, 일부 구간의 장벽이 그대로 남아있거나 다시 설치되어 공공기념물의 역할을 맡고 있다. 베를린 시민들이 그런 역사적 자취를 간직하려고 노력하는 점, 그리고 과거에 대한 물리적 기억과 그것이 대변하고 의미하는 바를 유지하고자 애쓰는 점은 칭찬받아 마땅하지만, 그런 노력조차 아직 반론과 불신에 시달린다. 그렇지 않다면 지금 중앙유럽의 상당수 지역뿐만 아니라 미국과 멕시코의 국경에 특정한 부류의 사람들을 막기 위한 장벽을 설치하는 방안이 새롭게 부각되는 현상을 어떻게 설명할 수 있겠는가? 기념은 사회적 변화와 정치적 요인 앞에서 빛을 잃지만, 군사화 지형의 의미를 의심하고 이해하고 해석하려는 노력은 기념을 통해 그 중요성을 인정받는다.

가상 정부기관

이 같은 방식으로 군사화 지형에 초점을 맞추는 프로젝트가 바로 국가 유독성 토지 및 노동 보전국National Toxic Land/Labor Conservation Service이다. 2011년에 예술가인 사라 카나우스Sarah Kanouse와 지리학자인 실로 크루퍼Shiloh Krupar의 "상상 입법"을 통해 탄생한 국가 유독성 토지 및 노동 보전국은 미국의 군사주의와 그것이 환경정의, 인권, 환경 등에 미친 영향 같은 사안을 전담하는 "가상 정부기관"이다. 국가 유독성 토지 및 노동 보전국의 홍보 영상에는 다음과 같은 다짐이 나온다. "냉전의 유독성 유산을 완전히 정화하기는 불가능하지만, 우리는 그것을 반드시 기억하고, 처리하고, 거기서 교훈을 얻음으로써 결코 실수를 반복하지 않도록 할 것이다."[29]

카나우스와 크루퍼가 전혀 정부의 공식 허가를 받거나 정부와 공식 관계를 맺지 않은 채 운영한다는 점에서는 전적으로 "가상"의 기관이지만, 국가 유독성 토지 및 노동 보전국은 어류 및 야생동물관리국이나 국립공원관리청 같은 연방정부의 공식 토지관리 기관을 꼼꼼하게 모방하고 있다. 국가 유독성 토지 및 노동 보전국을 대표하는 "현장 책임자들"은 종종 연방정부기관 식의 휘장에 부착된 기관 로고가 보이는 흰색 타이벡Tyvek 재질의 정장이나 조끼를 일부러 착용한다. 휘장을 자세히 들여다보면 돌연변이 나무 옆의 사람을 받쳐 든 양손과 방사선 위험 표시를 배경으로 하늘을 나는 거위의 형상이 보인다. 이 검은색 거위는 어류 및 야생동물관리국이 소중히 여기는 상징인 파란색 거위를 연상시킨다. 신입 활동가들이 국가 유독성 토지 및 노동 보전국을 실제보다 조금 더 공식적인 기관으로 착각할 때가 있을 정도로 휘장을 포함한 여러 가지 용구와 재료에서 미국 내무부와의 상상 속 관계가 드러난다(그림 7.9).

물론 이것은 국가 유독성 토지 및 노동 보전국이 중점을 두는 목표의 결과물 중 하나이다. 목표는 미국의 군사화 지형에 대한 심도 있는 검토를 촉발하고, 군사 활동에 영향을 받은 사람들과 장소를 둘러싼 정부 책임의 역할에 대한 기존의 관념에 문제를 제기한다. 비록 가상적 존재이

그림 7.9 국가 유독성 토지 및 노동 보전국 휘장(사라 카나우스 제공).

지만, 카나우스와 크루퍼 같은 현장 책임자들과 다른 활동가들이 "아메리카 대륙의 핵보유국이 국내에 미친 영향에 관한 정부의 무책임한 태도"를 근절하기 위해 "현장 이동사무소"를 타고 미술관이나 박물관 같은 장소로 이동할 때 국가 유독성 토지 및 노동 보전국은, 어떤 의미에서는 실제로 존재한다.[30] 카나우스와 크루퍼는 참가자들이 군사화와 관련한 미국의 과거와 현재와 미래를 새롭게 이해하고자 애쓰는 협업토론회를 자주 기획해 개최하기도 한다.

2016년 3월, 나는 콜로라도주에서 열린 그 집단토론회에 참석했다. 주변 지역에서 모인 30명의 참가자들은 냉전 시대의 지형을 한결 분명하게 드러내는 기념물과 표시물로 가득한 환경유산탐방로Environmental Heritage Trail를 상상한 뒤 직접 도안했다. 나는 집단토론회에서 마주친 다채로운 시각에 강한 인상을 받았을 뿐 아니라 냉전과 로키산맥 서쪽 지역에 잔존하는 냉전의 유산을 둘러싼 기억과 관련해 중요한 점이 무엇인지 함께, 그리고 더 깊이 이해하고자 각 참가자들이 쏟는 진정한 노력에도 감동을 받았다.

토론회 참석자들의 생생한 경험에서 엿보이는, 마치 파국을 예고하는 듯한 차이점은 시간이 갈수록 점점 생산적 대화와 기억 구성의 핵심 특징으로 변모했다. 예를 들어 콜로라도주의 우라늄 광산도시인 우라반Uravan에서 자란 두 명의 자매는 광산 노동자로 일했던 친척들의 건강악화 문제를 쓰라릴 정도로 상세하게 설명했다. 우라반은 슈퍼펀드 현장으로 지정되면서 모든 주민이 강제퇴거 당했고, 1980년대 후반에는 기업의 법적 책임을 감추고 오염 위험요인을 억제할 목적으로 해체되어 완전히 매립되었고, 결국에는 도시 자체가 없어졌다고 한다. 두 여인이 알려준 개인적, 그리고 공동체적 상실감은 토론회장 곳곳에 파고들었다. 그런데 핵규제위원회에서 쌓은 경력을 열거하는 어느 남성 참가자의 자긍심도 반향을 일으켰다. 그는 핵규제위원회가 미국의 핵산업을 가급적 최고 수준에서 유지하고자 노력한다고 여겼다. 물론 다수의 참가자가 그의 견해에 불만을 느꼈겠지만, 확실히 극소수만이 자기가 사는 도시가 "뒤집히고, 갈가리 찢기고, 파묻힐" 때의 기분을 제대로 짐작할 수 있었을 것이다. 그러나 토론회에서의 요점은 각 참가자가 세상을 동일한 방식으로 바라보는 것이 아니라 냉전에 관한 다양한 시각을 살펴보는 것, 그리고 냉전의 유산이 우리 "삶과 땅과 몸"에 꾸준히 영향을 미치는 과정에 대한 인식 수준을 높이는 것이었다.[31] 내가 볼 때, 대화를 통해 차이를 줄이는 동시에 함께 어우러지면서 군사화 지형을 둘러싼 기억과 의미에 초점을 맞추는 그 조화로운 방식은 바로 우리가 반드시 활용해야 하는 수단이다.

콜로라도주의 로키 플래츠

42년 동안, 미국의 핵무기용 플루토늄 기폭장치는 내 고향에서 불과 16킬로미터 떨어진 곳에서 생산되었다. 어린 내게 그 정도의 거리는 안전해 보였다. 나는 냉전 시대의 지정학적 폭심지 중 하나와 가까운 곳에 살고 있어도, 그리고 그곳이 핵 파멸(혹자의 주장에 의하면 '핵 예방'으로 볼 수도 있다)에 일조할 가능성이 있어도 별로 불안하지 않았지만, 그 무렵 10대 청소년이었던 내게 로키 플래츠 핵무기공장에서 벌어진 일은 가끔 더 개인적인 경험으로 다가왔다.

예컨대 고등학생 시절의 물리 수업 시간에 어느 학생의 아버지가 찾아온 일이 생각난다. 그는 로키 플래츠에서 근무했는데, 공장에서 자신이 맡은 업무가 과학과 얼마나 깊이 연관되는지 설명해줬다. 그가 설명을 돕기 위해 가져온 물건이 특히 기억에 남는다. 그것은 바로 납으로 만든 컵에 넣어둔 플루토늄 단추였다. 그는 플루토늄 단추가 그 상태에서는 완벽히 안전하다고 우리를 안심시켰지만(플루토늄 단추가 방출하는 알파선은 몇 센티미터만 움직이고, 대다수의 고체를 통과하기 어렵다), 예를 들어 허파를 통해 몸속에 100만분의 1그램만 흡수되어도 사람이 죽을 수 있다는 점도 알려줬다. 몇 년 뒤, 그가 암으로 사망했다는 소식을 들었을 때 나는 작업장 어디에선가 알파선이 호흡을 통해 그의 몸에 침투한 것이 아닐까 궁금했다.

몇 년 동안 로키 플래츠까지 26킬로미터를 걸어와 작은 북을 두드리며 그 전쟁의 산물에 반대하는 시위를 벌이다가 돌아가던 어느 불교 승려도 생각난다. 비교적 규모가 큰 시위도 있었다. 공장을 오가는 화물의 수송을 막거나 늦추려고 철도 선로에 설치한 천막집, 상징적 봉쇄의 의미로 손에 손을 잡고 공장을 에워싼 수천 명의 사람들, 연주회와 체포 사태, 그리고 공장의 안전성을 장담하는 목소리, 이어진 연방수사국의 급습, 비참한 화재, 플루토늄 유출, 끝으로 공장의 영구폐쇄 결정 등도 떠오른다.[32] 그때의 사람들과 사건들이 기억나는 까닭은, 발을 딛고 살았던 지형의 일부분으로서 내가 직접 그것을 목격했기 때문이다.

그러나 오늘날 현장에는 철도선로만 뚜렷하게 남아있다. 공장 건물은 모조리 사라졌다. 미국 무기생산의 옛 중심지 근처에 갑자기 몇 개의 구획이 생기고 있다. 그중 하나가 옛 로키 플래츠 바로 남쪽에 위치한 칸델라스Candelas 개발구획이다. 칸델라스 개발구획의 웹사이트에는 프론

트산맥Front Range을 배경으로 자리 잡은 푸르른 공터의 모습과 "탁 트인 공간에서의 삶은 우리 꿈입니다."라는 문구가 나온다. 웹사이트에는 개발구획의 환경적 편의를 선전하는 글도 실려있다. "멋진 미국 서부 모습이 담긴 그림엽서에서 본 적 있다고 믿을 정도로 아름다운 산악 목초지가 있습니다. 이 탁 트인 지형, 서부의 자연미가 집약된 이곳의 이름은 칸델라스입니다. (…) 칸델라스에서는 콜로라도주의 최고 장점으로 가득한 삶을 누릴 수 있습니다. 여기 오셔서 탁 트인 공간에서의 삶을 즐겨보세요."[33] 칸델라스 개발구획 관계자들은 로키 플래츠 국립야생동물보호지구에 관한 내용만 다루는 웹사이트도 운영하고 있다. 웹사이트는 야생동물, 공터, 산의 풍경 따위를 담은 사진과 해당 지역의 안전성을 장담하는 내용으로 예비 주택 구입자들의 시선을 끌지만, 꽤 공을 들여야 플루토늄에 대한 내용 한 줄을 찾을 수 있다.[34]

지금 나는 칸델라스 개발구획과 로키 플래츠 국립야생동물보호지구가 안전하지 않다고 주장하는 것이 아니다. 두 곳 모두 안전하기를 바란다. 대신에 나는 대부분의 사람이 지금 칸델라스에 관해 알게 되는 사실이 과연 무엇인지 묻고 싶다. 우리는, 또는 칸델라스의 주택을 구입하는 사람들은, 이미 항의의 목소리가 가라앉았고 오래 전에 무기 생산이 중단된, 그리고 군사화의 흔적이 사라진 이 지형을 자연적인 땅으로, 서부의 자연미가 집약된 곳으로 인정해야 할까? 아니면 군사적 과거를 감안해 다르게 바라봐야 할까?

칸델라스는 내게 무언가를 의미하는 장소, 거기에 담긴 역사가 언제나 내게 경고의 손짓을 보낼 듯싶은 장소가 되었다. 그런데 개발업자들을 비롯해 로키 플래츠의 불길한 역사를 외면하고 싶어 하는 사람들이 지금 이곳을 표현하는 방식에 문제를 제기하는 것은 나만이 아니다. 예비 주택 구입자들의 이해 수준을 높이기 위해, 바람이 불어가는 쪽에 위치한 아르바다Arvada와 그 주변 지역의 활동가들은 기존의 칸델라스 웹사이트에 대항하는 웹사이트 Candelasconcerns.com를 개설했다. 이 웹사이트는 "칸델라스에 관심 있는 신규 주택 구매자들이 플루토늄 같은 물질로 인한 오염 가능성을 반드시 인식하도록" 이끌고자 하며, 개발업자들이 예비 구매자들에게 옛 무기 공장의 역사나 그 근처에서 생활하는 데 따른 위험에 관한 정보를 제공해야 할 의무가 없는 점도 지적한다.

또 하나의 대안 웹사이트 Candelasglows.com은 로키 플래츠의 과거를 묻어버리는 행위의 몇 가지 문제점을 강조한다.

> 콜로라도주 최대의 신규 교외 개발구획 가운데 하나인 칸델라스는 인접한 로키 플래츠 — 옛 핵무기 공장이자 슈퍼펀드 현장 — 에 관한 사실을 망각하는 걱정스러운 세태의 일부분이다. (…) 로키 플래츠의 실체는 기억되어야 하고, 공장 노동자들은 참전용사로 인정되어야 한다. "보호지구" 지정은 즉시 취소되어야 하고, 보호지구는 일반인에 개방되지 말아야 한다. 우리는 칸델라스를 기념해야 한다. 다른 역사적 비극을 기념하는 방식과 흡사하게 그곳의 과거를 암시하는 영구적 구조물을 예술가들의 도움을 받아 세워야 한다. 그곳의 유산에 크게 영향을 받은 노동자들과 이웃들도 기념의 대상일 수 있을 것이다.

워싱턴주 핸포드

나는 내가 군사화 지형에서 겪은 경험이 조금 색다르다고 여기고 싶다. 또 내가 늘 의식하기 때문에 그런 지형과 마주친다고 생각하고 싶다. 하지만 반드시 그렇지는 않다는 점을 알고 있다. 물론 내 경험은 특이하다. 내가 겪은 상호작용의 맥락과 윤곽은 독특하다. 그러나 대부분의 사람들은 이런저런 형태의 비슷한 군사화 지형과 마주친다. 아마 여러분은 워싱턴주의 핸포드 부지와 마주칠지 모른다. 지금 핸포드 부지에는 뉴멕시코주의 트리니트 사이트에서 실시된 시험에 쓰인 플루토늄과 나가사키를 잿더미로 만든 폭탄을 생산한 B 원자로를 구경하려는 관광객들이 몰리고 있다. B 원자로는 맨해튼계획국립역사공원Manhattan Project National Historical Park의 일부분이다. 2015년 11월에 지정된 맨해튼계획국립역사공원에는 미국의 원자폭탄 개발 초창기에 주역을 담당한 장소들인 워싱턴주의 핸포드, 테네시주의 오크리지Oak Ridge, 뉴멕시코주의 로스알라모스Los Alamos가 포함되어있다. 이 공원의 특징으로는 지리적 분산성, 그리고 국립공원관리청과 에너지부의 공동 관리를 들 수 있다. 맨해튼계획국립역사공원에서는 여러 탈군사적 야생동물보호지구보다 한층 미묘한 방식으로 군사화 지형을 기념하고 해석한다. 국립공원관리청은 이 새로운 역사공원을 다음과 같이 설명한다.

> 맨해튼계획과 그 유산에는 복잡한 이야기가 담겨있다. 그것은 전시하의 국민 협력에 필수적인 것이라고 전해 듣고 계획에 참여하고자 60만 명 이

상의 미국인이 집과 가족을 떠난 이야기이다. 그것은 인간 지식과 기술적 성취의 한계를 유례없는 방식으로 밀어붙이고 확장한 장군, 물리학자, 화학자, 수학자, 공학자 등의 이야기이다. 그것은 제2차 세계대전과 연관된 죽음과 파괴, 그리고 상상을 불허할 정도의 파괴력을 자랑하는 신무기에 대한 이야기이기도 하다. 맨해튼계획국립역사공원을 찾아와보면 이 세상이 핵시대의 서막 이후 어떻게 변해왔는지를 생각하지 않을 수 없다.[35]

맨해튼계획국립역사공원의 일부분인 핸포드는, 어류 및 야생동물관리국이 관리하는 더 큰 보호구역인 핸포드 리치 국가기념물지구Hanford Reach National Monument 안에도 포함되어있다. 탈군사적 야생동물보호지구의 또 다른 형태인 핸포드 리치 국가기념물지구는 "비교적 작은 공유지 안의 매우 다양한 서식지"를 보유한 "미국 최대의 하천 복합체" 중 하나로 높이 평가된다.[36] 2000년 6월에 국가기념물지구로 지정할 때, 빌 클린턴 대통령은 과거의 핵무기 개발 장소를 에워싼 완충지대라는 입지적 특성이 일부분 작용한 덕분에 탄생한 핸포드 리치를 "생물학적 보물"로 일컬었다.[37] 어류 및 야생동물관리국은 그곳에 조성된 사막이나 하천의 서식지를 "뚜렷한 대조를 드러내는 환경"으로 바라본다. 그것은 핸포드 리치에 남아있는 환경오염의 유산과 대조를 이루는 생태적 중요성에 부합하는 평가이기도 하다. 컬럼비아강Columbia River의 한 구간으로 길이가 80킬로미터인 핸포드 리치는 미국 서부에서 가장 긴 강에서 강물의 흐름이 자유로운 최장 구간으로 평가되고, 국가가 지정하는 야생이 살아있고 경관이 좋은 강Wild and Scenic River의 후보에 여러 차례 올랐다(지리학자

섀넌 크램Shannon Cram은 핸포드를 어느 글에서 "야생이 살아있고 경관이 좋은 불모지"로 지칭하며 핸포드 리치의 부자연스러운 역사를 더 노골적으로 드러낸다).[38]

미국 상원의원 패티 머레이Patty Murray(지역구는 워싱턴주, 소속 정당은 민주당)는 핸포드 리치의 국가기념물지구 지정에 찬사를 보낸 인물 중 한 사람이다. 2000년에 부통령 앨 고어와 함께 컬럼비아강의 한 구간을 부각하고자 배포한 보도 자료를 보면 당시 머레이는 그 새로운 기념물지구를 특별한 자연 지형으로 포장했다. "그곳의 원시적 자연미, 거기에 알을 낳는 연어, 그곳에 담긴 아메리카 원주민의 뚜렷한 역사 등에서 드러나듯이 핸포드 리치는 미국의 독특한 자원이다. 국가기념물지구 지정은 연어가 더 많이 복원되고 휴양과 관광의 기회가 더 활짝 열리는 미래를 뜻하고, 트라이시티스Tri-Cities와 워싱턴주의 전국적 유명세를 의미한다."[39] 머레이는 "조국에 너무 많은 것을 바친 공동체"를 간접적으로 언급했지만, 트라이시티스를 구성하는 세 도시 케너윅Kennewick, 파스코Pasco, 리치랜드Richland 등과 워싱턴주의 무기생산 역사에 비춰볼 때, 분명히 그녀는 갖가지 방식으로 그곳의 운명을 좌우했던 산업문명의 의미심장한 자취를, 그리고 핵무기 생산이나 오염 같은 문제를 한 번도 거론하지 않았다.

사실 맨해튼계획의 여러 현장에 남아있는 기반시설이 완전히 제거되지는 않았다는 점을 인정받기까지 몇 년에 걸친 일치단결된 노력이 있었다. 1990년대 초반 무렵, 냉전 시대의 생산시설이 폐쇄되어 고비용의 정화 작업이 필요해지자, 많은 공무원들은 파괴와 매립을 쓸모없어진 군사화 지형을 처리하는 가장 저렴하고 매력적인 방법으로 간주했다. 그런 접근법은 로키 플래츠와 로키산 군수공장 같은 곳, 그리고 기지 재편 및 폐쇄 과정에 따라 야생동물보호지구로 변신한 여러 장소에 적용되었다. 로스알라모스 국립연구소 관계자들은 낡아가는 건물을 일정 수준으로 정상화하는 데만 300만 달러가 필요할 것이라고 추산했다. 1997년, 로스알라모스 국립연구소 소장은 건물을 보존하면 "납세자들의 돈을 낭비하는 셈"이라고 말했다.[40]

로스알라모스 부지의 주요 시설을 철거하려는 계획과 핸포드 원자로를 해체하려는 방안에 대해, 냉전 시대 미국 역사의 핵심 요소들이 사라지는 것을 안타까워한 몇 사람이 반대하고 나섰다. 에너지부에서 근무하는 신시아 켈리Cynthia Kelly는 연방정부의 역사보존자문회의Advisory Council on Historic Preservation 관계자들에게 연락해 로스알라모스 부지로 찾아와달라고 부탁했다. 1998년 11월, 역사보존자문회의 위원들은 로스알라모스에 모였고, 그 시설을 국립역사기념물로 보호해야 할 뿐 아니라 유네스코 세계유산으로 지정할 만하다는 결론을 내렸다(일본의 히로시마 평화기념공원은 1996년에 유네스코 세계유산으로 지정되었다). 이후 켈리는 수십 년 동안 일한 에너지부를 떠나 비영리기구인 원자력유산재단Atomic Heritage Foundation을 설립해 운영했고, 훗날 원자력유산재단은 연방정부가 맨해튼계획 관련 현장을 확실하고 지속적으로 인정하고 보호하도록 이끄는 데 중추적인 역할을 했다.[41]

로스알라모스, 오크리지, 핸포드 등을 국립역사공원으로 지정한 조치에 힘입어 해당 현장의 중요한 문화유산이 사라지지 않게 되었지만, 핸포드가 국가기념물지구로 지정된 것은 생태적 특징 덕분이었다. 핸포드에 적용된 그 두 가지 종류의 보호조치는, 상대적으로 활동의 폭이 좁은 야생동물보호지구가 감수하는 듯싶은 의미의 상실을 예방할 수 있을 것이다. 최소한, 핸포드에서 토지의 복잡한 용도와 상태를 처리한 과정은 어떻게 연방정부기관과 선출직 공무원들이 자연과 문화를 함께 보존하기 위해 더 능숙하게 대응할 수 있는가를 생생히 보여준다. 그런 효과적인 대처는 쉽지 않을 것이다. 원자력유산재단의 신시아 켈리가 지적하듯이, 맨해튼계획을 통해 원자폭탄을 개발한 것보다 맨해튼계획국립역사공원을 개장하는 데 시간이 더 오래 걸렸다. 하지만 핸포드를 비롯한 여러 사례를 참고하면 그런 식의 대처가 어떻게 가능할 수 있는지 알 수 있다.

군사화의 유산

우리는 군사화 지형과 온갖 방식으로 마주치고, 군사화 지형과의 만남은 우리의 예상이나 계획이나 인식을 뛰어넘는 경우가 많다. 나는 워싱턴 D.C. 지역을 방문해 파투센 리서치 보호지구Patuxent Research Refuge를 찾아가는 연간 20만 명의 관광객 중, 어류 및 야생동물관리국이 군사훈련 및 공중강하 구역을 확보할 목적으로 가끔씩 보호지구를 폐쇄해야 한다는 사실을 아는 사람이 얼마나 될까 궁금하다. 파투센 리서치 보호지구의 북쪽 지역인 노스트랙트North Tract를 방문하는 사람들은 여전히 여러 구역에 남아있는 불발탄 때문에 면책동의서를 작성해야 하지만, 2003년과

2004년에 몇 구역을 선정해 발굴 작업을 진행한 결과 1만 개 이상의 군수품이 발견되었다는 사실을 아는 사람이 얼마나 되겠는가? 나는 현장 관계자들과의 면담을 통해서야 이 사실을 알았다.

버지니아주 해안의 오코퀀베이 국립야생동물보호지구Occoquan Bay NWR에서 야생조류를 관찰하는 사람들은 그곳에 대해 얼마나 알고 있을까? 오코퀀베이 보호지구에 방치된 원격통신용 지주支柱는 장갑차를 겨냥한 전자기 펄스 시험에 쓰이는 대신 물수리 둥지를 떠받치고 있다. 그러나 비키니 환초의 난파선 사이에서 잠수를 즐기는 것이나 철의 장막 국경지대에서 자전거를 타는 것이 그 두 지역의 극적인 역사와 연결되는 행위이듯, 야생조류뿐 아니라 순식간에 분출하는 전자기 에너지도 분명히 오코퀀베이 보호지구의 의미를 빚어내고 있다.

많은 사람이 오코퀀베이 보호지구나 비키니 환초나 철의 장막 국경지대 같은 장소를 기억하는 것은 그곳이 개인적으로 다가오는 공간이었기 때문으로 볼 수 있다. 그곳은 우리가 일했거나 찾아간 장소, 국방과 국가안보 측면에서 공헌한 점을 인정받은 장소, 또는 우리가 위험요인과 오염 때문에 피해온 장소이다. 그곳은 한때 군대가 소유했거나 영향을 미쳤지만 지금은 자연적인, 혹은 자연화되고 있는 공간일 뿐 아니라 우리로 하여금 자연적 요소와 문화적 요소가 조화를 이루는 방식에 대해 고민하도록 다그칠 수 있는 공간이기도 하다. 각 현장에 관한 모든 사실을 기억하기란 불가능하지만, 특정 현장에 대한 사실을 너무 많이 망각하지 않도록 애쓰는 자세는 여전히 중요하다. 이 같은 자세가 바로 미국의 맨해튼계획국립역사공원과 중앙유럽의 철의 장막 길을 만들어낸 원동력이었다. 우리가 마주치기 싫어할 법한 지형이 사라질 때도 대가를 치러야 한다. 즉 망각에는 비용이 따르는 법이다.

비엣 탄 응우옌은 이렇게 강조한다. "우리는 최선의 노력을 기울여도 잊는다. 그리고 뜨거운 관심이 종종 기억을 적극적으로 억누르기 때문에 잊기도 한다. (…) 국가는, 할 수 있는 한, 기억과 망각을 조장한다. 그리고 독점할 것이다."[42]

나는 군사화된, 그리고 자연화되고 있는 지형에서 보낸 지난날이 자주 떠오른다. 그리고 내 기억 속에 무엇이 남게 될지 궁금할 때가 간혹 있다. 어쨌든, 그러한 장소에 이끌리는 까닭은 그곳의 군사화 때문이라기보다 그곳이 변화하고 있기 때문이다. 로키산 군수공장은 찾아갈 때마다 매력을 풍기지만, 내가 특히 설렘을 느끼는 것은 들소와 프레리독, 코요테와 독수리, 그리고 드넓은 초원의 모습이고, 구멍올빼미를 볼 수 있는 가능성이다. 좀처럼 상상하기 힘든 미국의 한 초원을 흘끗 살펴보는 그 순간에는, 거기서 만들어진 소이탄으로 잿더미가 되었던 도쿄 인근 지역과 베트남의 농장과 숲, 사린가스의 치명적 위험성, 국방 목표에만 집중한 채 생산한 화학물질에 오염된 이웃마을의 우물, 그곳에서 벌어진 일 때문에 사라진 생명과 파괴된 삶을 쉽게 잊어버릴 수 있다. 아름다움, 두려움, 더 나은 미래의 가능성, 과거에 일어난 피해 같은 각각의 특성들은 로키산 군수공장의 의미를 만들어나간다. 나는 그곳에 존재하는 군사화와 보전과 생태복원의 복합적 유산을 이해할 뿐 아니라 한 지형의 의미가 얼마나 빨리 사라질 수 있는지도 알고 있다. 나는 로키산 군수공장 같은 장소들이 어느 지역에 있었는지, 어떤 방식을 통해 탄생했는지, 앞으로 우리에게 어떤 교훈을 남겨줄지 깊이 고민함으로써 그 장소들의 진가를 더 깊게 이해한다.

이렇듯 우리가 그런 지형과 상호작용하는 방식에는 장밋빛 전망뿐 아니라 불안한 경고도 뒤따른다. 그런 장소들이 남기는 교훈과 유산은, 물리적 변화와 생태계의 역동적 과정뿐 아니라 정치, 기관 예산, 사회적 우선사항 등에 의해서도 구체화된다. 우리가 그런 현장을 기꺼이 경험하고 해석하는 과정에 따라 그곳의 의미가 좌우될 것이고, 결국 이 같은 전망이 정책과 행동으로 이어지는 방식이 우리의 현재와 미래의 생활방식에 영향을 미칠 것이다.

감사의 말

이 책은 20여 년 전 내가 군사화 지형과 생태복원과 보전의 관계를 고민하게 된 계기인 어느 짧은 대화에서 비롯되었다. 이후 이 복잡한 지형을 둘러싼 내 의문과 탐구와 발상은 여러 방향으로 뻗어나갔지만, 이런 장소에 관한 내 궁금증은 좀처럼 시들지 않았다. 내 호기심이 유지되는 이유 중 하나는, 군사훈련이나 군사적 목적의 시험이나 군사적 갈등에 따른 충격을 크게 입었지만 오염보다는 생물다양성의 중심지로 주목을 끄는 경우가 많은 현장의 다채로움이다. 아울러 그동안 내가 얘기를 나눠본 많은 사람, 그러니까 비슷한 종류의 장소와 나름대로 관계있는 토지 관리자, 학자, 방문객, 군인, 인근 주민 같은 여러 사람에게 받은 영향도 빼놓을 수 없다. 이 책은 그런 다양한 상호작용의 결과물이다. 미리 양해를 구하지만, 이 책에서 잘못된 부분이 있다면 모두 내 탓이다.

이 책에 담긴 일부 내용은 이미 발표한 논문에서 발췌한 것이다. 대표적인 논문은 다음과 같다.

“The Iron Curtain Trail's Landscapes of Memory, Meaning, and Recovery”, *Focus on Geography* 57, no. 2 (2014), pp. 126~133.
“Examining Restoration Goals at a Former Military Site”, *Nature and Culture* 9, no. 3 (2014), pp. 288~315. (coauthored with Marion Hourdequin and Matthew John)
“Opportunistic Conservation at Former Military Sites in the United States”, *Progress in Physical Geography* 38 (2014), pp. 271~285.
“Restoration and Authenticity Revisited”, *Environmental Ethics* 35, no. 1 (2013), pp. 79~93. (coauthored with Marion Hourdequin)
“Disarming Nature: Converting Military Lands to Wildlife Conservation”, *Geographical Review* 101, no. 2 (2011), pp. 183~200.
“Ecological Restoration in Context: Ethics and the Naturalization of Former Military Lands”, *Ethic, Policy, and Environment* 14, no. 1 (2011), pp. 69~89. (coauthored with Marion Hourdequin)
“Logics of Change for Military-to-Wildlife Conversions in the United States”, *GeoJournal* 69 (2007), pp. 151~164.

이 책이 나오기까지 늘 도움과 격려와 지원을 아끼지 않은 시카고 대학교 출판부의 크리스티 헨리Christie Henry에게 깊이 감사한다. 그녀와의 작업은 언제나 즐거웠다. 같은 출판부 소속인 미란다 마틴Miranda Martin, 크리스틴 슈왑Christine Schwab, 닉 릴리Nick Lilly는 이 책의 제작 과정을 순조롭게 이끌어줬고, 요해나 로젠보흠Johanna Rosenbohm의 원고 교열 작업 덕분에 이 책은 더 읽기 좋고 깔끔해졌다. 이 책의 기획안과 초고를 검토해 준 사람들에게도 감사한다. 케이트 매카프리Kate McCaffrey, 배서니 월더Bethanie Walder, 그리고 이름을 밝히지 않은 네 명의 검토자의 비평은 사려

깊고 날카롭고 건설적이었다.

탈군사적 야생동물보호지구화에 따른 토지 용도상의 변화를 주제로 연구를 시작했을 때, 노스캐롤라이나 대학교 채플 힐 캠퍼스University of North Carolina at Chapel Hill의 여러 관계자와 그곳의 많은 자료가 큰 도움이 되었다. 스캇 커시Scott Kirsch는 허심탄회하고 예리한 조언을 아끼지 않았고, 가끔은 밀크셰이크나 맥주를 마시면서 값진 충고를 건네주기도 했다. 연구 초반, 노스캐롤라이나 대학교 지리학과는 내가 든든한 학술적 본거지로 삼은 곳이었다. 탐 위트모어Tom Whitmore, 웬디 월포드Wendy Wolford, 래리 밴드Larry Band, 스티브 월시Steve Walsh, 리오 존Leo Zonn, 윌 게슬러Wil Gesler, 앨서 크레이비Altha Cravey, 칩 콘래드Chip Konrad, 존 플로린John Florin, 애런 무디Aaron Moody, 레베카 비드라Rebecca Vidra, 바누 괴카릭슬Banu Gökariksel은 각자 나름의 방식대로 나를 이끌어줬다. 존 피클스John Pickles는 정말 고맙게도 그가 운영하는 여러 세미나와 자문단에 나를 포함시켜줬다. 마틴 도일Martin Doyle은 내가 생태적 사고를 갖추도록 도와줬고, 매년 "책은 언제쯤 쓸 생각인가?"라고 물으며 오랫동안 애정 어린 격려를 아끼지 않았다.

노스캐롤라이나 대학교 지리학과에는 훌륭한 동료들도 있었다. 팀 베어드Tim Baird, 딜리스 보우먼Dilys Bowman, 브라이언 도일Brian Doyle, 클라크 그레이Clark Gray, 존 레포스키Jon Lepofsky, 티나 만기어리Tina Mangieri, 카를로스 메나Carlos Mena, 크리스천 셀러Christian Sellar, 댄 와이스Dan Weiss에게 감사의 말을 전하고 싶다. 노스캐롤라이나 대학교 언론정보학과의 로버트 콕스Robert Cox와 듀크 대학교 니콜라스 환경대학원Nicholas School of the Environment의 리사 캠벨Lisa Campbell도 고마운 사람들이다. 그리고 듀크 대학교의 고故 존 리처즈John Richards는 내가 질문이 있어 찾아갈 때마다 시간을 내줬고, 환경의사소통, 보전 관련 서사, 환경역사학 등에 관한 새로운 시각을 고려하도록 나를 독려했다.

노스캐롤라이나 대학교 지리학과의 에어 트래블 펀드Eyre Travel Fund는 연구 초반에 든든한 버팀목이 되어줬고, 국립과학재단National Science Foundation의 과학기술학 분과는 고맙게도 박사논문 연구증진 보조금Doctoral Dissertation Research Improvement Grant(0521728호)을 지원해줬다.

연구와 집필을 병행하는 동안 나는 연방, 주, 카운티 단위의 공무원들, 그리고 도서관 사서, 시민활동가들에 힘입어 이 프로젝트의 핵심 주제인 군사시설의 용도 전환에 관한 정보와 식견을 접할 수 있었다. 어류 및 야생동물관리국 소속의 보호지구 관계자들은 현장 경험에서 우러나온 중요한 관점과 상당한 수준의 지식과 견문을 보여줬고, 내가 보호지구 부지에 접근하고 기록보관소의 각종 문서를 이용할 수 있도록 배려해줬다. 그 공무원들은 지금보다 훨씬 더 높은 평가와 더 많은 재정적 지원을 받을 자격이 있다. 내게 여러 차례 시간을 내주고 넉넉한 아량을 베풀어주고 전문지식을 알려준 공무원들로는 스티브 에지어스Steve Agius, 앨런 앤더슨Alan Anderson, 디온 브릭스Dionne Briggs, 폴 브룩위키Paul Bruckwicki, 드와이트 쿨리Dwight Cooley, 셰리 제임스Sherry James, 데이비드 존스David Jones, 브래드 크누센Brad Knudsen, 빌 콜로드니키Bill Kolodnicki, 밥 레펠Bob Leffel, 제이슨 루이스Jason Lewis, 댄 매시아토스Dan Matiatos, 스티브 밀러Steve Miller, 낸시 모리시Nancy Morrissey, 수잔 라이스Susan Rice, 제이슨 로즈

너Jason Roesner, 탐 로닝Tom Ronning, 댄 런들Dan Rundle, 마크 새틀버그Mark Sattelberg, 빌 스티븐슨Bill Stephenson, 멜리사 밴 드리스Melissa van Dreese, 그렉 와일러Greg Weiler, 브라이언 윈터스Brian Winters, 테리 라이트Terry Wright를 꼽을 수 있다.

존 데이비스John Davis와 브루스 헤이스팅스Bruce Hastings는 매년 로키산 군수공장으로 나를 초청했고, 그때마다 기대 이상의 도움을 줬다(경우에 따라 나는 학생들과 함께 방문했다). 리비 허랜드Libby Herland, 조 롭Joe Robb, 그레이엄 테일러Graham Taylor는 보호지구를 여러 차례 방문해 면담과 시찰을 요청한 나를 환영해줬고, 침착하고 능숙하게 내 질문에 응해주었다. 그 밖에도 어류 및 야생동물관리국 직원, 자원봉사자, 환경보호청 직원, 국방부 관계자와 도급업자, 그리고 시민단체 대표자 등 많은 분이 내가 보호지구와 옛 군용 부지에서 현장조사를 수행하는 동안 기꺼이 시간을 할애해 각자 알고 있는 지식을 나눠줬다. 그중에서 특히 인디애나주 매디슨 근처의 빅 오크스 보호지구에 근무하며 여러 번 나를 만나준 켄 누프Ken Knouf와 리처드 힐Richard Hill에게, 그리고 아사벳강 보호지구에서 벙커를 되살린 폴 부스로이드Paul Boothroyd와 잰 라이트Jan Wright에게 감사한다.

이 책에서 나는, 지금 내가 열거하는 사람들이나 그 밖의 사람들과의 면담을 통해 수집한 정보나 발언을 가끔 인용한다. 익명을 고집한 사람들은 거의 없었지만, 되도록 나는 그들의 사생활을 보호하고 일정 수준의 기밀성을 유지하고자 애썼다.

이 책이 나오기까지 다년 보조금(수상 번호 0957002, 매리언 아워디퀸과의 공동연구)을 통해 가장 중요한 지지대 역할을 맡아준 국립과학재단에게 감사한다. 보조금 덕분에 나는 운 좋게도 이 프로젝트의 다양한 국면에서 몇몇 유능한 학생 연구보조원들과 함께 일할 수 있었다. 레지널드 앤더슨Reginald Anderson, 존 하몬Jon Harmon, 매튜 존Matthew John, 클레이어 매커스커Claire McCusker에게 고마움의 인사를 전한다. 이 책에 담긴 여러 가지 발상은 2003년에 내가 매리언 아워디퀸Marion Hourdequin과 함께 다층적 지형의 복원에 주안점을 두고 기획하고 국립과학재단이 후원한 워크숍 기간에 나눈 대화와 발표 내용에 힘입은 바 크다. 앞서 거명한 어류 및 야생동물관리국 관계자들 외에, 워크숍에서 각자의 견해와 식견을 나눈 사람들로는 안드레 클루웰Andre Clewell, 저스틴 돈하우저Justin Donhauser, 마틴 드렌선Martin Drenthen, 로버트 얼Robert Earle, 에리카 엘리엇Erica Elliott, 레베카 거보일Rebecca Garvoille, 윌리엄 조던 3세William Jordan III, 요제프 쿨라츠Jozef Keulartz, 제니퍼 오헨Jennifer Ohayon, 앨런 톰프슨Allen Thompson이 있다.

나는 철의 장막 길과 주변 국경지대를 조사하기 위해 맥콜 패밀리 특별연구원McColl Family Fellow 자격으로 미국지리학협의회American Geographic Society로부터 왕복여행 경비를 지원받아 중앙유럽으로 향했다. 유럽의회 의원 미하엘 크라머는 베를린에서 흔쾌히 나를 만나 커피와 코코아를 마시며 대화를 나눴다. 베를린 장벽과 철의 장막의 본질과 그 두 곳을 둘러싼 역사적, 문화적, 정치적 요소를 기념하기 위한 그의 노력, 그리고 자전거를 타고 어디든 가기 위한 노력은 여전히 내게 자극제가 된다. 유럽에서 조사를 진행할 때 나는 콜로라도 콜로라도스프링스 대학교의 연구 및 창의적 작업위원회Committee for Research and Creative Work로부터 보조금을 받기도 했다.

내가 일본에서 조사를 진행할 수 있었던 것은 콜로라도 콜로라도스프링스 대학교 세계이문화연구센터Global Intercultural Research Center의 지원 덕택이었다. 다행히도 내게는 콜로라도 콜로라도스프링스 대학교 지리환경학과의 훌륭한 동료들이 있다. 그들은 훗날 이 대규모 프로젝트로 발전한 논문의 초고를 여러 번 읽으며 검토해줬다. 에릭 빌메이어Eric Billmeyer, 디엡 다오Diep Dao, 서메어 도지Somayeh Dodge, 시리언 기브스Cerian Gibbes, 존 하너John Harner, 패딩턴 호자Paddington Hodza, 커트 홀더Curt Holder, 캐럴 휴버Carole Huber, 탐 휴버Tom Huber, 스티브 제닝스Steve Jennings, 이리나 콥테바Irina Kopteva, 밥 라킨Bob Larkin, 마이크 라킨Mike Larkin, 에밀리 스콥Emily Skop, 레베카 테오발트Rebecca Theobald, 브랜든 보그트Brandon Vogt에게 감사한다. 인근에 있는 콜로라도 대학의 에릭 페라먼드Eric Perramond는 뛰어난 인재이자 협력자였다. 알렉 브라운로Alec Brownlow, 피터 코츠Peter Coates, 팀 콜Tim Cole, 케이틀린 드실비Caitlin DeSilvey, 매리아나 더들리Marianna Dudley, 라이언 에징턴Ryan Edgington, 매튜 패리시Matthew Farish, 마티아스 그로스Matthias Gross, 제이미 로리머Jamie Lorimer, 할런 모어하우스Harlan Morehouse, 크리스 피어슨Chris Pearson, 해럴드 퍼킨스Harold Perkins, 소냐 피크Sonja Pieck, 헤더 스완슨Heather Swanson, 줄리아 애더니 토머스Julia Adeney Thomas, 리처드 터커Richard Tucker, 레이첼 우드워드Rachel Woodward를 비롯한 다방면의 여러 학자와 나눈 대화나 연락도 보탬이 되었다.

내가 군사화 지형을 조사하고자 비교적 짧은 여행을 떠날 때 동행한 협력자들은 나와 가까운 관계인 경우가 많았다. 어델 하블릭Adele Havlick과 팀 하블릭Tim Havlick은 정말 활기차고 유쾌한 연구 동반자였다. 두 사람과 함께 할 수 있어서 정말 행복했다. 내 부모님인 스펜스 하블릭Spense Havlick과 밸 하블릭Val Havlick은 일일이 열거할 수 없을 정도로 나를 뒷받침해줬다. 조사 차 떠나는 짧은 여행에 동행해주고, 내가 몇 시간이나 며칠 동안 자리를 비울 수 있도록 우리 아이들을 돌봐준 두 분은 언제나 든든한 언덕이었다. 내 누이 제니Jenny와 조카 스펜서Spenser는 나와 함께 하루 동안 열심히 로키산 군수공장을 둘러보고 구멍올빼미를 살펴봤다. 내 형 스캇Scott은 나의 듬직한 법률 고문이자 내가 처한 현실을 객관적으로 점검해주는 역할을 맡고 있다. 메리 아워디퀸Mary Hourdequin과 짐 아워디퀸Jim Hourdequin은 내가 뉴잉글랜드 지방의 보호지구로 떠날 수 있도록 도와줬고, 아이들을 대신 돌봐줬다. 아울러 깊이 있는 질문을 던져줬고, 호수에서 수영을 즐길 기회도 마련해줬다. 내가 일본 방문을 고려한 것은 피터 아워디퀸Peter Hourdequin과 준코 아워디퀸Junko Hourdequin 덕분이기도 했다. 두 사람은 내가 일본 방문의 의미를 해석하는 데도 보탬이 되었다. 짐 아워디퀸Jim Hourdequin과 캐스린 아워디퀸Kathryn Hourdequin은 나를 섬에서 가장 가까운 곳으로 데려다줬고, 덕분에 나는 며칠 동안 화창한 날씨에서 야영을 할 수 있었다.

내가 가장 고맙게 여기는 사람은 매리언 아워디퀸이다. 매리언은 나의 가장 믿음직한 협력자이지만, 그 정도로만 평가하기에는 아쉬운 점이 많다. 매리언은 빅 오크스 국립야생동물보호지구의 화재 관리 방안을 가장 먼저 알려준 사람이며, 생태학, 철학, 복원, 보전 등에 관한 그녀의 호기심과 지식에 힘입어 여전히 나는 군사화 지형에 대해, 그리고 군사화 지형(과 인간)이 세상과 조화를 이루는 방식에 대해 더욱더 신중하게 생각할 수 있게 되었다.

주

01

1 "탄착점 관측용" 폭발물은 시험장에서의 타격 위치 확인을 돕기 위해 군용 발사체로부터 섬광이나 연기를 분출시키도록 설계된 소형 폭발물이다.

2 European Green Belt Initiative, "Borders Separate, Nature Unites!"

3 다음을 참고하라. Latour, *We Have Never Been Modern*.

4 예를 들어 다음을 참고하라. McKibben, *The end of Nature*; Whatmore, *Hybrid Geographies*; Castree, "Commentary." 인간의 "우월적 지배"라는 개념은 인류세(人類世, Anthropocene)라는 신기원적인 지질시대의 핵심 신조이기도 하다. 예를 들어 다음을 참고하라. Steffan, Crutzen, and McNeill, "The Anthropocene"; Zalasiewicz et al., "The Anthropocene: A New Epoch?"

5 2014년 6월, 버락 오바마 대통령은 다수의 옛 군사시설과 군사 실험 현장이 포함된 태평양 낙도 국가해양기념물군 확대안을 발표했다. 태평양 낙도 국가해양기념물군은 일반적인 야생동물보호지구와 명칭은 다르지만, 관리 방식과 취지는 거의 동일하다. 계획대로 확대될 경우, 태평양 낙도 국가해양기념물군에는 개별 단위의 야생동물보호지구가 포함될 것이고, 2,000만 제곱킬로미터 이상의 구역이 보호됨으로써 탈군사적 야생동물보호지구화의 대상이 급격하게 늘어날 것이다. 다음을 참고하라. Eliperin, "Obama Proposes Vast Expansion of Sanctuaries."

6 우드워드는《군사지리학(*Military Geographies*)》에서 비슷한 주장을 펼친다.

7 예를 들어 다음을 참고하라. Coates, "Borderland, No-Man's Land, Nature's Wonderland."

8 이 현장을 둘러싼 상세한 역사는 미국 어류 및 야생동물관리국 산하 캐도호 국립야생동물보호지구의 보고서인 〈롱혼 육군탄약공장의 역사(History of the Longhorn Army Ammunition Plant)〉과 내가 2006년 7월 11일과 2011년 3월 23일에 각각 캐도호 국립야생동물보호지구 관계자들을 상대로 진행한 전화 인터뷰와 대면 인터뷰를 통해 밝혀진 것이다.

9 US Fish and Wildlife Service, Caddo Lake, "Wildlife & Habitat"; US Fish and Wildlife Service, "Paddlefish Restoration and Recovery."

10 US Fish and Wildlife Service, "Rocky Mountain Arsenal National Wildlife Refuge," 5.

11 개발 이익에 관한 상세한 내용은, 내가 2006년 7월 11일과 2011년 3월 23일에 각각 보호지구 요원들과 텍사스주의 도시 마셜(Marshall) 인근의 장기 거주자들을 상대로 진행한 전화 인터뷰와 대면 인터뷰를 통해 밝혀진 것이다.

12 Hancock, "Don Henley Works to Preserve Caddo Lake"; 다음도 참고하라. "Dwight Killian Shellman, Jr.," obituary, accessed June 15, 2016, http://www.caddolakeinstitute.us/docs/DKS%20Obit%2020120326.pdf; Caddo Lake Institute, "Our Mission." (Webpage discontinued)

13 다음 기사에서 재인용. Hancock, "Don Henley Works to Preserve Caddo Lake."

14 다음을 참고하라. Finley, "Security Water Raises Concern."

15 "칼 대신에 풀"이라는 문구는 내가 2005년에 로키 마운틴 군수공장 보호지구 직원과 함께 공개한 연구 내용에서 비롯된 것이다. "폭탄은 가고 새가 온다"라는 문구는 리처드 마이클 프루이트(Richard Michael Pruitt)가 캐도호 국립야생동물보호지구를 소재로 제작한 기록 영화의 제목에서 비롯된 것이다.

16 다음을 참고하라. Elliot, "Faking Nature"; Elliot, *Faking Nature*.

17 다음을 참고하라. Hourdequin and Havlick, "Restoration and Authenticity Revisited."

18 다음을 참고하라. Geidezis and Kreutz, "Green Belt Europe."

19 다음을 참고하라. Harvey, *Justice, Nature and the Geography of Difference*; Christoff, "Ecological Modernisation, Ecological Modernities," 496; Hajer, "Ecological Modernisation as Cultural Politics."

02

1 Dumanoski, "Pentagon Takes Steps toward Tackling Pollution."

2 예를 들어 다음을 참고하라. Palka and Galgano, *The Scope of Military Geography*; 더 비판적 시각은 다음을 참고하라. Farish, *The Contours of America's Cold War*.

3 Office of the Undersecretary of Defense, "Operation and Maintenance Overview."

4 Benton, Ripley, and Powledge, *Conserving Biodiversity on Military Lands*, 21.

5 다음을 참고하라. US Department of the Army, "Sustainability Report 2014."

6 US Fish and Wildlife Service, "Budget Justifications and Performance Information, FY 2015," EX-3.

7 US Fish and Wildlife Service, "Budget Justifications and Performance Information, FY 2015," EX-3.

8 미국 국방부의 〈기지 구조 보고서: 회계연도 2003년 기준(Base Structure Report: Fiscal Year 2003 Baseline)〉에 의하면 미국 내의 "주요 시설"에는 최소한 4헥타르의 토지와 150만 달러의 자산이 포함된다. 기지 폐쇄에 영향을 입은 현장의 총계에 관해서는 다음을 참고하라. US Department of Defense, "Base Structure Report: Fiscal Year 2003 Baseline"; 2005 Defense Base Closure and Realignment Commission, final report, p. iii.

9 미국 어류 및 야생동물관리국 워싱턴 DC 본부 부동산과 소속의 용도 변경 부지 담당자인 바버라 와이먼(Barbara Wyman)과의 2003년 10월 6일자 인터뷰; 미국 어류 및 야생동물관리국 워싱턴 DC 본부 부동산과 소속의 수석 제도사 D. 반더그래프트(D. Vandegraft)와의 2003년 10월 16일자 인터뷰; 미국 어류 및 야생동물관리국 매사추세츠주 하들리(Hadley) 지역 사무소 소속의 제도 및 공간 데이터 서비스센터장 린다 섀퍼(Linda Shaffer)와의 2004년 1월 19일자 인터뷰; 미국 어류 및 야생동물관리국 오리건주 포틀랜드 지역 사무소 보호지구 계획과 소속의 기지 재편 및 폐쇄 조정관 캐시 오스기(Cathy Osugi)와의 2004년 2월 25일자 인터뷰. 이들 현장 중 몇 군데의 경우에는, 토지 소유권이 계속 국방부에게 있다. 이들 현장에는 방대한 해양 자산을 지닌 태평양 도서의 현장들도 포함된다.

10 다음을 참고하라. Alameda Point info, "What Is Happening with the Refuge?", Alameda Point Environmental Report, "Film: 'Demilitarized Landscapes.'"

11 다음을 참고하라. Proclamation 8803—Establishment of the Fort Ord National Monument.

12 Shulman, *The Threat at Home*; Leslie, Meffe, and Hardsty, *Conserving Biodiversity*

on Military Lands; 피슈먼은 《국립야생동물보호지구(*The National Wildlife Refuges*)》의 22쪽에서 다음과 같이 지적한다. "이 국방부 소유지들에 대한 일반인의 접근을 엄격히 제한한 데 힘입어 중요한 야생동물 서식지가 보존되었다. 반면 이들 토지의 관리를 둘러싼 비밀주의는 끔찍한 질적 저하 사례와 여러 부지들이 국내에서 가장 심각하게 오염되는 결과로 이어졌다."

13 US Fish and Wildlife Service, "Former Bombing Range Becomes Refuge." 신규 보호지구에는 군 당국이 소유권을 보유하지만 미국 어류 및 야생동물관리국이 운영하는 이원체제가 적용된다. 여기서 인용한 클라크의 발언과 앞서 소개한 체니의 논평은 이 이원체제의 두 가지 사례일 뿐이다. 다음과 같은 더 폭넓은 설명도 참고하라. Lillie and Ripley, "Implementing Ecosystem Management in the United States Air Force"; Hoffecker, *Twenty-Seven Square Miles*.

14 우드워드는《*Military Geographies*》102쪽에서 비슷한 주장을 펼친다.

15 Woodward, *Military Geographies*, 9.

16 Goren, *The Politics of Military Base Closings*, 46; Sorenson, *Shutting Down the Cold War*, 31.

17 Sorenson, *Shutting Down the Cold War*.

18 연구에 따르면, 장기적으로 안목에서 볼 때, 기지 폐쇄로 인해 지역 경제에 보탬이 되고 경제적 다양화가 촉진되는 경우가 자주 있다는 점을 지적해두고 싶다. 예를 들어 다음을 참고하라. US General Accountability Office, "Military Base Closures: Overview of Economic Recovery, Property Transfer, and Environmental Cleanup"; Cowan, "Military Base Closures: Socioeconomic Impacts."

19 US Department of the Army, "Environmental Protection and Enhancement," 48.

20 예를 들어 다음을 참고하라. US Department of Energy, "Stewards of National Resources,"; Joanna Burger, "Integrating Environmental Restoration and Ecological Restoration"; Burger et all., "Shifting Priorities at the Department of Energy's Bomb Factories."

21 예를 들어 다음을 참고하라. Loeb, "Unexploded Arms Require Big Cleanup."

22 예를 들어 다음을 참고하라. Tangley, "Bases Loaded"; DENIX, "2012 Secretary of Defense Environmental Awards."

23 다음을 참고하라. DENIX, "2015 Secretary of Defense Environmental Awards."

24 예를 들어 다음을 참고하라. US Department of the Army, "Jefferson Proving Ground Final Environmental Impact Statement"; Tierney, "Case Study of Great

Bay National Wildlife Refuge,"; Broad, "Bid to Preserve Manhattan Project Sites Stirs Debate."

25 Fischman, *National Wildlife Refuges*, 36.

26 예를 들어 다음을 참고하라. Olsen, "At Hanford, the Real Estate Is Hot"; Hansen, "Free-Flowing Debate Control over Hanford Reach."

27 US Government Accounting Office, "National Wildlife Refuges: Continuing Problems," 16.

28 US House of Representatives, Committee on Natural Resources, "Buying More Land When We Can't Maintain What We Already Own." 2009년 미국 재건 및 재투자 법(The 2009 American Recovery and Reinvestment Act)으로 마련된 자금은 이 같은 상황 진전의 주요 원인이었다.

29 예를 들어 1912년 행정 명령에 의해 네브래스카주의 포트 니오브라라(Fort Niobrara)는 철새 보호지구로 지정되었다. 다음을 참고하라. US Fish and Wildlife Service, Fort Niobrara, "About the Refuge."

30 US Fish and Wildlife Service, National Wildlife Refuge System, "About the Mission."

31 다음을 참고하라. Fischman, *The National Wildlife Refuges.*

32 US Fish and Wildlife Service, "Assabet River National Wildlife Refuge."

33 US Fish and Wildlife Service, Big Oaks, "About the Refuge."

34 US Department of the Army, "Jefferson Proving Ground Final Environmental Impact Statement," 4-41.

35 National Wildlife Refuge System Improvement Act of 1997, Public Law 105-157, US Congress 111 Stat. 1252, October 9, 1997.

36 크루퍼(Krupar)는《열성 감시자의 보고서: 독성 폐기물을 둘러싼 군사적 신화(*Hot Spotter's Report: Military Fables of Toxic Waste*)》에서 이 점을 생생하게 강조한다.

37 콜로라도주 연방지방법원의 승인 하에 미국 정부와 콜로라도주 정부가 합의한 동의판결. 민사소송 번호 83-C-2386. 원고 콜로라도주 대對 피고 미국과 쉘 오일 컴퍼니 외. 2009년 2월 27일 제소. 다음도 참고하라. State of Colorado v. US Department of the Army, 707 F. Supp. 1562(D. Colo. 1989), memorandum opinion and order, accessed July 3, 2017, https://casetext.com/case/state-of-colo-v-us-dept-of-army.

38 웨인 앨러드(Wayne Allard)의 콜로라도 메트로폴리탄 야생동물보호지구(Colorado Metropolitan Wildlife Refuge) 설립 법안 서문.

39 US Fish and Wildlife Service, Nomans Land Island, "About the Refuge."

40 미 해군 소속 비에케스 국립야생동물보호지구 정화 작업 요원과의 2010년 1월 11일자 인터뷰.

41 다음을 참고하라. Machlis and Hanson, "Warfare Ecology"; Pearson, Coates, and Cole, *Militarized Landscapes*; Dudley, *An Environmental History of the UK Defence Estate*.

42 우드워드는《군사지리학(*Military Geographies*)》에서 이 점을 단호하게 지적한다.

43 이것과 관련한 몇 가지 철학적 문제에 대한 논의는 다음을 참고하라. Drenthen, "Ecological Restoration and Place Attachment"; Hourdequin and Havlick, "Ecological Restoration in Context." 더 폭넓은 설명은 다음을 참고하라. Hourdequin and Havlick, *Restoring Layered Landscapes*.

44 예를 들어 다음을 참고하라. Guy, "'Bomblet' at Arsenal Cancels All Tours"; Nazaryan, "Tiptoeing through america's Sarin Stash."

45 Associated Press, "Crews Find No New Signs of Chemical Weapon"; Nazaryan, "America's Sarin Stash."

46 Society for Ecological Restoration, International Science & Policy Working Group, "Primer on Ecological Restoration."

47 Society for Ecological Restoration, International Science & Policy Working Group, "Primer on Ecological Restoration." 모든 복원학자들이 생태복원학회가 제시한 참조상태에 찬성하지는 않는다는 점을 꼭 지적해두고 싶다. 다음을 참고하라. Holland and O'Neill, "Yew Trees, Butterflies, Rotting Boots and Washing Lines"; Choi, "Theories for Futuristic Restoration in Changing Environment"; Glass, Herrick, and Kucharik, "Climate Change and Ecological Restoration at the University of Wisconsin-Madison Arboretum."

48 패디 우드워스(Paddy Woodworth)의 책《우리의 과거와 미래의 행성: 기후변화 세기에서의 세계 복원(*Our Once and Future Planet: Restoring the World in the Climate Change Century*)》에는 복원생태학자들이 맞이하는 다양한 활동에 대한 인상적 개요가 담겨있다.

49 예를 들어 다음을 참고하라. Ripley and Leslie, "Conserving Biodiversity on Military Lands"; Armstrong, McDermott, and Ripley, "The U.S. Air Force

Embraces Ecosystem Management"; Durant, *The Greening of the U.S. Military*; Machlis and Hanson, "Warfare Ecology."

50 다음을 참고하라. Anderson and Havlick, "History and Values in Ecological Restoration Workshop."

51 Rocky Mountain Arsenal Remediation Venture Office. RVO fact sheet.

52 Tetra Tech EC, Inc., for Rocky Mountain Arsenal RVO, "Final 2010 Five-Year Review Report for Rocky Mountain Arsenal, 2010."

53 Society for Ecological Restoration, International Science & Policy Working Group, "Primer on Ecological Restoration."

54 생태복원의 기본원칙에 대한 개요는 다음을 참고하라. Society for Ecological Restoration, "Mission and Vision."

03

1 US Fish and Wildlife Service, Rocky Mountain Arsenal, "About the Refuge."

2 생태복원이라는 총체적 관행과 복원생태학의 학문적 응용 간의 경계선은 가끔 희미해지지만, 3장에서 나는 이 같은 구분법을 견지하고자 애쓸 것이다. 예를 들어 다음을 참고하라. Galatowitsch, *Ecological Restoration*.

3 Langston, "Restoration in the American National Forests," 164.

4 Langston, "Restoration in the American National Forests," 164.

5 Langston, "Restoration in the American National Forests," 164.

6 다음을 참고하라. Brashaw, "What Do We Mean by Restoration?"

7 랭스턴(Langston)은 〈미국 국유림 복원(Restoration in the American National Forests)〉의 194쪽에서 비슷한 주장을 펼친다.

8 예를 들어 다음을 참고하라. Botkin, *Discordant Harmonies*.

9 윌리엄 크로넌(William Cronon)의 1995년 평론 〈야생의 문제(The Trouble with Wilderness)〉는 이 부분과 관련한 더 영향력 있는 비평 가운데 하나로 꼽힌다.

10 예를 들어 다음을 참고하라. Light, "Ecological Restoration and the Culture of Nature."

11 아워디퀸은 《환경윤리(*Environmental Ethics*)》에서 이 같은 여러 가지 이분법을 극복한다.

12 Society for Ecological Restoration, International Science & Policy Working

Group, "Primer on Ecological Restoration."

13 Hobbs, Higgs, and Hall, *Novel Ecosystems*; Hobbs, Higgs, and Harris, "Novel Ecosystems."

14 Choi, "Restoration Ecology to the Future"; Choi, "Theories for Ecological Restoration in Changing Environment."

15 US Fish and Wildlife Service, Rocky Mountain Arsenal, "Resource Management."

16 이 설문조사와 그 결과에 대한 더 세부적인 내용은 다음을 참고하라. Havlick, Hourdequin, and John, "Examining Restoration Goals at a Former Military Site." 이 설문조사의 대상은 총 112명의 보호지구 방문객들이었다.

17 확실히, 생태복원학회는 복원 노력의 폭넓은 지침인 역사적 상태를 전적으로 포기하지 않았다. 2004년의 〈생태복원입문(Primer on Ecological Restoration)〉에서 생태복원학회는 이렇게 선언한다. "복원은 생태계를 원래의 역사적 궤도로 되돌리려는 시도이다. 그러므로 역사적 상태는 복원 계획의 이상적인 출발점이다."

18 다음을 참고하라. Elliot, "Faking Nature." 진실성에 관한 이 절은 다음과 같은 이전의 논문에서 다룬 바 있다. Hourdequin and Havlick, "Restoration and Authenticity Revisited."

19 Egan, "Authentic Ecological Restoration."

20 아워디퀸과 하블릭은 〈복원과 진실성의 재검토(Restoration and Authenticity Revisited)〉에서 이것을 현장의 물질적 상태와 연관된 존재론적 진실성으로 바라본다. 두 사람의 관점에 따르면 우리는 이것을 인식론적 진실성과 대조할 수 있고, 특정 현장에서 터득할 수 있다.

21 이 합의는 지난 수십 년 동안 현장에서 활동한 주요 당사자들(군 당국, 미국 어류 및 야생동물관리국, 쉘)뿐 아니라 여러 카운티와 주와 연방정부의 규제 당국으로 확산된다. 장소특정적 자문단(Site Specific Advisory Board) 같은 몇몇 시민단체들과 개인들은 정화의 정당성과 신뢰성을 둘러싼 심각한 우려를 꾸준히 제기해왔다. 일례로 다음에 나오는 2011년 4월 8일자 연구 보고서의 10쪽부터 시작되는 내용을 들 수 있다. Jackson, Lavenue, and Signh, "Review of Long-Term Monitoring Plan for Rocky Mountain Arsenal." 이 연구 보고서는 장소특정적 자문단을 통해 미 육군 당국에게 제출되었다.

22 Berry, "The Futility of Global Thinking"

23 다음을 참고하라. US Fish and Wildlife Service, "Vieques Comprehensive Conservation Plan and Environmental Impact Statement"; 더 폭넓은 설명은 다

음을 참고하라. McCaffrey, *Military Power and Popular Protest*.

24 다음을 참고하라. US Environmental Protection Agency, "Superfund: Atlantic Fleet Weapons Training Area."

25 US Navy, Naval Facilities Engineering Command, "Former Atlantic Fleet Weapons Training Area-Vieques."

26 Bearden, "Vieques and Culebra Islands," 8-9; Fox, "U.S. Rattles Puerto Rico with Cleanup Plan."

27 Becker, "Vieques: Long March to People's Victory."

28 McCaffrey, "Fish, Wildlife, and Bombs."

29 다음을 참고하라. DENIX, "FY 2009 Secretary of Defense Environmental Awards."

30 예를 들어 다음을 참고하라. McCaffrey, "Fish, Wildlife, and Bombs."

31 Navarro, "Navy's Vieques Training May Be Tied to Health Risks."

32 US Department of Health and Human Services, "An Evaluation of Environmental, Biological, and Health Data From Vieques."

33 예를 들어 다음을 참고하라. Colón-Ramos, "Letter to President Obama about Vieques."

34 "Testimony of John P. Wargo, May 20, 2010, before the Subcommittee on Investigations and Oversight, House Committee on Science and Technology, US House of Representatives," p. 2, accessed January 6, 2016, http://archives.democrats.science.house.gov/Media/file/Commdocs/hearings/2010/Oversight/20may/Wargo_Testimony.pdf (Webpage discontinued) 다음 책의 90~94쪽을 비롯한 여러 부분의 내용도 참고하라. Wargo, *Green Intelligence*.

35 Navarro, "New Battle on Vieques, over Navy's Cleanup of Munitions," A10.

36 Higgins, "Affordable Caribbean: Vieques."

37 US Fish and Wildlife Service, "Vieques Comprehensive Conservation Plan and Environmental Impact Statement," 1.

38 US Fish and Wildlife Service, "Vieques Comprehensive Conservation Plan and Environmental Impact Statement," 1.

39 *Alamogordo Daily News*, "Trinity Site to Be Open April 4." 다음도 참고하라. White Sands Missile Range, "Trinity site Open House."

40 Edgington, *Range Wars*.

41 US Fish and Wildlife Service, "Vieques Comprehensive Conservation Plan and Environmental Impact Statement," 66.

42 McMenemy, "EPA Orders Air Force to Treat Wells."

43 US Fish and Wildlife Service, Great Bay, "About the Refuge."

44 US Fish and Wildlife Service, Great Bay, "About the Refuge."

45 National Park Service, Gettysburg National Military Park, "Management."

46 National Park Service, Little Bighorn Battlefield, "Little Bighorn Battlefield National Monument Resources Management Plan," 3.

47 National Park Service, Trail of Tears, "A Journey of Injustice."

48 토드 루킹빌이 내게 보낸 2015년 11월 29일자 전자우편.

49 1916년 국립공원관리청 기본법(NPS Organic Act of 1916), 미국연방법전 제16편 보전법 1조. 사적지와 문화적 특징을 관리할 수 있는 국립공원관리청의 역량에는, 미국 대통령에게 "역사적 지형지물, 역사시대와 선사시대의 구조물, 기타 역사적, 과학적 의의를 지닌 물체"를 국가기념물(대다수의 국가기념물은 국립공원관리청이 관할함)로 보호할 권한을 부여한 1906년 유물 보관법(The 1906 Antiquities Act)과 역사적 자산과 물체를 조사, 복원, 보존, 유지할 수 있는 국립공원관리청의 역량을 확대한 1935년 사적지법(Historic Sites Act of 1935)도 포함되어야 한다. 하지만 국립공원관리청의 처지에서 볼 때, 일종의 지침 역할을 하는 가장 의미심장한 법률은 1916년 기본법이다.

50 US Fish and Wildlife Service, National Wildlife Refuge System, "National Wildlife Refuge System Improvement Act of 1997." 환경정책학자들은 야생동물에 대한 이 기관의 헌신적 태도에도 주목한다. 다음을 참고하라. Fischman, *The National Wildlife Refuges*.

51 국립공원관리청의 조경 전문가 채용에 대해서는 다음을 참고하라. Sellars, *Preserving Nature in the National Parks*; Carr, *Wilderness by Design*.

52 US Fish and Wildlife Service, National Wildlife Refuge System, "About: Mission."

53 2013년 9월 19일에 독일 베를린의 문학의 집(Literaturhaus Berlin)에서 미하엘 크라머를 상대로 진행한 인터뷰.

04

1 이 인용구와 이어지는 내용의 출처는, 2010년 4월 15일에 내가 버지니아주 소재 버지니아 동부해안 국립야생동물보호지구(Eastern Shore of Virginia NWR)를 방문했을 때 읽은 "피셔먼 아일랜드의 역사"라는 제목의 안내해설판이다.

2 US Fish and Wildlife Service, Fisherman Island, "Final Comprehensive Conservation Plan," 1-6.

3 보호지구 투어에 관한 정보는 어류 및 야생동물관리국 산하 피셔먼 아일랜드 국립야생동물보호지구에서 운영하는 "보호지구 투어(Refuge Tour)"를 참고하라. 피셔먼 아일랜드에서 단체 수렵 허가를 받은 엽사들은 일정한 시기에 제한적으로 이 보호지구의 일부 구역에 접근할 수 있고, 이 보호지구 한가운데에 13번 국도가 뚫려있다.

4 Fischman, *The National Wildlife Refuges: Coordinating a Conservation System through Law, 3.*

5 의심과 적개심을 품은 대중이라는 이미지는 결코 가설에 머물지 않는다. 내가 이 책을 쓰는 지금 이 순간에도 무장한 반정부 시위자들이 오리건주의 멀루어 국립야생동물보호지구(Malheur NWR)에서 건물을 점거하고 있다.

6 모든 수치의 단위는 1995년 달러화이다. US Department of the Army, "Jefferson Proving Ground Final Environmental Impact Statement," 4-40 to 4-41.

7 피슈먼의 책 《국립야생동물보호지구(*The National Wildlife Refuges*)》의 3쪽 내용에 의하면, 미국의 모든 국립야생동물보호지구의 98퍼센트 정도에서 일정한 형태의 공공적 이용과 오락이 허용된다.

8 미국 최초의 국립야생동물보호지구인 펠리컨 아일랜드의 초대 감독관인 폴 크로겔(Paul Kroegel)은 20세기 초반의 몇 년 동안 본인 소유의 산탄총으로 무장한 채 기껏 1달러의 월급을 받으며 순찰을 돌았다고 한다. 다음을 참고하라. US Fish and Wildlife Service, National Wildlife Refuge System, *Fulfilling the Promise.*

9 미국연방법전 제16편 보전법 철새보호법 715e조.

10 US Fish and Wildlife Service, "Eastern Massachusetts National Wildlife Refuge Complex."

11 흥미롭게도, 이 경우에는 어류 및 야생동물관리국조차 정화 작업이 생태적 혜택보다 생태적 손해를 더 유발할 것으로 여긴다.

12 이 부분에 관한 보호지구 관리자들의 다양한 일화적 증거는, 각종 소송과 기관 회보를 통해, 그리고 로키 마운틴 군수공장, 빅 오크스, 아루스툭 같은 여러 탈

군사적 야생동물보호지구에서 찾아보기 힘들었던 정화 작업을 통해 확인할 수 있다.

13 US Fish and Wildlife Service, Shawangunk Grasslands, "History."

14 Rothbaum, "Wildlife lives on Shawangunk Grasslands."

15 US Fish and Wildlife Service, Shawangunk Grasslands, "Visitor Opportunities."

16 US Fish and Wildlife Service, Shawangunk Grasslands, "Visitor Opportunities."

17 US Fish and Wildlife Service, Shawangunk Grasslands, "History."

18 US Fish and Wildlife Service, Shawangunk Grasslands, "History."

19 US Department of the Interior, "Budget Justifications and Performance Indication, Fiscal Year 2016: US Fish and Wildlife Service."

20 아사벳 강 설문조사에는 총 78명의 방문객이 응답했다. 설문조사의 일부 결과는 하블릭의 평론 〈용도 전환 중인 미국 군용 부지에서의 복원과 역사와 가치(Restoration, History and Values at Transitioning Military Sites in the United State)〉에도 실려있다. 이와 관련한 연구는 다음에 담겨있다. Havlick, Hourdequin, and John, "Examining Restoration Goals at a Former Military Site."

21 다른 이유로는 "환경 교육을 받기 위해", "짜임새 있는 행사에 참석하려고", "보호지구에서 자원봉사하기 위해", "그저 지나가다가 호기심에서 들러보려고" 따위를 꼽을 수 있었다.

22 자전거타기와 달리기 같은 오락적 용도의 인기 때문에 보호지구 관리자들은 난제와 씨름하게 된다. 일부 보호지구에서는 야생동물에게 방해가 될지 모른다는 우려에 따라 자전거타기와 달리기 같은 활동이 금지된다. 아사벳 강 관리자들도 그런 점을 우려하고 있지만, 처음에는 기분전환 목적으로 찾아오는 사람들이 나중에 다시 방문해 보호지구의 동식물군에 관해 알게 되기를, 또 그들이 안내소를 살펴보면서 보전 사명을 더 직접적으로 인식하게 되기를, 끝으로 교육 프로그램에 참여하거나 보호지구 운영을 지지해주기를 바란다.

23 미국연방법전 제16편 보전법 1조.

24 2000년, 국립공원관리청의 로버트 스탠튼(Robert Stanton) 청장은 보전을 가장 중요하고 최우선적인 사명으로 명시하려는 의도의 지시를 내렸다. 그 지시에 따르면, 물론 앞으로도 방문객에 대한 편의 제공과 공공적 이용은 국립공원의 우선과제이지만, 그 두 가지 과제가 보전과 충돌할 경우 관리자들은 국립공원관리청의 목적이 "단 하나, 즉 보전"이라는 점을 명심해야 한다. 하지만 스탠튼 청장의 지시는 차기 정부의 방침 변화에 좌우될 수밖에 없었다. 그리고 조지 W. 부시 행정부

는 보전 목표에 미칠 파장을 고려하지 않은 채 다양한 종류의 공공적 이용을 장려하는 방향으로 국립공원 관련 훈령을 개정하고자 적극적으로 노력했다. 다음을 참고하라. Farquhar, "Revealed—Secret Changes to Park Rules." 2006년 1월, 내무부 장관 더크 켐스혼(Dirk Kempthorne)은 이중의 권한이 충돌하는 듯할 때 보전을 우선시하는 방향으로 돌아갈 뜻을 내비쳤다. 예를 들어 다음을 참고하라. National Park Service, "Draft Management Policies to Guide the Park Service."

25 이 1997년 법은, 국립야생동물보호지구의 취지와 양립할 수 없는 부차적 쓰임새를 비판한 회계감사원의 보고서에 대해 클린턴 대통령이 내린 행정 명령 12996호에 대한 반응으로 제정된 것이다. 클린턴 대통령의 행정 명령에서는 국립야생동물보호지구체계의 사명이 규정되었고, 그 사명은 의회가 제정한 1997년 법에 많이 반영되었다.

26 National Wildlife Refuge System Improvement Act of 1997, Public Law 105-157, sec. 4, US Congress 111 Stat. 1252, October 9, 1997.

27 연방관보 65권 33,893쪽(2000년). 입법 이후, 연방정부기관들은 새로운 법률을 준수하는 데 필요한 더 세부적인 규정이 담긴 시행안을 발표한다. 어류 및 야생동물관리국의 경우, 그런 규정은 다음 인터넷 주소에서 확인할 수 있는 어류 및 야생동물관리국 교범에 반영되었다. http://www.fws.gov/policy/manuals/. 이 교범은 법률적, 행정적 요건의 변화에 따라 정기적으로 갱신된다. 《국립야생동물보호지구(*The National Wildlife Refuges*)》의 저자 피슈먼은, 1997년 법에 식물과 동물에 대한 동등한 처리가 규정되어있음에도 불구하고 식물 보전의 중요성을 경시하는 부분에 문제를 제기한다.

28 Fischman, *The National Wildlife Refuges*, 123; 163~182쪽도 참고하라.

29 Fischman, *The National Wildlife Refuges*, 80.

30 다음을 참고하라. US Fish and Wildlife Service, Crab Orchard, "Comprehensive Conservation Plan"; 사라 카나우스가 제작한 DVD 〈크랩 오처드(Around Crab Orchard)〉도 참고하라.

31 US Fish and Wildlife Service, Crab Orchard, "Draft Environmental Impact Statement/Comprehensive Conservation Plan," 327.

32 Mitchell, *The Lie of the Land*, 31.

33 US Department of the Army, "Disposal and Reuse of the Jefferson Proving Ground," 11.

34 US Department of the Army, "Disposal and Reuse of the Jefferson Proving

Ground," 11.

35 빅 오크스 국립야생동물보호지구 보조 관리자인 댄 매시아토스와의 2005년 12월 14일자 인터뷰.

36 빅 오크스 국립야생동물보호지구, 2005년 12월 14일

37 US Department of the Army, "Disposal and Reuse of the Jefferson Proving Ground," 11.

38 "Memorandum of Agreement," 2.

39 *Atlanta Journal and Constitution*, "Pilot Safely Ejects before Jet Crashes."

40 국립야생동물보호지구의 "부차적 쓰임새"로서의 군사 활동을 둘러싼 이 비슷한 갈등은 2장에서 더 심도 있게 살펴본, 회계감사원 보고서에 나타나있다. 다음도 참고하라. US Government Accounting Office, "National Wildlife Refuges: Continuing Problems."

41 어류 및 야생동물관리국 관계자와의 2005년 12월 16일자 인터뷰.

42 빅 오크스 국립야생동물보호지구 복원자문단의 2003년 4월 30일자 의사록 75~100쪽을 참고하라. 군 당국이 현재 빅 오크스 부지 안에 있는 열화우라늄의 양을 늘릴 예정이라는 징후는 없다. 2013년, 군 당국은 관리와 법적 책임을 둘러싼 군 당국의 부담을 면제할 수 있는 권한을 지닌 핵규제위원회의 시설해체 담당부서에 열화우라늄 사격장 관련 제안서를 제출했다. 군 당국은 2016년에 그 제안을 철회했다. 다음의 현장 보고서를 참고하라. US Nuclear Regulatory Commission, "Jefferson Proving Ground."

43 예를 들어 다음을 참고하라. Ulrich Beck, *Ecological Politics in an Risk*, *Risk Society: Towards a New Modernity*, *World Risk Society*.

44 Beck, *World Risk Society*. 다음도 참고하라. Beck, *Ecological Politics in an Age of Risk*. *Risk Society*. Mythen, *Ulrich Beck*.

45 일리노이주 천연자원부 서배너 현장 본부(Savanna Field Station) 소속 생물학자 에드 앤더슨(Ed Anderson)과의 2006년 3월 30일자 인터뷰.

46 확실히, 빅 오크스에 입장하는 과정에서 대다수 방문객들은 경계심을 느낄 가능성이 있다.

47 Beck, "Risk Society and the Provident State," 27.

48 Beck, "Risk Society and the Provident State," 37.

49 방사성 폐기물을 네바다주의 에너지부 산하 유카 산(Yucca Mountain) 처리장으로 운반하는 문제에 관한 한, 이 같은 위험부담은 수용할 만한 것으로 평가되었다.

50 *Engineering News Record*, "Asphaltic Membrane Is Used"; *Omaha* (Nebraska) *World-Herald*, "Leakproof Bottom Underlies Lake."

51 Beck, *World Risk Society*, 88.

52 《세계위험사회(*World Risk Society*)》에서, 울리히 벡은 위험사회의 도래와 더불어 시작되는 비슷한 의사결정과정을 지적한다. 아울러 그는 사기업들과 과학계와 연방정부기관들에 대한 제도적 개혁이 "환경적 혁신을 장려할 수 있다고, 또 위험을 둘러싼 갈등의 뿌리인 중대한 문제를 토론하고 판단할 수 있는, 더 향상된 공적 영역을 구축하는 데 보탬이 될 수 있다."라고 제안한다.

53 존 바넷(Jon Barnett)의 저서 《환경 보안의 의미(*The Meaning of Environmental Security*)》 96쪽에서 재인용한 아이젠하워의 발언.

54 다음을 참고하라. Lutz, *The Bases of Empire*;. de Yoanna, "Pattern of Misconduct." 마이클 드 요애너(Michael de Yoanna)는 이 논문을 통해 이라크에서 현역으로 근무한 뒤 귀국한 군인들 사이에서 자살, 약물 남용, 음주운전 등의 비율이 높은 현상을 설명한다. 그들 중 다수는 외상 후 스트레스 장애라는 진단을 받았지만 군 당국으로부터 제도적 지원을 받기는커녕 불명예제대와 실업과 보건적, 교육적 혜택의 상실 같은 난관을 겪는다. 외상 후 스트레스 장애에 대한 더 세부적인 내용은 다음을 참고하라. Hautzinger and Scandlyn, *Beyond Post-Traumatic Stress*.

55 울리히 벡은 이것을 "정상 분만"으로 부른다. Beck, *World Risk Society*, 50.

56 Beck, *World Risk Society*, 61.

57 예를 들어 다음을 참고하라. Sasha Davis, "Fish and Wildlife Is Another Name for the Navy"; Sasha Davis, "Representing Place."

58 예를 들어 다음을 참고하라. Woodward, *Military Geographies*, 54.

05

1 Sola, "Germany to Turn 62 Military Bases into Nature Sanctuaries."

2 Michael Cramer, "Iron Curtain Trail"; Iron Curtain Trail, "The Iron Curtain Trail: Experiencing the History of Europe's Division"; 다음도 참고하라. Hammer, "A Barrier Gone, but Not Forgotten."

3 Cramer, *Iron Curtain Trail, Part 3, Iron Curtain Trail, Part 2*.

4 2013년 9월 19일에 독일 베를린 문학의 집(Literaturhaus Berlin)에서 미하엘 크라머를 상대로 진행한 인터뷰.

5 Cramer, "Iron Curtain Trail."

6 Cramer, *Iron Curtain Trail, Part 2*, 240.

7 다음을 참고하라. Bičík and Štěpánek, "Post-War Changes in Bohemia and Moravia"; Bičík, Jeleček, and Štěpánek, "Land-Use Changes in Czechia."

8 Bičík, Jeleček, and Štěpánek, "Land-Use Changes in Czechia."

9 Šumava National Park, "Nature: Basic Informations."

10 Bičík and Štěpánek, "Post-War Changes in Bohemia and Moravia."

11 Kupková et al., "Land Cover Changes along the Iron Curtain."

12 Higuchi et al., "Satellite Tracking of White-Naped Crane Migration"; Ke Chung Kim, "Preserving Biodiversity in Korea's Demilitarized Zone"; Associated Press, "Turner: Turn DMZ into a Peace Park"; Thomas, "The Exquisite Corpses of Nature and History." 다음도 참고하라. Weisman, *The World without Us*; Card, "Paradise in No Man's Land."

13 Card, "Paradise in No Man's Land."

14 Card, "Paradise in No Man's Land"; Westing, "Toward Environmental Sustainability on the Korean Peninsula"; Platt, "South Korea Seeks to Protect Species."

15 Shin, "Peace Park Tourism Planning and Development."

16 Associated Press, "Ted Turner: Turn DMZ into a Peace Park."

17 Azios, "Demilitarized Zone Now a Haven"; Jungyun, "An Oasis of Wildlife"; Wall, "Korean DMZ Teems with Wildlife."

18 Cain, "South Korea Tries to Re-brand DMZ."

19 Korea Tourism Organization, "Demilitarized Zone Tours."

20 Korea Tourism Organization, "Demilitarized Zone Tours."

21 DMZ Tours, http://www.dmztours.com/.

22 Korea Tourism Organization, "Demilitarized Zone Tours."

23 Sullivan, "Borderline Absurdity DMZ." 다음도 참고하라. Shin, "A Critical Review of Peace Park Tourism Planning," 115.

24 이승호의 논문 〈한반도에서의 새로운 신뢰 구축 패러다임(A New Paradigm for Trust-Building on the Korean Peninsula)〉에서 재인용.

25 Pearson and Ingrassia, "Tank Traps Meet Tourist Traps."

26 Korea.net News; Gyeonggi G-News, "Gyeonggi Province Adds Stories to

Pyeonghwa Nuri-gil."

27 Gyeonggi G-News, "Gyeonggi Province Adds Stories to Pyeonghwa Nuri-gil."

28 Korea.net News.

29 Korea DMZ Peace-Life Valley, "Greetings."

30 다음을 참고하라. Brady, "Life in the DMZ"; Westing, "Toward Environmental Sustainability on the Korean Peninsula"; Shin, "A Critical Review of Peace Park Tourism Planning."

31 Westing, "The DMZ as a Bridge between the Two Koreas."

32 Brady, "Life in the DMZ," 610.

33 Government of Western Australia, Parks and Wildland Service, "Montebello Islands Marine Park."

34 다음을 참고하라. Leonard, "Tampering with History."

35 McClelland, *The Report into British Nuclear Tests in Australia*, 109.

36 웨스턴오스트레일리아주는 몬테벨로 군도 해양공원 관련 웹사이트를 운영할 뿐 아니라, 공원 소식지와 정보 안내서도 발행한다. 다음의 인터넷 주소를 참고하라. http://parks.dpaw.wa.gov.au/sites/default/files/downloads/parks/Montebellos%20News%20Issue%202%20July%202015.pdf

37 Government of Western Australia, Parks and Wildland Service, "Montebello Islands Marine Park."

38 McClelland, *The Report into British Nuclear Tests in Australia*, 261.

39 McClelland, *The Report into British Nuclear Tests in Australia*, 118.

40 Preparatory Commission for the Comprehensive Nuclear-Test-Ban Treaty Organization, "The United Kingdom's Nuclear Testing Programme."

41 Preparatory Commission for the Comprehensive Nuclear-Test-Ban Treaty Organization, "The United Kingdom's Nuclear Testing Programme."

42 Preparatory Commission for the Comprehensive Nuclear-Test-Ban Treaty Organization, "The United Kingdom's Nuclear Testing Programme."; Kent Acott, "Dark Cloud Hangs over Atomic Test."

43 McClelland, *The Report into British Nuclear Tests in Australia*, 121.

44 Grabosky, "A Toxic Legacy."

45 다음을 참고하라. Sasha Davis, *The Empires' Edge*, 66; Smith and Moore, "Radiological Clean-Up of Bikini Atoll."

46 Smith and Moore, "Radiological Clean-Up of Bikini Atoll," 3.

47 고향을 떠난 비키니섬 원주민들이 직면하는 여러 가지 혼란과 복잡한 상태는 여전히 지속되는 비극적 이야기로 남아있다. 예를 들어 다음을 참고하라. Niedenthal, "A History of the People of Bikini Following Nuclear Weapons Testing."

48 다음을 참고하라. Marshall Islands Dose Assessment & Radioecology Program, "Bikini Atoll."

49 Sasha Davis, *The Empires' Edge*, 68.

50 Marshall Islands Dose Assessment & Radioecology Program, "Bikini Atoll."

51 UNESCO, "Bikini Atoll Nuclear Test Site."

52 Abell, "Bikini Is Da Bomb."

53 웹사이트 bikiniatoll.com에는 비키니섬 원주민들이 겪은 혼란에 관한 정보가 실려있다. 반면 웹사이트 petemesley.com의 상위 메뉴와 하위 메뉴인 '러스트포러스트(Lust4Rust)'와 '비키니 환초(Bikini Atoll)'에서 비키니섬은 난파선을 만나는 궁극의 잠수를 경험할 수 있는 곳으로 홍보되고 있다.

54 이 부분과 관련한 더 폭넓은 접근은 다음을 참고하라. Hourdequin and Havlick, *Restoring Layered Landscapes*.

55 관광객들의 비무장지대 방문 동기에 관해서는 예를 들어 다음을 참고하라. Bigley et al., "Motivations for War-Related Tourism." 철의 장막 국경지대에서의 관광에 대해서는 예를 들어 다음을 참고하라. Eckert, "Greetings from the Zonal Border."

56 Eckert, "Greetings from the Zonal Border."

57 Indies Trader, "Diving Crystal Clear Water."

58 Indies Trader, "Diving Crystal Clear Water."

59 Pearson and Ingrassia, "Tank Traps Meet Tourist Traps."

60 European Green Belt, "Memorial Landscape."

61 Smale, "Migrants Race North as Hungary Builds a Fence."

62 예를 들어 다음을 참고하라. Löwenheim, *The Politics of the Trail*.

63 예를 들어 다음을 참고하라. Michael Cramer, *Iron Curtain Trail, Part 1, Iron Curtain Trail, Part 2, Iron Curtain Trail, Part 3*; Hammer, "A Barrier Gone, but Not Forgotten"; Schwägerl, "Green Belt Rises in Germany"; Lamarra, "Riding the Iron Curtain."

64 어떻게 폐허 상태가 새로운 생산적 형태의 의미를 만들어낼 수 있는지에 대한 명쾌한 설명은 다음을 참고하라. DeSilvey and Edensor, "Reckoning with Ruins";

Edensor, *Industrial Ruins*. 더 세심하게 디자인된 기념물들에 대해, 그리고 그 기념물들이 자아낼 만한 대조적 의미의 가능성에 대해서는 다음을 참고하라. Gobster, "The 'Museumification' of Nature."

65 Kwon, *One Place after Another*, 6.

66 Verheyen, *United City, Divided Memories?*, 202.

06

1 2017년 4월 26일, 도널드 트럼프 대통령은 최근에 지정된 면적 400제곱킬로미터 이상의 국가기념물에 대한 전수조사를 요구하는 행정 명령에 서명했다. 2017년 7월 현재, 이 행정 명령이 태평양 낙도를 비롯한 이들 기념물 부지의 규모 축소로 이어질지의 여부는 아직 불투명하다. 다음을 참고하라. Eilperin, "Trump Orders Review of National Monument."

2 US White House, "Obama to Designate Largest Marine Monument."

3 US Fish and Wildlife Service, "Obama Protects Vital Marine Habitat."

4 다음을 참고하라. Vine and Pemberton, "Marine Protection as Empire Expansion." 이와 관련한 비평은 다음을 참고하라. Harris, "Militarism in Environmental Disguise."

5 Maclellan, "Cleaning Up Johnston Atoll."

6 "군사적 환경주의"라는 용어의 출처는 다음과 같다. Coates et al., "Defending Nation, Defending Nature?" "카키색 보전"이라는 용어의 출처는 다음과 같다. Woodward, "Khaki Conservation" "생태적 군사화"라는 용어의 출처는 다음과 같다. Havlick, "Disarming Nature,"; Havlick, "Logics of Change for Military-to-Wildlife Conversions."

7 예를 들어 다음을 참고하라. Shields, "Defence of Nature's Realm."

8 Ward, "Bombing Range Is National Example."

9 군용지 환경관리센터(CEMML), accessed June 26, 2016, https://www.cemml.colostate.edu/cultural/09476/cemmliraqenl.html

10 군용지 환경관리센터.

11 예를 들어 다음을 참고하라. Weeks, "From Bombs to Birds."

12 이것은 로키 플래츠 냉전 박물관(Rocky Flats Cold War Museum) 소식지(http://www.rockyflatsmuseum.org/)의 제호이기도 하다.

13 Meierotto, "A Disciplined Space," 640.

14 이처럼 보전과 군사적 목적이 뒤섞인 구체적 사례는 다음을 참고하라. Meierotto, "A Disciplined Space."

15 예를 들어 미 공군의 지속가능성 보고서 〈에너지, 환경, 안전, 직업보건(Energy, Environment, Safety, and Occupational Health)〉에는 공군의 "한 가지 공동의 토대", 즉 "언제 어디서든 통합되어 역량을 발휘할 수 있는, 영속적이고 치명적이고 압도적인 항공, 우주 및 사이버공간 전력"(1)이 설명되어있다.

16 다음을 참고하라. US Department of Defense, "Defense Environmental Programs Annual Report to Congress for FY 2014." 회계연도 2016년의 요구액은 환경 프로그램 예산이 45억 달러에 이르렀던 2010년 이후 최저치였다.

17 다음을 참고하라. Sierra Club Foundation, Annual report, 2014. 자체 보고서에 의하면 미국 최대 규모의 자산을 자랑하는 환경보호단체 네이처 컨저번시(Nature Conservancy)는 2015년에 약 5억 6,500만 달러를 보전 관련 항목에 지출했고, 후원금과 수입의 총계는 9억 4,800만 달러였다. 다음을 참고하라. Nature Conservancy, "Our World: 2015 Annual Report."

18 다음을 참고하라. US Department of Defense, "Defense Environmental Programs Annual Report to Congress for FY 2014," table 1 (p. 2). 회계연도 2014년 자료는 2015년 9월에 간행된 보고서에 수록되어있다는 점에 주의하기 바란다.

19 US Department of Defense, "Defense Environmental Programs Annual Report to Congress for FY 2014," 16.

20 US Department of Defense, "Defense Environmental Programs Annual Report to Congress for FY 2014," 10.

21 US Department of Defense, "Army Strategy for the Environment."

22 US Air Force, "Energy, Environment, Safety and Occupational Health."

23 2009년 10월 14일에 버지니아주 맥린(McLean)에서 열린 해군 에너지포럼(Naval Energy Forum)에 참석한 해군성 장관 레이 메이버스의 연설. 다음에도 언급되어 있다. Pew Project on National Security, Energy, and Climate, "Reenergizing America's Defense."

24 US Department of the Army, "Army Earth Day Message 2010." 넷-제로 계획에 대해서는 예를 들어 다음을 참고하라. US Department of the Army, "Sustainability Report 2014."

25 US Department of the Army, "Earth Day 2016: Army Message."

26 US Air Force, "Energy Strategic Plan to a Net Zero Installation."

27 콜로라도주 콜로라도스프링스 소재 미국 공군사관학교 토목환경공학 교수 제임스 B. 포코크(James B. Pocock)와의 2009년 11월 9일자 인터뷰; US Air Force, "Energy Strategic Plan to a Net Zero Installation."

28 Baillie, "Academy Hits Conservation Target."

29 US Department of the Army, Fort Carson Public Affairs Office, "Fort Carson Statistics"; 포트 카슨 소속 지속가능성 부조정관 애덤 오저(Adam Ozier)와의 2010년 3월자 인터뷰.

30 애덤 오저와의 인터뷰; Roper, "Fort Carson Lands Copter Brigade"; 건물 총면적이 약 50퍼센트 증가한 내용은 다음 보고서에 담겨있다. National Renewable Energy Laboratory, "Helping Fort Carson Meet DOD Energy Goals."

31 Colorado Renewable Energy Society. "Sustainable Fort Carson." 다음도 참고하라. US Department of the Army, "Fort Carson 2014 Sustainability Report."

32 콜로라도주 소재 포트 카슨 시설 지속가능성 자원 담당관 메리 J. 바버(Mary J. Barber)와의 2015년 10월 7일자 인터뷰.

33 US Department of the Army, "Fort Carson 2014 Sustainability Report."

34 Juniper, "Fort Carson's Extraordinary Sustainability Journey"; Havlick, "Militarization, Conservation, and U.S. Base Transformation"; Havlick and Perramond, "Militarized Spaces and Open Range."

35 Juniper, "Fort Carson, the Mountain Post SEMS." 다음도 참고하라. "Fort Carson 2014 Sustainability Report."

36 "Fort Carson 2014 Sustainability Report."

37 US Government Accountability Office, "DOD Efforts Regarding Net Zero Goals," 11.

38 US Government Accountability Office, "DOD Efforts Regarding Net Zero Goals," 11.

39 US Government Accountability Office, "DOD Efforts Regarding Net Zero Goals," 12.

40 다음을 참고하라. Hautzinger and Scandlyn, *Beyond Post-Traumatic Stress*; Sanders, *Green Zone*; Lutz, *The Bases of Empire*; Philipps, *Lethal Warriors*.

41 다음을 참고하라. Hajer, *The Politics of Environmental Discourse*, 25-26. 생태적 현대화에 대한 더 광범위한 설명은 다음을 참고하라. Mol, "Ecological Modernisation

and Institutional Reflexivity"; Mol, "The Environmental Movement in an Era of Ecological Modernisation" Mol and Sonnefield, "Ecological Modernisation around the World"; Mol and Spaargaren, "Ecological Modernisation Theory in Debate"; Gonzalez, "Local Growth Coalitions and Air Pollution Controls."

42 Christoff, "Ecological Modernisation, Ecological Modernities," 497. 다음도 참고하라. Hajer, "Ecological Modernisation as Cultural Politics"; Harvey, *Justice, Nature and the Geography of Difference*; Dryzek, *The Politics of the Earth*; Gonzalez, "Local Growth Coalitions and Air Pollution controls." 이들 저작에는 나름의 비판적 시각이 담겨있다.

43 Dryzek, *The Politics of the Earth*, 179.

44 예를 들어 다음을 참고하라. Ke Chung Kim, "Preserving Biodiversity in Korea's Demilitarized Zone"; Leslie, Meffe, and Hardesty, *Conserving Biodiversity on Military Lands*; Hoffecker, *Twenty-Seven Square Miles*; Schmidt, "Nature Sows Life Where Man Brewed Death"; Hoosier Environmental Council, "Proposal for Jefferson Proving Ground in Trouble!"; Rocky Mountain Arsenal National Wildlife Refuge Act of 1991.

45 이것은 미국 대선 후보였던 데니스 쿠시니치(Dennis Kucinich)의 평화부 창설 제안과 일맥상통한다. 예술가인 사라 카나우스와 지리학자인 실로 크루퍼가 고안해 제시한 "가상" 연방정부기관 개념에도 이 안이한 태도의 한 가지 인상적인 대안이 담겨있다. 국가 유독성 토지 및 노동 보전국에 관한 정보는 http://www.nationaltlcservice.us/에서 확인할 수 있다.

46 Lapham, "Lionhearts."

47 Office of Budget and Management Department of Defense budget, FY 2007.

48 예를 들어 다음을 참고하라. "Defense Strategy for the 1990s."

49 Vine, *Base Nation*; Sanders, *Green Zone*.

50 Ackerman, "Afghan 'Burn Pit' Could Wreck Troops' Hearts, Lungs." 다음도 참고하라. Vine, *Base Nation*, 138.

51 Langhelle, "Why Ecological Modernization and Sustainable Development Should Not Be Conflated," 309. 다음도 참고하라. Mol and Spaargaren, "Environment, Modernity, and the Risk-Society"; Dryzek, *The Politics of the Earth*; Gonzalez, "Local Growth Coalitions and Air Pollution Controls."

52 US Fish and Wildlife Service, Big Oaks, "Fire Management Plan: Appendix K," 25.

53 예를 들어 다음을 참고하라. Philipps, "Veterans Feel Cost of U.S. Nuclear Tests."
54 Irwin and Wynne, introduction to *Misunderstanding Science?*
55 Irwin and Wynne, introduction to *Misunderstanding Science?*
56 Leopold, *A Sand County Almanac*, 223.
57 Leopold, *A Sand County Almanac*, 223.
58 다음을 참고하라. Shulman, *The Threat at Home*; Sanders, *Green Zone*.
59 US Environmental Protection Agency, "The Environmental Challenge of Military Munitions and Federal Facilities."
60 Reuben, "Reducing Environmental Cancer Risk."
61 콜로라도주 커머스시티 소재 쉘 오일 컴퍼니 로키 마운틴 군수공장 프로젝트 담당관 로저 쉐이클리(Roger Shakely)와의 2004년 7월 21일자 인터뷰. 핵폐기물의 경우도 마찬가지이다. 유카 산 핵폐기물 저장소 건설안의 계획 기간은 10년이다. 다음을 참고하라. Kuletz, *The Tainted Desert*; US Department of Energy, Office of Civilian Radioactive Waste Management, "Final Environmental Impact Statement for Geologic Repository at Yucca Mountain."
62 다음을 참고하라. "Environmental Risk Policy."
63 모리 J. 코언(Maurie J. Cohen)은 〈위험사회와 생태적 현대화(Risk Society and Ecological Modernisation)〉 106쪽에서 이와 관련한 내용을 지적한다.
64 Christoff, "Ecological Modernisation."
65 Christoff, "Ecological Modernisation," 496.
66 다음을 참고하라. Cohen, "Risk Society and Ecological Modernisation." 특히 108쪽을 주목하라.
67 로링 공군기지와 이후의 아루스툭 국립야생동물보호지구에 관한 세부사항은, 내가 2008년 7월에 현장을 방문해 관계자들을 상대로 진행한 인터뷰와 2012년 6월에 진행한 그들과의 후속 대화에서 비롯된 것이다.
68 US Fish and Wildlife Service, Aroostook, "Auto Tour Route."
69 동면 장소로 쓰이는 이글루에 관한 내용은 다음을 참고하라. US Fish and Wildlife Service, "Retired Bunkers Used as Bat Hibernacula at Aroostook"; Platt, "To the Bat Bunker!"
70 다음을 참고하라. US Fish and Wildlife Service, Aroostook, "Plan Your Visit."
71 로링 공군기지와 이후의 아루스툭 국립야생동물보호지구에 관한 세부사항은, 내가 2008년 7월에 현장을 방문해 관계자들을 상대로 진행한 인터뷰와 2012년 6월

에 진행한 그들과의 후속 대화에서 비롯된 것이다.

72 문제의 현장은 어퍼 미시시피 강 야생동물 및 어류 보호지구 산하 로스트 마운드 유닛이었다. 다시 말해 일리노이주 북서부의 옛 서배너 육군 보급창이었다.

73 Louden, "Army Expansion Plans Have Ranchers on Edge"; de Yoanna, "Targeting Paradise."

74 Louden, "Plans Have Ranchers on Edge," 1E; 다음도 참고하라. Havlick and Perramond, "Militarized Spaces and Open Range."

75 De Yoanna, "Targeting Paradise"; Louden, "Plans Have Ranchers on Edge."

76 "Piñon Canyon Expansion Opposition Coalition, "Our Heritage, Our History."

77 US Department of Defense. "2015 Secretary of Defense Environmental Awards" (이전의 수상자 명단이 포함됨).

78 Kuletz, *The Tainted Desert*, 77.

79 US Department of Defense, "Base Realignment and Closures," 20.

07

1 Altman, "Best Cities for Veterans to Live."

2 Meyerson, *Nature's Army*.

3 Jacoby, *Crimes against Nature*.

4 Nguyen, *Nothing Ever Dies*, 2-3.

5 물론 이 같은 여러 문제와 과제는 독일, 베트남, 동남아시아, 이라크, 아프가니스탄, 시리아 등의 많은 지역들, 그리고 현대전의 광범위한 충격이 남아있는 다른 장소들과 관계있다. 내가 일본에 초점을 맞추는 것은, 심각한 타격을 입은 여러 가지 환경에 적용되는 일련의 독특한 쟁점들을 강조하기 위한 사례연구의 차원이다.

6 예를 들어 다음을 참고하라. PBS *Frontline*'s "Holocaust Education in Germany: An Interviews," May 19, 2005, accessed January 30, 2017, http://www.pbs.org/wgbh/pages/frontline/shows/germans/germans/educaion.html

7 얼핏 피해의 정도는 덜해 보이지만, 전쟁 때 원자폭탄이 사용된 두 현장 중 하나인 나가사키의 경우도 마찬가지이다. 예를 들어 다음을 참고하라. Rich, "What about Us, Nagasaki Asks."

8 예를 들어 다음을 참고하라. Yoneyama, *Hiroshima Traces*; "Memories in Ruins."

9 Yoneyama, "Memories in Ruins." 188.

10 사샤 데이비스는 《군사적 자연(*Military Natures*)》에서 비슷한 점을 지적한다.

11 Rocky Mountain Arsenal National Wildlife Refuge Act of 1991.

12 Cronon, "The Trouble with Wilderness," 69–90. 다음을 참고하라. Baird and Nelson, *The Great New Wilderness Debate*; Havlick, "Reconsidering Wilderness."

13 Cronon, "The Trouble with Wilderness," 80.

14 Misrach, *Bravo 20*.

15 Misrach, *Bravo 20*, 95.

16 Misrach, *Bravo 20*, 95.

17 아루스툭 보호지구 관리자였던 윌리엄 콜로드니키(William Kolodnicki)와의 2006년 7월 6일자 전화 인터뷰.

18 예를 들어 다음을 참고하라. The Forest History Society's motto, "By understanding our past, we shape our future" (https://foresthistory.org/)

19 Foote, *Shadowed Ground*, 357.

20 울리히 벡은 《세계위험사회(*World Risk Society*)》에서 이것을 "위험의 계산법"으로 부르고, 국방부와 여타 기관들이 사실상 보험에 들 수 없는 위험요인을 초래해왔다고 주장한다.

21 역사학자 제이콥 햄블린(Jacob Hamblin)은 많은 시사점을 던져준 책 《대자연의 무장화: 파국적 환경주의의 탄생(*Arming Mother Nature: The Birth of Catastrophic Environmentalism*)》에서 자연의 무기화를 둘러싼 역발상적인 관점을 제시한다.

22 National Trust, "Orford Ness National Nature Reserve."

23 이 현장의 기술적 측면을 둘러싼 여러 가지 역사의 출처는 다음과 같다. "Atomic Weapons Research Establishment, Orford Ness, Suffolk."

24 National Trust, "Orford Ness."

25 Sophia Davis, "Military Landscapes and Secret Science."

26 다음을 참고하라. Sophia Davis, "Military Landscapes and Secret Science," 147.

27 캐이틀린 드실비와 팀 에덴서(Tim Edensor)가 〈폐허 처리(Reckoning with Ruins)〉 473쪽에서 지적하듯이, 구조물이 폐허가 되도록 방치하기로 한 결정은, 군사적 기반시설이 "파괴되도록 허용되는 것이 아니라 안정화 작업에 비용을 지출할 만한 가치가 충분하고 귀중한 것으로 간주"되는 "중간상태"에 영향을 받은 것이기도 하다.

28 US Fish and Wildlife Service, Caddo Lake, "Plan Your Visit."

29 국가 유독성 토지 및 노동 보전국 웹사이트 http://www.nationaltlcservice.us/에

서 확인할 수 있다.

30 국가 유독성 토지 및 노동 보전국의 안내 책자.

31 "뒤집히고, 갈가리 찢기고, 파묻힐"이라는 인용구의 출처는 콜로라도주 누클라(Nucla)의 림로커 역사학회(Rimrocker Historical Society)가 제작한 소책자인 〈콜로라도주의 사라진 도시 우라반(Uravan, Colorado: The Town That Was)〉이다. "삶과 땅과 몸"이라는 인용구의 출처는 국가 유독성 토지 및 노동 보전국이 주최한 2016년 3월 19일자 워크숍의 소책자인 〈국립냉전기념물 및 환경유산탐방로: 집단토론회(National Cold War Monuments and Environmental Heritage Trail: A Design Charrette)〉이다.

32 로키 플래츠 사례에 관한 더 많은 정보는 다음을 참고하라. Iverson, *Full Body Burden*.

33 Candelas, "Candelas: Life Wide Open."

34 Candelas, "Rocky Flats National Wildlife Refuge."

35 National Park Service, Manhattan Project, "Learn about the Park."

36 US Fish and Wildlife Service, Hanford Reach, "Habitats."

37 US White House, "Establishment of the Hanford Reach National Monument."

38 Cram, "Wild and Scenic Wasteland."

39 Murray, "Senator Murray Applauds Haford Reach Designation."

40 다음을 참고하라. Kelly, "The Marking of the Manhattan Project Park."

41 다음을 참고하라. Kelly, "The Marking of the Manhattan Project Park"; Atomic Heritage Foundation, "Preserving the Manhattan Project Sites for Future Generations."

42 Nguyen, *Nothing Ever Dies*, 10-11.

참고문헌

Abell, John C. "May 21, 1956: Bikini Is Da Bomb." *Wired*, May 20, 2010. http://www.wired.com/2010/05/0521bikini-h-bomb/.

Ackerman, Spencer. "Leaked Memo: Afghan 'Burn Pit' Could Wreck Troops' Hearts, Lungs." *Wired*, May 22, 2017. https://www.wired.com/2012/05/bagram-health-risk.

Acott, Kent. "Dark Cloud Hangs over Atomic Test." *West Australian*, October 3, 2012. https://au.news.yahoo.com/thewest/wa/a/15019060/dark-cloud-hangs-over-atomic-test/.

Alameda Point Environmental Report. "Film: 'Demilitarized Landscapes' Produced for Oakland Museum." October 15, 2014. https://alamedapointenvironmentalreport.wordpress.com/2014/10/15/film-demilitarized-landscapes-produced-for-oakland-museum/.

Alameda Point Info. "Frequently Asked Questions: What Is Happening with the Wildlife Refuge?" Accessed November 25, 2014. http://alamedapointinfo.com/faq/what-happening-wildlife-refuge.

Alamogordo Daily News. "Trinity Site to Be Open April 4." *Albuquerque Journal*, March 8, 2015. http://www.abqjournal.com/551635/news/trinity-site-to-be-open-april-4.html.

Allard, Wayne. Introduction of legislation establishing Colorado Metropolitan Wildlife Refuge. US House of Representatives, H5436-H5437, July 15, 1991. Available at https://www.gpo.gov/fdsys/pkg/GPO-CRECB-1991-pt13/pdf/

GPO-CRECB-1991-pt13-2.pdf, page 2.

Altman, George. "What Are the Best Cities for Veterans to Live?" *USA Today*, June 16, 2015. http://www.usatoday.com/story/news/nation-now/2015/06/16/cities-military-veterans-virginia-beach-alexandria-bethesda/28808117/.

Anderson, Reginald, and David G. Havlick. "History and Values in Ecological Restoration Workshop." *Ecological Restoration* 31 (2013): 7-10.

Armstrong, J., J. R. McDermott, and J. D. Ripley. "The U.S. Air Force Embraces Ecosystem Management through a Landscape Assessment in the Front Range of the Rocky Mountains." *Federal Facilities Environmental Journal* 11, no. 3 (Autumn 2000): 125-134.

Associated Press. "Crews Find No New Signs of Chemical Weapon at Arsenal." *Denver Post*, November 19, 2007. http://www.denverpost.com/2007/11/19/crews-find-no-new-signs-of-chemical-weapon-at-arsenal/.

________. "Ted Turner: Turn DMZ into a Peace Park." *USA Today*, November 18, 2005. http://usatoday30.usatoday.com/news/world/2005-11-18-turnerdmz_x.htm.

Atlanta Journal and Constitution. "Pilot Safely Ejects Before Jet Crashes." November 18, 1998, 7A.

Atomic Heritage Foundation. "Preserving the Manhattan Project Sites for Future Generations." Accessed June 21, 2016. http://www.atomicheritage.org/preserving-manhattan-project-sites-future-generations.

Azios, Tony. 2008. "Korean Demilitarized Zone Now a Wildlife Haven." *Christian Science Monitor*, November 21, 2008. http://www.csmonitor.com/Environment/Wildlife/2008/1121/korean-demilitarized-zone-now-a-wildlife-haven.

Baillie, Amber. "Academy Hits Conservation Target." US Air Force Academy Public Affairs, September 30, 2014. http://www.af.mil/News/ArticleDisplay/tabid/223/Article/502988/academy-hits-conservation-target.aspx.

Barnett, Jon. *The Meaning of Environmental Security: Ecological Politics and Policy in the New Security Era*. London: Zed Books, 2001.

Bearden, David. "Vieques and Culebra Islands: An Analysis of Cleanup Status and Costs." Congressional Research Service Report for Congress, July 2005.

Beck, Ulrich. *Ecological Politics in an Age of Risk*. Cambridge, UK: Polity Press, 1995.

________. "Risk Society and the Provident State." In *Risk, Environment and Modernity: Towards a New Ecology*, edited by Scott Lash, Bronislaw Szerszynski, and Brian Wynne, 27-43. London: Sage Publications, 1996.

________. *Risk Society: Towards a New Modernity.* Translated from German by Mark Ritter. London: Sage Publications, 1992.

________. *World Risk Society.* Cambridge, UK: Polity Press, 1999.

Becker, Marc. "Vieques: Long March to People's Victory." *Against the Current*, November/December 2003. https://www.solidarity-us.org/node/503.

Benton, Nancy, J. Douglas Ripley, and Fred Powledge, eds. *Conserving Biodiversity on Military Lands: A Guide for Natural Resource Managers.* 2008 edition. Arlington, VA: Nature Serve.

Berry, Wendell. "The Futility of Global Thinking." In *Learning to Listen to the Land*, edited by Bill Willers, 150-156. Washington, DC: Island Press, 1991.

Bičík, Ivan, Leoš Jeleček, and Vít Štěánek. "Land-Use Changes and Their Social Driving Forces in Czechia in the 19th and 20th Centuries." *Land Use Policy* 18, no. 1 (2001): 65-73.

Bičík, Ivan, and Vít Štěánek. "Post-War Changes of the Land-Use Structure in Bohemia and Moravia: Case Study Sudetenland," *GeoJournal* 32, no. 3 (1994): 253-259.

Bigley, James D., Choong-Ki Lee, Jinhyung Chon, and Yooshik Yoon. "Motivations for War-Related Tourism: A Case of DMZ Visitors in Korea." *Tourism Geographies* 12, no. 3 (2010): 371-394.

Blowers, Andrew. "Environmental Risk Policy: Ecological Modernisation or the Risk Society?" *Urban Studies* 34, no. 5-6 (1997): 845-871.

Botkin, Daniel B. *Discordant Harmonies: A New Ecology for the Twenty-First Century.* New York: Oxford University Press, 1990.

Bradshaw, Anthony. "What Do We Mean by Restoration?" In *Restoration Ecology and Sustainable Development*, edited by Krystyna M. Urbanska, Nigel R. Webb, and Peter J. Edwards, 8-13. Zurich: Swiss Federal Institute of Technology, 1997.

Brady, Lisa M. "Life in the DMZ: Turning a Diplomatic Failure into an Environmental Success." *Diplomatic History* 32, no. 4 (2008): 585-611.

Broad, William J. "Bid to Preserve Manhattan Project Sites in a Park Stirs Debate." *New York Times*, December 4, 2012, D3.

Burger, Joanna. "Integrating Environmental Restoration and Ecological Restoration: Long-Term Stewardship at the Department of Energy." *Environmental Management* 26 (2000): 469-578.

Burger, Joanna, T. M. Leschine, M. Greenberg, J. R. Karr, M. Gochfeld, and C. W. Powers. "Shifting Priorities at the Department of Energy's Bomb Factories: Protecting Human and Ecological Health." *Environmental Management* 31 (2003): 157-167.

Caddo Lake Institute. "Our Mission." Last updated 2008. http://www.caddolakeinstitute.us/index.html.

Cain, Geoffrey. "South Korea Tries to Re-brand DMZ as Rare Animal Sanctuary." NBC News, October 30, 2014. http://www.nbcnews.com/news/asian-america/south-korea-tries-re-brand-dmz-rare-animal-sanctuary-n231641.

Callicott, J. Baird, and Michael P. Nelson, eds. *The Great New Wilderness Debate*. Athens, GA: University of Georgia Press, 1998.

Candelas. "Candelas: Life Wide Open." Accessed June 18, 2016. http://www.candelaslife.com/.

________. "Rocky Flats National Wildlife Refuge." Accessed June 21, 2016. http://www.candelasrockyflats.com/.

Card, James. "Paradise in No Man's Land." *Earth Island Journal*, Spring 2008. http://www.earthisland.org/journal/index.php/eij/article/paradise_in_no_mans_land/.

Carr, Ethan. *Wilderness by Design: Landscape Architecture and the National Park Service*. Lincoln: University of Nebraska Press, 1999.

Castree, Noel. "Commentary." *Environment and Planning A* 36 (2004): 191-194.

________. *Nature*. New York: Routledge, 2005.

Cheney, Dick. "Defense Strategy for the 1990s: The Regional Defense Strategy." US Department of Defense, 1993.

Choi, Young D. "Restoration Ecology to the Future: A Call for New Paradigm." *Restoration Ecology* 15, no. 2 (2007): 351-353.

________. "Theories for Ecological Restoration in Changing Environment: Toward 'Futuristic' Restoration." *Ecological Research* 19, no. 1 (2004): 75-81.

Christoff, Peter. "Ecological Modernisation, Ecological Modernities." *Environmental Politics* 5 (1996): 476-500.

Coates, Peter. "Borderland, No-Man's Land, Nature's Wonderland: Troubled Humanity and Untroubled Earth." *Environment and History* 20 (2014): 499-516.

Coates, Peter, Tim Cole, Marianna Dudley, and Chris Pearson. "Defending Nation, Defending Nature? Militarized Landscapes and Military Environmentalism in Britain, France, and the United States." *Environmental History* 16, no. 3 (2011): 456-491.

Cocroft, Wayne, and Magnus Alexander. "Atomic Weapons Research Establishment, Orford Ness, Suffolk: Cold War Research and Development Site." Research Department Report Series 10-2009. English Heritage, Portsmouth: 2009.

Cohen, Maurie J. "Risk Society and Ecological Modernisation," *Futures* 29, no. 2 (1997): 105-119.

Colón-Ramos, Daniel. "Letter to President Barack Obama about Vieques." *Huffington Post*, April 20, 2015. http://www.huffingtonpost.com/daniel-coloramos/letter-to-president-barack-obama-about-vieques_b_7100090.html.

Colorado Renewable Energy Society. "Sustainable Fort Carson." September 27, 2014. http://secres.org/sustainable-fort-carson.

Cowan, Tadlock. "Military Base Closures: Socioeconomic Impacts." Congressional Research Service, RS22147. February 7, 2012.

Cram, Shannon. "Wild and Scenic Wasteland: Conservation Politics in the Nuclear Wilderness." *Environmental Humanities* 7, no. 1 (2015): 89-105.

Cramer, Michael. "Iron Curtain Trail." The Greens/EFA in the European Parliament. Accessed December 3, 2013. http://www2.ironcurtaintrail.eu/uploads/brochure_iron_curtain_trail.pdf. Brochure.

________. *Iron Curtain Trail, Part 1*. Rodingersdorf, Austria: Verlag Esterbauer, 2007.

________. *Iron Curtain Trail, Part 2*. Rodingersdorf, Austria: Verlag Esterbauer, 2012.

________. *Iron Curtain Trail, Part 3*. Rodingersdorf, Austria: Verlag Esterbauer, 2010.

Cronon, William. "The Trouble with Wilderness; or, Getting Back to the Wrong

Nature." In *Uncommon Ground: Toward Reinventing Nature*, edited by W. Cronon, 69–90. New York: W. W. Norton, 1995.

Davis, Sasha. *The Empires' Edge: Militarization, Resistance, and Transcending Hegemony in the Pacific*. Athens, GA: University of Georgia Press, 2015.

_______. " 'Fish and Wildlife Is Another Name for the Navy': Military Destruction, Environmental Preservation and Social Justice." Presentation at the Annual Meeting of the Association of American Geographers, Chicago, Illinois, March 2006.

_______. "Military Natures: Militarism and the Environment." *GeoJournal* 69, no. 3 (2007): 131–134.

_______. "Representing Place: 'Deserted Isles' and the Reproduction of Bikini Atoll." *Annals of the Association of American Geographers* 95, no. 3 (2005): 607–625.

Davis, Sophia. "Military Landscapes and Secret Science: The Case of Orford Ness." *Cultural Geographies* 15 (2008): 143–149.

DENIX (DOD Environment, Safety and Occupational Health Network and Information Exchange). "Fiscal Year 2009 Secretary of Defense Environmental Award: Vieques Naval Installation: Environmental Restoration—Individual/Team." Accessed July 3, 2017. http://www.denix.osd.mil/awards/fy09secdef/erit/project-management-team-vieques-naval-installation-puerto-rico/.

_______. "The 2012 Secretary of Defense Environmental Awards 50th Anniversary." http://www.denix.osd.mil/awards/upload/2012_Environ_Awards_Brochure_online.pdf (webpage discontinued).

_______. "2015 Secretary of Defense Environmental Awards: About the Awards." http://www.denix.osd.mil/awards/fy14secdef/awards-information/about-the-2015-secretary-of-defense-environmental-awards/.

DeSilvey, Caitlin, and Tim Edensor. "Reckoning with Ruins." *Progress in Human Geography* 37, no. 4 (2012): 465–485.

de Yoanna, Michael. "Army Maneuvers." *Colorado Springs Independent*, August 24–30, 2006, 11.

_______. "Pattern of Misconduct: Fort Carson Soldiers Allege Abuse and

Intimidation." *Colorado Springs Independent*, July 13-19, 2006, 14-19.

_______. "Targeting Paradise." *Colorado Springs Independent*, August 10-16, 2006, 14-17.

DMZ Tours. Accessed August 29, 2014. http://www.dmztours.com.

Drenthen, Martin. "Ecological Restoration and Place Attachment: Emplacing Non-places?" *Environmental Values* 18 (2009): 285-312.

Dryzek, John S. *The Politics of the Earth: Environmental Discourses*, 2nd ed. Oxford: Oxford University Press, 2005.

Dudley, Marianna. *An Environmental History of the UK Defence Estate, 1945 to the Present*. London: Bloomsbury, 2012.

Dumanoski, Dianne. "Pentagon Takes First Steps toward Tackling Pollution." *Boston Globe*, September 9, 1990.

Durant, R. F. *The Greening of the U.S. Military: Environmental Policy, National Security, and Organizational Change*. Washington, DC: Georgetown University Press, 2007.

Eckert, Astrid M. "'Greetings from the Zonal Border': Tourism to the Iron Curtain in West Germany." *Zeithistorische Forschungen/Studies in Contemporary History* 8 (2010): 9-36.

Edensor, Tim. *Industrial Ruins: Space, Aesthetics, and Materiality*. Oxford: Berg, 2005.

Edgington, Ryan H. *Range Wars: The Environmental Contest for White Sands Missile Range*. Lincoln: University of Nebraska Press, 2014.

Egan, Dave. "Authentic Ecological Restoration." *Ecological Restoration* 24, no. 4 (2006): 223-224.

Eilperin, Juliet. "Obama Proposes Vast Expansion of Pacific Ocean Sanctuaries for Marine Life." *Washington Post*, June 17, 2014. http://www.washingtonpost.com/politics/obama-will-propose-vast-expansion-of-pacific-ocean-marine-sanctuary/2014/06/16/f8689972-f0c6-11e3-bf76-447a5df6411f_story.html.

_______. "Trump Orders Review of National Monuments, Vows to 'End These Abuses and Return Control to the People.'" *Washington Post*, April 26, 2017. https://www.washingtonpost.com/news/energy-environment/wp/2017/04/25/zinke-to-review-large-national-monuments-created-since-1996-to-makesure-the-people-have-a-voice/.

Elliot, Robert. "Faking Nature." *Inquiry* 25, no. 1 (1982): 81–93.

_______. *Faking Nature: The Ethics of Environmental Restoration*. London: Routledge, 1997.

Engineering News Record. "Asphaltic Membrane Is Used to Leakproof a Lake." November 22, 1956, 40–41. Rocky Mountain Arsenal JARDF document no. B5600033.

European Green Belt. "Memorial Landscape." Accessed September 4, 2015. http://www.europeangreenbelt.org/iron-curtain.html.

European Green Belt Initiative. "Borders Separate, Nature Unites!" Accessed August 26, 2014. http://www.europeangreenbelt.org/initiative.html.

Farish, Matthew. *The Contours of America's Cold War*. Minneapolis: University of Minnesota Press, 2010.

Farquhar, Brodie. "Revealed—Secret Changes to Park Rules." *High Country News*, September 19, 2005.

Finley, Bruce. "Security Water Raises Concern." *Colorado Springs Gazette*, June 16, 2016, A3–A4.

Fischman, Robert L. *The National Wildlife Refuges: Coordinating a Conservation System through Law*. Washington, DC: Island Press, 2003.

Foote, Kenneth E. *Shadowed Ground: America's Landscapes of Violence and Tragedy*. Austin: University of Texas Press, 2003.

Fox, Ben. "U.S. Rattles Puerto Rico with Bomb Site Cleanup Plan." *USA Today*, October 4, 2012. https://www.usatoday.com/story/news/world/2012/10/04/puerto-rico-bomb-cleanup-plan/1614149/.

Galatowitsch, Susan M. *Ecological Restoration*. Sunderland, MA: Sinauer, 2012.

Geidezis, Liana, and Melanie Kreutz. "Green Belt Europe—Structure of the Initiative and Significance for a Pan European Ecological Network." In *Proceedings of the 1st GreenNet Conference: The Green Belt as a European Ecological Network—Strengths and Gaps*, edited by Ilke Marschall, Marion Muller, and Matthias Gather, 12–21. GreenNet.

Glass, Stephen B., Bradley M. Herrick, and Christopher J. Kucharik. "Climate

Change and Ecological Restoration at the University of Wisconsin-Madison Arboretum." *Ecological Restoration* 27 (2009): 345-349.

GlobalSecurity.org. "Piňon Canyon Maneuver Site (PCMS)." Last updated May 7, 2011. http://www.globalsecurity.org/military/facility/pinon-canyon.htm.

Gobster, Paul H. "Urban Park Restoration and the 'Museumification' of Nature." *Nature and Culture* 2 (2007): 95-114.

Gonzalez, George A. "Local Growth Coalitions and Air Pollution Controls: The Ecological Modernisation of the U.S. in Historical Perspective." *Environmental Politics* 11, no. 3 (2002): 121-144.

Goren, Lilly J. *The Politics of Military Base Closings: Not in My District*. New York: Peter Lang, 2003.

Government of Western Australia, Parks and Wildland Service. "Montebello Islands Marine Park: Explosive Attraction." Accessed August 20, 2015. http://parks.dpaw.wa.gov.au/park/montebello-islands.

Grabosky, P. N. "Chapter 16: A Toxic Legacy: British Nuclear Weapons Testing in Australia." In *Wayward Governance: Illegality and Its Control in the Public Sector* by Grabosky, 235-253, Canberra: Australian Institute of Criminology, 1989. Last modified July 29, 2009. http://www.aic.gov.au/publications/previous%20series/lcj/1-20/wayward/ch16.html.

Guy, Andrew, Jr. "'Bomblet' at Arsenal Cancels All Tours." *Denver Post*, October 21, 2000, A1.

Gyeonggi G-News. "Gyeonggi Province Adds Stories to Pyeonghwa Nuri-gil." June 2, 2014. http://gnews2824.blogspot.com/2014/06/gyeonggi-province-adds-stories-to.html (blog discontinued).

Hajer, Maarten A. "Ecological Modernisation as Cultural Politics." In *Risk, Environment and Modernity: Towards a New Ecology*, edited by Scott Lash, Bronislaw Szerszynski, and Brian Wynne, 246-268. London: Sage Publications, 1996.

________. *The Politics of Environmental Discourse: Ecological Modernization and the Policy Process*. Oxford: Clarendon, 1995.

Hamblin, Jacob Darwin. *Arming Mother Nature: The Birth of Catastrophic*

Environmentalism. NY: Oxford University Press, 2013.

Hammer, Joshua. "A Barrier Gone, but Not Forgotten." *New York Times*, July 26, 2009, TR1.

Hancock, Lee. "Eagles' Don Henley Works to Preserve East Texas' Caddo Lake." *Dallas Morning News*, April 25, 2011. http://www.dallasnews.com/news/state/headlines/20110425-eagles-don-henley-works-to-preserve-east-texas-caddo-lake.ece.

Hansen, Dan. "Free-Flowing Debate Control over Hanford Reach: Should It Be Feds or Counties?" *Spokesman-Review*, June 15, 1997. http://www.spokesman.com/stories/1997/jun/15/free-flowing-debate-control-over-hanford-reach/.

Harris, Peter. "Militarism in Environmental Disguise: The Greenwashing of an Overseas Military Base." *International Political Sociology* 9, no. 1 (2015): 19-36.

Harvey, David. *Justice, Nature and the Geography of Difference*. Cambridge, MA: Blackwell, 1996.

Hautzinger, Sarah, and Jean Scandlyn. *Beyond Post-Traumatic Stress: Homefront Struggles with the Wars on Terror*. Walnut Creek, CA: Left Coast Press, 2013.

Havlick, David G. "Disarming Nature: Converting Military Lands to Wildlife Refuges." *Geographical Review* 101, no. 2 (2011): 183-200.

________. "Logics of Change for Military-to-Wildlife Conversions in the United States." *GeoJournal* 69, no. 3 (2007): 151-164.

________. "Militarization, Conservation, and U.S. Base Transformations." In *Militarized Landscapes: From Gettysburg to Salisbury Plain*, edited by C. J. Pearson, T. Cole, and P. Coates, 113-133. London: Bloomsbury, 2010.

________. "Reconsidering Wilderness: Prospective Ethics for Nature, Technology, and Society." *Ethics, Place and Environment* 9, no. 1 (2006): 47-62.

________. "Restoration, History, and Values at Transitioning Military Sites in the United States." In *Restoring Layered Landscapes: History, Ecology, Culture*, edited by Marion Hourdequin and D. G. Havlick, 160-180. New York: Oxford University Press, 2016.

Havlick, David G., Marion Hourdequin, and Matthew John. "Examining Restoration Goals at a Former Military Site." *Nature and Culture* 9, no. 3 (2014):

288-315.

Havlick, David G., and Eric Perramond. "Militarized Spaces and Open Range: Piñon Canyon and (Counter)Cartographies of Rural Resistance." *Environment and Planning D* 33, no. 1 (2015): 169-184.

Higgins, Michelle. "Affordable Caribbean: Vieques." *New York Times*, October 28, 2007. http://www.nytimes.com/2007/10/28/travel/28vieques.html.

Higuchi, Hiroyoshi, Kiyoaki Ozaki, Go Fujita, Jason Minton, Mutsuyuki Ueta, Masaki Soma, and Nagahisa Mita, "Satellite Tracking of White-Naped Crane Migration and the Importance of the Korean Demilitarized Zone." *Conservation Biology* 10, no. 3 (1996): 806-812.

Hobbs, Richard J., Eric S. Higgs, and Carol Hall. *Novel Ecosystems: Intervening in the New Ecological World Order*. New York: Wiley and Sons, 2013.

Hobbs, Richard J., Eric Higgs, and James A. Harris. "Novel Ecosystems: Implications for Conservation and Restoration." *Trends in Ecology and Evolution* 24, no. 11 (2009): 599-605.

Hoffecker, John F. *Twenty-Seven Square Miles*. Commerce City, CO: US Fish and Wildlife Service, Rocky Mountain Arsenal National Wildlife Refuge, 2001.

Holland, Alan, and John O'Neill. "Yew Trees, Butterflies, Rotting Boots and Washing Lines: The Importance of Narrative." In *Moral and Political Reasoning in Environmental Practice*, edited by Andrew Light and Avner De-Shalit, 219-235. Cambridge, MA: MIT Press, 2003.

Hoosier Environmental Council. "National Wildlife Refuge Proposal for Jefferson Proving G round in Trouble!" Action alert. Photocopy from Big Oaks National Wildlife Refuge files. Original printed from website with access date of April 28, 1999.

Hourdequin, Marion. *Environmental Ethics: From Theory to Practice*. New York: Bloomsbury, 2015.

Hourdequin, Marion, and David G. Havlick. "Ecological Restoration in Context: Ethics and the Naturalization of Former Military Lands." *Ethics, Policy, and Environment* 14 (2011): 69-89.

________. "Restoration and Authenticity Revisited." *Environmental Ethics* 35, no. 1

(2013): 79–93.

________. eds. *Restoring Layered Landscapes: History, Ecology, Culture.* New York: Oxford University Press, 2016.

Indies Trader. "Diving Crystal Clear Water." Accessed August 31, 2015. http://www.indiestrader.com/marshall-islands/activities/diving/.

Iron Curtain Trail. "The Iron Curtain Trail: Experiencing the History of Europe's Division." Accessed December 3, 2013. http://www.ironcurtaintrail.eu/en/der_iron_curtain_trail/index.htm.

Irwin, Alan, and Brian Wynne. Introduction to *Misunderstanding Science? The Public Reconstruction of Science and Technology*, edited by Irwin and Wynne, 8–9. Cambridge: Cambridge University Press, 1996.

Iverson, Kristen. *Full Body Burden: Growing Up in the Nuclear Shadow of Rocky Flats.* New York: Broadway, 2012.

Jackson, Richard, Marsh Lavenue, and Abhishek Singh. "Review of Long-Term Monitoring Plan for Rocky Mountain Arsenal." Report for the Site Specific Advisory Board of the Rocky Mountain Arsenal, Inc. April 8, 2011. http://www.rma.army.mil/files/1013/9214/9977/Part4_2010_FYRR_Vol._I.pdf.

Jacoby, Karl. *Crimes against Nature: Squatters, Poachers, Thieves and the Hidden History of American Conservation.* Berkeley: University of California Press, 2001.

Jungyun, Kwon. "Korea's DMZ, an Oasis of Wildlife." Homestay Korea, September 26, 2012. http://www.homestaykorea.com/?document_srl=58283.

Juniper, Chris. "Fort Carson's Extraordinary Sustainability Journey." September 21, 2007. Available at https://www.yumpu.com/en/document/view/4894280/sustainable-actions-usgbc-colorado-chapter.

________. "Fort Carson, the Mountain Post Sustainability and Environmental Management System (SEMS)." June 17, 2008. http://www.fedcenter.gov/_kd/Items/actions.cfm?action=Show&item_id=10217&destination=ShowItem.

Kanouse, Sarah. *Around Crab Orchard.* DVD, 69 mins. 2012.

Kelly, Cynthia C. "The Making of the Manhattan Project Park." *Federation of American Scientists* 68, no. 1 (Winter 2015). http://fas.org/pir-pubs/making-manhattan-project-park/.

Kim, Ke Chung. "Preserving Biodiversity in Korea's Demilitarized Zone." *Science* 278, no. 5336 (October 10, 1997): 242-243.

Kim, Suk-Young. *DMZ Crossing: Performing Emotional Citizenship along the Korean Border*. New York: University of Columbia Press, 2014.

Korea DMZ Peace-Life Valley. "Greetings." Accessed August 18, 2015. http://dmzecopeace.com/eng/01_intro/intro01.php.

Korea.net News. Accessed August 18, 2015. http://www.korea.net/NewsFocus/Society/view?articleId=100703 (webpage discontinued).

Korea Tourism Organization. "Demilitarized Zone Tours, from DMZ to PLZ." Visit Korea. Accessed August 18, 2015. http://english.visitkorea.or.kr/enu/SI/SI_EN_3_4_1.jsp.

Krupar, Shiloh. *Hot Spotter's Report: Military Fables of Toxic Waste*. Minneapolis: University of Minnesota Press, 2013.

Kuletz, Valerie L. *The Tainted Desert: Environmental Ruin in the American West*. New York: Routledge, 1998.

Kupková, Lucie, Ivan Bičík, and Jiří Najman. "Land Cover Changes along the Iron Curtain, 1990-2006." *Geografie* 118, no. 2 (2013): 95-115.

Kwon, Miwon. *One Place after Another: Site-Specific Art and Locational Identity*. Cambridge, MA: MIT Press, 2002.

Lamarra, Paul. "Riding the Iron Curtain." *Adventure Cyclist*, June 2012, 21-27.

Langhelle, Oluf. "Why Ecological Modernization and Sustainable Development Should Not Be Conflated." *Journal of Environmental Policy and Planning* 2 (2000): 303-322.

Langston, N. "Restoration in the American National Forests: Ecological Processes and Cultural Landscapes." In *The Conservation of Cultural Landscapes*, edited by Mauro Agnoletti, 163-173. Oxfordshire, England: CAB International, 2006.

Lapham, Lewis. "Lionhearts." *Harper's*, September 2006, 9-11.

Latour, Bruno. *We Have Never Been Modern*. Cambridge, MA: Harvard University Press, 1993.

Lee, Seung-ho. "A New Paradigm for Trust-Building on the Korean Peninsula: Turning Korea's DMZ into a UNESCO World Heritage Site." *Asia-Pacific*

Journal 35 (2010): 2–10.

Leonard, Zeb. "Tampering with History: Varied Understanding of Operation Mosaic." *Journal of Australian Studies* 38, no. 2 (2014): 205–219.

Leopold, Aldo. *A Sand County Almanac and Sketches Here and There.* Oxford: Oxford University Press, (1949) 1987.

Leslie, Michele, Gary K. Meffe, and Jeffrey L. Hardesty. *Conserving Biodiversity on Military Lands: A Handbook for Natural Resource Managers.* Washington, DC: Department of Defense Biodiversity Initiative, US Department of Defense, and Nature Conservancy, 1996.

Light, Andrew. "Ecological Restoration and the Culture of Nature: A Pragmatic Perspective." In *Readings in the Philosophy of Technology*, 2nd ed., edited by David M. Kaplan, 452–467. Lanham, MD: Rowman and Littlefield, 2009.

Lillie, Thomas H., and J. Douglas Ripley. "A Strategy for Implementing Ecosystem Management in the United States Air Force." *Natural Areas Journal* 18, no. 1 (1998): 73–80.

Louden, Tamara. "Army Expansion Plans Have Ranchers on Edge." *Denver Post,* August 13 2006, 1E–2E.

Löwenheim, Oded. *The Politics of the Trail: Reflexive Mountain Biking along the Frontier of Jerusalem.* Ann Arbor: University of Michigan Press, 2014.

Lust4Rust. "Bikini Atoll." Accessed June 26, 2016. http://www.petemesley.com/lust4rust/wreck-trips/bikini-atoll/.

Lutz, Catherine, ed. *The Bases of Empire: The Global Struggle against U.S. Military Bases.* New York: New York University Press, 2008.

Machlis, Gary E., and Thor Hanson. "Warfare Ecology." *BioScience* 58 (September 2008): 729–736.

Maclellan, Nic. "Cleaning Up Johnston Atoll." Nautilus Institute. APSNet Special Reports, November 25, 2005.
http://nautilus.org/apsnet/cleaning-up-johnston-atoll/.

Marshall Islands Dose Assessment & Radioecology Program. "Bikini Atoll." Last modified April 7, 2015. https://marshallislands.llnl.gov/bikini.php.

McCaffrey, Katherine. "Fish, Wildlife, and Bombs: The Struggle to Clean Up

Vieques." North American Congress on Latin America. September/October 2009. https://nacla.org/article/fish-wildlife-and-bombs-struggle-clean-vieques.

________. *Military Power and Popular Protest: The U.S. Navy in Vieques, Puerto Rico.* New Brunswick, NJ: Rutgers University Press, 2002.

McClelland, James Robert. *The Report of the Royal Commission into British Nuclear Tests in Australia.* Canberra: Australian Government Publishing Service, 1985.

McKibben, Bill. *The End of Nature.* New York: Random House, 1989.

McMenemy, Jeff. "EPA Orders Air Force to Treat Contaminated Wells at Pease." July 9, 2015. http://www.seacoastonline.com/article/20150709/NEWS/150709082.

Meierotto, Lisa. "A Disciplined Space: The Co-evolution of Conservation and Militarization on the US-Mexico Border." *Anthropological Quarterly* 87, no. 3 (Summer 2014): 637-664.

"Memorandum of Agreement between US Army Test and Evaluation Command and Region 3, US Fish and Wildlife Service for Natural Resource Management of the Firing Range of the Jefferson Proving Ground." May 5, 1997. Photocopy in Big Oaks National Wildlife Refuge files.

Meyerson, Harvey. *Nature's Army: When Soldiers Fought for Yosemite.* Lawrence: University of Kansas Press, 2001.

Misrach, Richard, with Myriam Weisang Misrach. *Bravo 20: The Bombing of the American West.* Baltimore: Johns Hopkins University Press, 1990.

Mitchell, Don. *The Lie of the Land: Migrant Workers and the California Landscape.* Minneapolis: University of Minnesota Press, 1996.

Mol, Arthur P. J. "Ecological Modernisation and Institutional Reflexivity: Environmental Reform in the Late Modern Age." *Environmental Politics* 5 (1996): 302-323.

________. "The Environmental Movement in an Era of Ecological Modernisation." *Geoforum* 31 (2000): 45-56.

Mol, Arthur P. J., and D. Sonnenfeld, "Ecological Modernisation around the World: An Introduction." *Environmental Politics* 9, no. 1 (2000): 3-16.

Mol, Arthur P. J., and Gert Spaargaren, "Ecological Modernisation Theory in

Debate: A Review." *Environmental Politics* 9, no. 1 (2000): 17-49.

_______. "Environment, Modernity, and the Risk-Society: The Apocalyptic Horizon of Environmental Reform." *International Sociology* 8, no. 4 (1993): 431-459.

Montebello Islands Marine Park. "Explosive Attraction." Accessed August 20, 2015. http://parks.dpaw.wa.gov.au/park/montebello-islands.

Murray, Patty. "Senator Murray Applauds Hanford Reach Designation" (press release). June 9, 2000. http://www.murray.senate.gov/public/index.cfm/2000/6/senator-murray-applauds-hanford-reach-designation.

Mythen, Gabe. *Ulrich Beck: A Critical Introduction to the Risk Society.* London: Pluto Press, 2004.

National Park Service. "Draft Management Policies to Guide the National Park Service." Department of the Interior, June 16, 2006.

National Park Service, Gettysburg National Military Park. "Management." Accessed January 7, 2016. http://www.nps.gov/gett/learn/management/index.htm.

National Park Service, Little Bighorn Battlefield. "Little Bighorn Battlefield National Monument Resources Management Plan." July 9, 2007. http://www.nps.gov/libi/learn/management/upload/ResourceManagementPlan.pdf.

National Park Service, Manhattan Project National Historical Park. "Learn about the Park." Accessed June 21, 2016. https://www.nps.gov/mapr/learn/index.htm.

National Park Service, Trail of Tears National Historic Trail. "A Journey of Injustice." Last updated December 21, 2016. http://www.nps.gov/trte/index.htm.

National Renewable Energy Laboratory. "Helping Fort Carson Meet DOD Energy Goals." *Continuum* 7 (Fall 2014). http://www.nrel.gov/continuum/partnering/defense.html.

National TLC Service. September 2011. http://www.readysubjects.org/nationaltlc/wp-content/uploads/2011/11/brochure-3panel_final.pdf. Brochure.

National Toxic Land/Labor Conservation Service. Accessed June 13, 2016. http://www.nationaltlcservice.us/.

National Trust. "Orford Ness National Nature Reserve." Accessed June 9, 2016.

https://www.nationaltrust.org.uk/orford-ness-national-nature-reserve.

________. "Orford Ness, 2009." http://www.tourismleafletsonline.com/pdfs/NT_%20Orford_Ness_Leaflet.pdf. Brochure.

Nature Conservancy. "Our World: 2015 Annual Report." https://www.nature.org/media/annualreport/2015-annual-report.pdf.

Navarro, Mireya. "Navy's Vieques Training May Be Tied to Health Risks." *New York Times*. November 14, 2009, A14.

________. "New Battle on Vieques, over Navy's Cleanup of Munitions." *New York Times*, August 6, 2009, A10.

Nazaryan, Alexander. "Tiptoeing through America's Sarin Stash." *Newsweek*, October 11, 2013. http://www.newsweek.com/2013/10/11/tiptoeing-through-americas-sarin-stash-238108.html.

Nguyen, Viet Thanh. *Nothing Ever Dies: Vietnam and the Memory of War*. Cambridge, MA: Harvard University Press, 2016.

Niedenthal, Jack. "A History of the People of Bikini Following Nuclear Weapons Testing in the Marshall Islands: With Recollections and Views of Elders of Bikini Atoll." *Health Physics* 73, no. 1 (1997): 28-36.

Office of Budget and Management Department of Defense budget, FY 2007. Accessed August 31, 2006. https://www.whitehouse.gov/omb/budget/fy2007/pdf/budget/defense.pdf (webpage discontinued).

Office of the Undersecretary of Defense. "Operation and Maintenance Overview, Fiscal Year 2016 Budget Estimates." February 2015. http://comptroller.defense.gov/Portals/45/Documents/defbudget/fy2016/fy2016_OM_Overview.pdf.

Olsen, Ken. "At Hanford, the Real Estate Is Hot." *High Country News*, January 22, 1996, 1, 8-9.

Omaha (Nebraska) *World-Herald*. "Leakproof Bottom Underlies 100-Acre Lake Near Denver." November 11, 1956. Rocky Mountain Arsenal JARDF document no. B5600032.

Palka, Eugene J., and Francis A. Galgano. *The Scope of Military Geography: Across the Spectrum from Peacetime to War*. New York: McGraw-Hill, 2000.

Pearson, Chris, Peter Coates, and Tim Cole, eds. *Militarized Landscapes: From*

Gettysburg to Salisbury Plain. London: Bloomsbury, 2010.

Pearson, James, and Paul Ingrassia. "Tank Traps Meet Tourist Traps at Korea's Demilitarized Zone." Reuters, October 25, 2013. http://www.reuters.com/article/us-korea-dmz-tourism-idUSBRE99O0SP20131025.

Pew Project on National Security, Energy, and Climate. "Reenergizing America's Defense." Washington, DC: Pew Charitable Trusts, 2010.

Philipps, David. *Lethal Warriors: When the Band of Brothers Came Home*. New York: St. Martin's, 2010.

________. "Veterans Feel Cost of U.S. Nuclear Tests." *New York Times*, January 29, 2017, A1.

Piñon Canyon Expansion Opposition Coalition. "Our Heritage, Our History." Kim, Colorado. N.d. Brochure.

Platt, John R. "South Korea Seeks to Protect Endangered Species in Demilitarized Zone." *Scientific American*, September 27, 2011. http://blogs.scientificamerican.com/extinction-countdown/south-korea-seeks-rotect-endangered-species-demilitarized-zone/.

________. "To the Bat Bunker!" *Conservation Magazine*, September 9, 2013. http://conservationmagazine.org/2013/09/bat-bunker/.

Preparatory Commission for the Comprehensive Nuclear-Test-Ban Treaty Organization. "The United Kingdom's Nuclear Testing Programme." Accessed August 21, 2015. https://www.ctbto.org/nuclear-testing/the-effects-of-nuclear-testing/the-united-kingdomsnuclear-testing-programme/.

Proclamation 8803—Establishment of the Fort Ord National Monument by the President of the United States of America. April 20, 2012. https://www.blm.gov/nlcs_web/sites/style/medialib/blm/ca/nlcs/Fort_Ord_NM/docs.Par.51266.File.dat/Fort%20Ord%20Proclamation.pdf.

Reuben, Suzanne H. "Reducing Environmental Cancer Risk, 2008-2009 Annual Report, President's Cancer Panel." US Department of Health and Human Service, National Institutes of Health, National Cancer Institute, 2010.

Rich, Motoko. "What about Us, Nagasaki Asks, as Obama's Hiroshima Trip Nears." *New York Times*, May 24, 2016, A6.

Ripley, J. D., and M. Leslie. "Conserving Biodiversity on Military Lands." *Federal Facilities Environmental Journal*, Summer 1997, 93–105.

Rocky Mountain Arsenal National Wildlife Refuge Act of 1991. Joint Hearing before the Fisheries and Wildlife Conservation and the Environment Subcommittees of the Committee on Merchant Marine and Fisheries [serial no. 102–161] and the Military Installations and Facilities Subcommittee of the Committee on Armed Services, House of Representatives, 102nd Congress, 1st Session; PL 102–402. September 9, 1991.

Rocky Mountain Arsenal Remediation Venture Office. RVO fact sheet. Commerce City, Colorado. Accessed June 22, 2016. http://www.rma.army.mil/files/5714/1037/9699/RVOFACTSHEETRevise.pdf.

Roper, P. "Fort Carson Lands Copter Brigade." *Pueblo Chieftain*, March 29, 2011. http://www.chieftain.com/news/local/fort-carson-lands-copter-brigade/article_a0c365ba-59bd-11e0-be49-001cc4c002e0.html.

Rothbaum, Rebecca. "Wildlife Lives on Shawangunk Grasslands." *Poughkeepsie Journal*, June 20, 2002. http://cityguide.pojonews.com/fe/DayTrips/stories/dt_shawangunk_grasslands.asp (webpage discontinued).

Sanders, Barry. *Green Zone: The Environmental Costs of Militarism*. Oakland, CA: AK Press, 2009.

Schmidt, William E. "Nature Sows Life Where Man Brewed Death." *New York Times*, March 12, 1989, sec. 1, p. 1.

Schwägerl, Christian. "Along Scar from Iron Curtain, a Green Belt Rises in Germany." *Yale Environment 360*. April 4, 2011. http://e360.yale.edu/feature/along_scar_from_iron_curtain_a_green_belt_rises_in_germany/2390/.

Sellars, Richard West. *Preserving Nature in the National Parks*. New Haven, CT: Yale University Press, 1997.

Shields, Deirdre. "Defence of Nature's Realm: Soldiers Are Not the Only Creatures Who Enjoy the Army Training Grounds." *Field* (1996): 92–95.

Shin, Youngsun. "A Critical Review of Peace Park Tourism Planning and Development in the Border Region." *Tourism and Hospitality Planning and*

Development 4, no. 2 (2007): 111–120.

Shulman, Seth. *The Threat at Home: Confronting the Toxic Legacy of the U.S. Military.* Boston, MA: Beacon Press, 1992.

Sierra Club Foundation. Annual report, 2014. https://www.sierraclubfoundation.org/sites/sierraclubfoundation.org/files/uploads/TSCF%20Annual%20Report%202014.pdf.

Smale, Alison. "Migrants Race North as Hungary Builds a Fence." *New York Times,* August 25, 2015, A1.

Smith, Allan E., and William E. Moore. "Report of the Radiological Clean-Up of Bikini Atoll." Washington, DC: US Atomic Energy Commission, 1972.

Society for Ecological Restoration, International Science & Policy Working Group. "Mission and Vision." Accessed January 23, 2017. http://www.ser.org/page/MissionandVision.

________. "The SER International Primer on Ecological Restoration," version 2. Tucson, AZ: Society for Ecological Restoration International, 2004. http://c.ymcdn.com/sites/www.ser.org/resource/resmgr/custompages/publications/SER_Primer/ser_primer.pdf.

Sola, Katie. "Germany to Turn 62 Military Bases into Nature Sanctuaries for Birds, Beetles, and Bats." *Huffington Post,* June 19, 2015. http://www.huffingtonpost.com/2015/06/19/german-military-bases-nature-reserves_n_7623882.html.

Sorenson, David S. *Shutting Down the Cold War: The Politics of Military Base Closure.* New York: St. Martin's, 1998.

Steffan, Will, Paul J. Crutzen, and John R. McNeill. "The Anthropocene: Are Humans Now Overwhelming the Great Forces of Nature?" *AMBIO* 36, no. 8 (2007): 614–621.

Sullivan, Kevin. "Borderline Absurdity: A Fun-Filled Tour of the Korean DMZ." *Washington Post,* January 11, 1998, E1.

Šmava National Park. "Nature: Basic Information." Accessed June 22, 2016. http://www.npsumava.cz/en/3261/sekce/basic-information/.

Tangley, Laura. "Bases Loaded." *National Wildlife* 43 (October/November 2005): 38–45.

Tetra Tech EC, Inc., for Rocky Mountain Arsenal Remediation Venture Office. "Rocky Mountain Arsenal: Final 2010 Five-Year Review Report for Rocky Mountain Arsenal, Commerce City, Adams County, Colorado, Review Period: April 1, 2005-March 31, 2010." September 2011. Available at https://www.epa.gov/sites/production/files/documents/RMA_2010FYRVol-I_9-7-2011.pdf.

Thomas, Julia Adeney. "The Exquisite Corpses of Nature and History: The Case of the Korean DMZ." *Asia-Pacific Journal* 7, no. 43 (2009): 1-16.

Tierney, John R. "Case Study of the Establishment of Great Bay National Wildlife Refuge at the Former Pease Air Force Base, New Hampshire." Master's thesis, Natural Resources and Environmental Conservation, University of New Hampshire, Durham, 2001.

2005 Defense Base Closure and Realignment Commission. Final report. Arlington, VA, September 8, 2005. http://www.brac.gov/docs/final/Volume1BRACReport.pdf.

UNESCO (United Nations Educational, Scientific, and Cultural Organization). "Bikini Atoll Nuclear Test Site." Accessed July 3, 2017. http://whc.unesco.org/en/list/1339.

US Air Force. "Energy Strategic Plan to a Net Zero Installation." Prepared by 10th Air Base Wing and USAFA Dean of Faculty, US Air Force Academy Headquarters, Colorado Springs, Colorado, March 2009.

________. "U.S. Air Force Energy, Environment, Safety and Occupational Health: Managing for Operational Sustainability, 2007 Inaugural Report." Washington, DC, 2007.

US Department of the Army. "Army Earth Day Message 2010." April 8, 2010. https://www.army.mil/e2/-images/2010/04/08/69329/index.html.

________. "Army Strategy for the Environment: Sustain the Mission, Secure the Future." Washington, DC, 2004.

________. "Earth Day 2016: Army Message: Acknowledge the Past, Engage the Present, and Chart the Future." Accessed July 8, 2017. https://www.army.mil/e2/c/downloads/430546.pdf.

________. "Environmental Protection and Enhancement." Pamphlet 200-201.

January 17, 2002.

_______. "Fort Carson 2014 Sustainability Report." Fort Carson, Colorado, 2015.

_______. "Jefferson Proving Ground Final Environmental Impact Statement: Disposal and Reuse of the Jefferson Proving Ground." Madison, Indiana, 1995.

_______. "Sustainability Report 2014." Office of the Assistant Secretary of the Army for Installations, Energy, and Environment. September 29, 2014. http://www.asaie.army.mil/Public/ES/doc/Army%20Sustainability%20 Report%202014.pdf.

US Department of the Army, Fort Carson Public Affairs Office. "Fort Carson Statistics." 2006. http://www.carson.army.mil/pao/media_relations/data_card.htm (webpage discontinued).

US Department of Defense. "Base Realignment and Closures: Report of the Defense Secretary's Commission." December 1988. http://www.acq.osd.mil/brac/Downloads/Prior%20BRAC%20Rounds/1988.pdf.

_______. "Base Structure Report: Fiscal Year 2003 Baseline." June 2003. http://archive.defense.gov/news/Jun2003/basestructure2003.pdf.

_______. "Defense Environmental Programs: Annual Report to Congress for FY 2013." June 2014. http://www.denix.osd.mil/arc/arcfy2013/report/fiscal-year-2013-defense-environmental-programs-annual-report-to-congress/.

_______. "Defense Environmental Programs Annual Report to Congress for FY 2014." September 2015. http://www.denix.osd.mil/arc/arcfy2014/report/fiscal-year-2014-defense-environmental-programs-annual-report-to-congress/.

US Department of Energy. "Stewards of National Resources." DOE/FM-0002. 1994.

US Department of Energy, Office of Civilian Radioactive Waste Management. "Final Environmental Impact Statement for a Geologic Repository for the Disposal of Spent Nuclear Fuel and High-Level Radioactive Waste at Yucca Mountain, Nye County, Nevada. Readers Guide and Summary." DOE/EIS-0250. February 2002. https://energy.gov/sites/prod/files/EIS-0250-FEIS_Summary-2002.pdf.

US Department of Health and Human Services. "An Evaluation of Environmental, Biological, and Health Data from the Island of Vieques, Puerto Rico." Agency for Toxic Substances and Disease Registry, Division of Community Health

Investigations, Atlanta, Georgia, March 19, 2013.
US Department of the Interior. "Budget Justifications and Performance Indication, Fiscal Year 2016: US Fish and Wildlife Service." http://www.fws.gov/budget/2015/FY2016_FWS_Greenbook.pdf.
US Environmental Protection Agency. "The Environmental Challenge of Military Munitions and Federal Facilities." Last updated, June 24, 2015. https://www.epa.gov/enforcement/environmental-challenge-military-munitions-and-federal-facilities.
________. "Superfund: Site Information for Atlantic Fleet Weapons Training Area." December 14, 2015. http://cumulis.epa.gov/supercpad/cursites/dsp_ssppSiteData1.cfm?id=0204694#Status.
US Fish and Wildlife Service. "Assabet River National Wildlife Refuge." Sudbury, MA, May 2010. Brochure.
________. "Budget Justifications and Performance Information, Fiscal Year 2013." US Department of the Interior, 2012.
________. "Budget Justifications and Performance Information, Fiscal Year 2015." US Department of the Interior, 2014. http://www.fws.gov/budget/2014/FY2015_FWS_Greenbook-DOI31014.pdf.
________. "Eastern Massachusetts National Wildlife Refuge Complex." Sudbury, MA, June 2001. Brochure.
________. "Former Bombing Range Becomes National Wildlife Refuge." *Fish and Wildlife News*, July/August 2000. http://news.fws.gov/articles/FormerBombing.html.
________. "President Obama Protects Vital Marine Habitat, Expands Pacific Remote Islands Marine National Monument." September 25, 2014. https://www.fws.gov/pacific/news/news.cfm?id=2144375346.
________. "Retired Military Bunkers Used as Artificial Bat Hibernacula at Aroostook National Wildlife Refuge in Maine." News release, April 9, 2013. Last updated May 10, 2016. https://www.fws.gov/news/ShowNews.cfm?ID=0DA476C9-AE33-F4D0-2BE4EF9E2ECBF61B.
________. "Rocky Mountain Arsenal National Wildlife Refuge: A Place like No

Other." Department of the Interior, 1999, Commerce City, Colorado. Brochure.

_______. "Vieques National Wildlife Refuge: Comprehensive Conservation Plan and Environmental Impact Statement." USDI-FWS Southeast Region, August 2007. Available at https://ecos.fws.gov/ServCat/DownloadFile/18724?Reference=1473.

US Fish and Wildlife Service, Aroostook National Wildlife Refuge. "Auto Tour Route." Last updated December 13, 2013. https://www.fws.gov/refuge/aroostook/visit/autotour.html.

_______. "Plan Your Visit." Last updated September 20, 2016. https://www.fws.gov/refuge/Aroostook/visit/plan_your_visit.html.

US Fish and Wildlife Service, Big Oaks National Wildlife Refuge. "About the Refuge." Last updated May 28, 2016. https://www.fws.gov/refuge/Big_Oaks/about.html.

_______. "Fire Management Plan, Environmental Assessment: Appendix K." Madison, IN, March 2001.

US Fish and Wildlife Service, Caddo Lake National Wildlife Refuge. "History of the Longhorn Army Ammunition Plant." Last updated August 17, 2012. https://www.fws.gov/refuge/Caddo_Lake/about/amm_plant.html.

_______. "Paddlefish Restoration and Recovery." Last updated May 21, 2014. https://www.fws.gov/refuge/caddo_lake/wildlife/paddlefish.html.

_______. "Plan Your Visit." Last updated August 14, 2012. https://www.fws.gov/refuge/Caddo_Lake/visit/plan_your_visit.html.

_______. "Wildlife & Habitat." Last updated January 3, 2013. https://www.fws.gov/refuge/Caddo_Lake/wildlife_and_habitat/index.html.

US Fish and Wildlife Service, Crab Orchard National Wildlife Refuge. "Comprehensive Conservation Plan." Fort Snelling, Minnesota, November 2006.

_______. "Draft Environmental Impact Statement/Comprehensive Conservation Plan." Fort Snelling, Minnesota, September 2005.

US Fish and Wildlife Service, Fisherman Island National Wildlife Refuge. "Final Comprehensive Conservation Plan." Last updated April 1, 2013. http://www.fws.gov/refuge/Fisherman_Island/what_we_do/finalccp.html.

________. "Refuge Tour." Last updated July 11, 2014. http://www.fws.gov/refuge/Fisherman_Island/events/refugetour.html.

US Fish and Wildlife Service, Fort Niobrara National Wildlife Refuge. "About the Refuge." Last updated February 21, 2014. https://www.fws.gov/refuge/Fort_Niobrara/about.html.

US Fish and Wildlife Service, Great Bay National Wildlife Refuge. "About the Refuge." Last updated November 14, 2014. http://www.fws.gov/refuge/Great_Bay/about.html.

US Fish and Wildlife Service, Hanford Reach National Wildlife Refuge. "Habitats." May 3, 2013. https://www.fws.gov/refuge/Hanford_Reach/Wildlife_Habitat/Habitat.html.

US Fish and Wildlife Service, National Wildlife Refuge System. "About: Mission." Last updated October 15, 2015. http://www.fws.gov/refuges/about/mission.html.

________. *Fulfilling the Promise: The National Wildlife Refuge System*. US Department of the Interior, March 1999.

________. "National Wildlife Refuge System Improvement Act of 1997: Public Law 105-157." Last updated August 19, 2009. http://www.fws.gov/refuges/policiesandbudget/hr1420_index.html.

US Fish and Wildlife Service, Nomans Land Island National Wildlife Refuge. "About the Refuge." Last updated October 19, 2011. https://www.fws.gov/refuge/nomans_land_island/.

US Fish and Wildlife Service, Rocky Mountain Arsenal National Wildlife Refuge. "About the Refuge." Last updated November 5, 2015. http://www.fws.gov/refuge/Rocky_Mountain_Arsenal/about.html.

________. "Resource Management." Last updated March 7, 2013. http://www.fws.gov/refuge/Rocky_Mountain_Arsenal/what_we_do/resource_management.html.

US Fish and Wildlife Service, Shawangunk Grasslands National Wildlife Refuge. "History." Last updated May 27, 2015. http://www.fws.gov/northeast/shawangunk/history.htm.

________. "Visitor Opportunities." Last updated January 26, 2012. http://www.fws.gov/northeast/shawangunk/visitor%20opportunities.htm.

US Government Accountability Office. "Defense Infrastructure: DOD Efforts Regarding Net Zero Goals." GAO-16-153R. January 12, 2016. http://www.gao.gov/assets/680/674599.pdf.

US Government Accounting Office. "Military Base Closures: Overview of Economic Recovery, Property Transfer, and Environmental Cleanup." GAO-01-1054T. Released August 28, 2001.

________. "National Wildlife Refuges: Continuing Problems with Incompatible Uses Call for Bold Action." GAO/RCED-89-196. 1989.

US House of Representatives, Committee on Natural Resources. "Buying More Land When We Can't Maintain What We Already Own: The National Wildlife Refuge System's Operations and Maintenance Backlog Story!" Oversight hearing before the Subcommittee on Fisheries, Wildlife, Oceans and Insular Affairs, 112th Congress, 1st Session, May 26, 2011. Serial no. 112-135. https://www.gpo.gov/fdsys/pkg/CHRG-112hhrg66651/pdf/CHRG-112hhrg66651.pdf.

US Navy, Naval Facilities Engineering Command. "Former Atlantic Fleet Weapons Training Area—Vieques." Last updated September 7, 2015. http://www.navfac.navy.mil/products_and_services/ev/products_and_services/env_restoration/installation_map/navfac_atlantic/vieques.html.

US Nuclear Regulatory Commission. "Jefferson Proving Ground." Last reviewed/updated October 20, 2016. https://www.nrc.gov/info-finder/decommissioning/complex/jefferson-proving-ground-facility.html.

US White House. "Establishment of the Hanford Reach National Monument, A Proclamation." June 9, 2000. https://clintonwhitehouse4.archives.gov/CEQ/hanford_reach_proclamation.html.

________. "Fact Sheet: President Obama to Designate Largest Marine Monument in the World Off-Limits to Development." Office of the Press Secretary, September 24, 2014. https://www.whitehouse.gov/the-press-office/2014/09/24/fact-sheet-president-obama-designate-largest-marine-monument-world-limit.

Verheyen, Dirk. *United City, Divided Memories? Cold War Legacies in Contemporary*

Berlin. Lanham, MD: Lexington Books, 2008.
Vine, David. 2015. *Base Nation: How U.S. Military Bases Abroad Harm America and the World*. New York: Henry Holt.
Vine, David, and Miriam Pemberton. "Marine Protection as Empire Expansion." *Foreign Policy in Focus*, May 6, 2009. http://fpif.org/marine_protection_as_empire_expansion/.
Wall, Tim. "Korean DMZ Teems with Wildlife." D News, February 17, 2012. http://news.discovery.com/earth/korean-dmz-teems-with-wildlife-120217.htm.
Ward, Carlton, Jr. "Bombing Range Is National Example for Wildlife Conservation." *National Geographic*, April 1, 2015. http://voices.nationalgeographic.com/2015/04/01/bombing-range-is-national-example-for-wildlife-conservation/.
Wargo, John. *Green Intelligence: Creating Environments that Protect Human Health*. New Haven, CT: Yale University Press, 2009.
Weeks, Jennifer. "From Bombs to Birds." *Defenders Magazine*, Winter 2009, 20-23.
Weisman, Alan. *The World without Us*. New York: St. Martin's, 2007.
Westing, Arthur H. "The Korean Demilitarized Zone (DMZ) as a Bridge between the Two Koreas." Accessed January 27, 2017. http://culturaldiplomacy.org/academy/content/pdf/participant-papers/2010www/The_Korean_Demilitarized_Zone_(DMZ)_as_a_bridge_between_the_two_Koreas.pdf.
________. "Toward Environmental Sustainability and Reduced Tensions on the Korean Peninsula," *Environment* 52, no. 1 (2010): 20-23.
Whatmore, Sarah. 2002. *Hybrid Geographies: Natures Cultures Spaces*. London: Sage.
White Sands Missile Range. "Trinity Site Open House." Last updated October 7, 2015. http://www.wsmr.army.mil/PAO /Trinity/Pages/Home.aspx.
Woodward, Rachel. "Khaki Conservation: An Examination of Military Environmentalist Discourses in the British Army." *Journal of Rural Studies* 17, no. 2 (2001): 201-217.
________. *Military Geographies*. Malden, MA: Blackwell, 2004.
Woodworth, Paddy. *Our Once and Future Planet: Restoring the World in the Climate*

Change Century. Chicago: University of Chicago Press, 2013.

Yoneyama, Lisa. *Hiroshima Traces: Time, Space, and the Dialectics of Memory*. Berkeley: University of California Press, 1999.

_______. "Memories in Ruins: Hiroshima's Nuclear Annihilation and Beyond." In *Cities into Battlefields: Metropolitan Scenarios, Experiences, and Commemorations of Total War*, edited by Stefan Goebel and Derek Keene, 185-202. Burlington, VT: Ashgate, 2011.

Zalasiewicz, Jan, Mark Williams, Alan Haywood, and Michael Ellis. "The Anthropocene: A New Epoch of Geological Time?" *Philosophical Transactions of the Royal Society A* 369 (2011): 835-841.

찾아보기

ㄱ

ㄴ

ㅇ

ㅈ

ㅎ

기타